KB090769

프로가 가르쳐 주는

말랑말랑 4

시퀀스 제어

오하마 쇼지 지음 | 손진근 감역 | 김성훈 옮김

Sequence Control

BM (주)도서출판 성안당

日本 옴사 · 성안당 공동 출간

프로가 가르쳐 주는

시퀀스 제어

Original Japanese Language edition
Naruhodo Nattoku! Sequence Seigyo ga Wakaru Hon
by Shouji Ohama

Published by Ohmsha, Ltd.

머리말

이 책은 시퀀스 제어를 처음 학습하려는 사람들을 위해서 기초부터 실제 활용에 이르기까지 시퀀스 제어에 관해 쉽게 해설한 "입문서"입니다. 산업의 자동화와 생력화(省力化)가 급속도로 진행되고 있는 오늘날, 여기에 이용되는 시퀀스 제어 기술은 반드시 익혀두어야만 하는 것이 되었습니다.

하지만, 지금까지 시퀀스 제어 기술의 학습은 오랜 시간에 걸쳐 경험이 축적되거나, 많은 선배들로부터의 지도에 의지하는 면이 많았습니다. 그 때문에 산업현장에 들어와 시퀀스 제어를 처음 접하는 사람들은 대부분 당황하고 어려움을 느끼게 되는 것입니다.

이 책은 이런 고민들을 해결하기 위해 각 주제마다 2쪽으로 펼쳐진 면을 활용하고, 설명문과 일체화시킨 일러스트와 도표를 모두 삽입하여 "그림을 통해 눈으로 보고 이해하기"를 모토로 하였습니다. 그리고 학습 성과를 더욱 높이기 위해서 다음과 같은 사항들을 고려했습니다.

1. 시퀀스 제어에 이용하는 기기들에 대해서는 실물을 본 적이 없는 사람도 쉽게 이해할 수 있도록 입체도에 의해 내부 구조를 구체적으로 표시하여 기기와 전기용 그림기호를 실감나게 연결할 수 있도록 했습니다.

2. 시퀀스 제어의 주체를 이루는 버튼 스위치·전자 릴레이·타이머 등 개폐 접점을 가지는 기기에 대해서는 특히 그 동작을 명확히 알 수 있도록 내부의 기구적인 움직임을 색으로 구분하여 상세히 표시하고 있기 때문에 직접 조작하는 것과 같은 효과가 있도록 했습니다.

3. 시퀀스 제어 회로의 기기 및 배선을 완전히 실제와 동일하게 입체적으로 묘사한 실체배선도로 나타냄으로써, 시퀀스 도면과 실제 배선 방법을 대비할 수 있도록 했습니다.

4. 동작 순서에 따라 시퀀스 제어를 시퀀스 동작도로 명시하는 "슬라이드 방식"으로 그 동작을 이해할 수 있도록 했습니다.

5. 시퀀스 동작도에는 동작하는 순서에 따라 번호가 기재되어 있기 때문에,

그 번호를 설명문과 대비하면서 따라가다 보면 시퀀스 제어의 동작 순서를 빠르게 이해할 수 있습니다.

6. 시퀀스 동작도에서 제어 기기의 동작에 의해 형성되는 회로는 다른 것과 구별하기 위해 색으로 구분한 화살표로 표시했으므로, 화살표의 회로를 순서대로 따라가면 동작 회로를 스스로 이해할 수 있습니다.

이처럼 본서는 시퀀스 제어에 관해서 초보자들도 이해할 수 있도록 학습의 친절한 안내자 역할을 하고 있습니다. 따라서,

- 독학으로 시퀀스 제어를 학습하려는 사람을 위한 최적의 학습서로
- 전문학교·공업고등학교·기술학교·대학교에 재학 중인 학생들의 부가 학습교재로
- 신입기술사원의 교육용 텍스트로
- 기업 내 기술연수 또는 강연회의 자료로

많은 독자들이 보고 분명히 만족할 수 있을 것이라고 생각합니다.

이 책을 학습하신 후, 자매서로 발간된 「알기 쉽게 설명한 시퀀스도 보는 법」(성안당 발행), 「그림으로 해설한 시퀀스 제어 활용 자유자재」(성안당 발행), 「그림으로 해설한 신 시퀀스 제어-실용편」(성안당 발행) 등을 읽어 볼 것을 권장합니다.

마지막으로 이 책의 집필에 많은 도움을 주신 출판사 관계자 여러분께 진심으로 감사의 뜻을 전합니다.

오하마 쇼지(大浜 庄司)

차 례

01 제어를 이해하기 위한 전기 기초지식

02 시퀀스 제어란 어떤 것일까?

03 제어에 이용되는 여러 가지 기기들

04 전기용 그림기호

05 알아두어야 할 시퀀스도 작성법

06 ON 신호·OFF 신호를 만드는 개폐접점

07 제어의 기본이 되는 논리회로

08 기억해 두면 편리한 기본회로

09 시퀀스 제어 실용회로

제 1 장

제어를 이해하기 위한 전기 기초지식

01 전자의 이동을 전류라고 한다

전류는 자유전자의 흐름이다

- 양전기를 가진 물체 A와 음전기를 가진 물체 B를 한 줄의 동선으로 서로 연결한다고 가정하면 동선을 통해 물체 B에서 물체 A로 음전기(전자)의 흐름이 발생합니다.
- 이것은 물체 A는 전자가 부족한 상태이고, 물체 B는 전자가 남아도는 상태이므로 물체 B의 자유전자가 동선을 통해 물체 A의 부족한 전자를 보충해 주기 위해 일제히 움직이기 때문입니다. 이러한 자유전자의 이동을 "**전류**"라고 합니다.
- 전기의 흐름 즉, 전류에는 방향이 존재합니다. 전자의 흐름과 반대 방향을 전류의 방향이라고 합니다. 다시 말해, 양전기가 흐르는 방향을 전류의 방향이라고 정의하고 있습니다.

전류의 크기 단위를 암페어라고 한다

- 전류란 전자의 흐름이므로, 1초에 얼마만큼의 전자가 그 부분을 통과하느냐로 전류의 크기를 나타냅니다.
- 전기의 양을 측정하는 단위를 쿨롬이라고 하며, 1초 동안에 통과하는 전기의 양을 전류의 단위로 **암페어**라 하고, 기호 A(ampere)로 나타냅니다. 1암페어의 전류가 흐른다는 것은 어떤 전선의 단면을 1초 동안에 1쿨롬의 전기가 통과한다는 것을 말합니다.
- 1개의 전자가 가진 음전기의 양은 1.6×10^{-19}쿨롬이므로, 매초 1쿨롬의 전기 즉, 1암페어의 전류가 흐르기 위해서는 6.2×10^{18}개 [$1/(1.6 \times 10^{-19})$]의 전자가 이동해야 합니다.

전류란 무엇일까?

양전기가 흐르는 방향을 전류의 방향이라고 한다

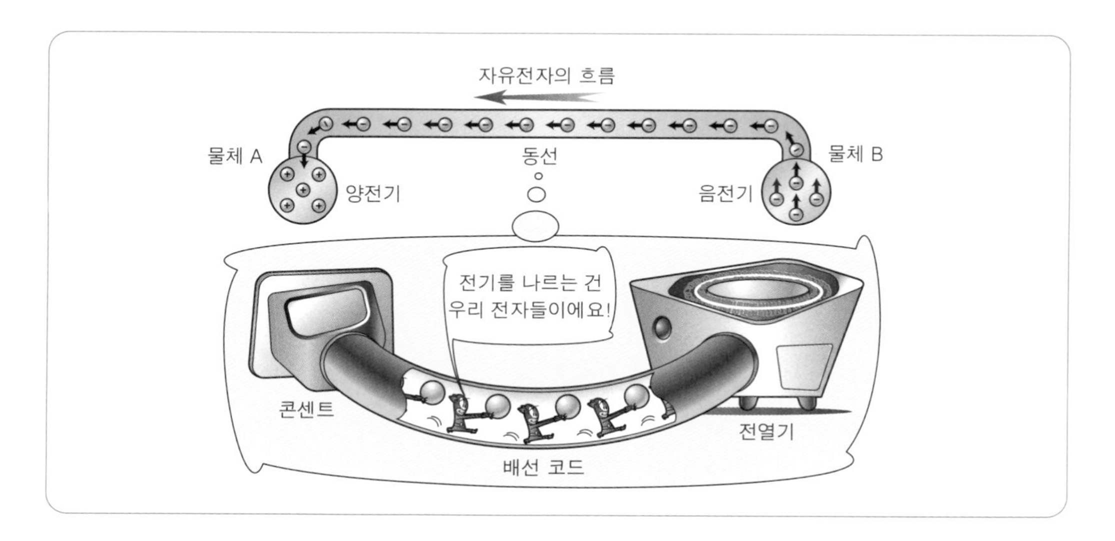

1초간 흐르는 전기의 양을 암페어라고 한다

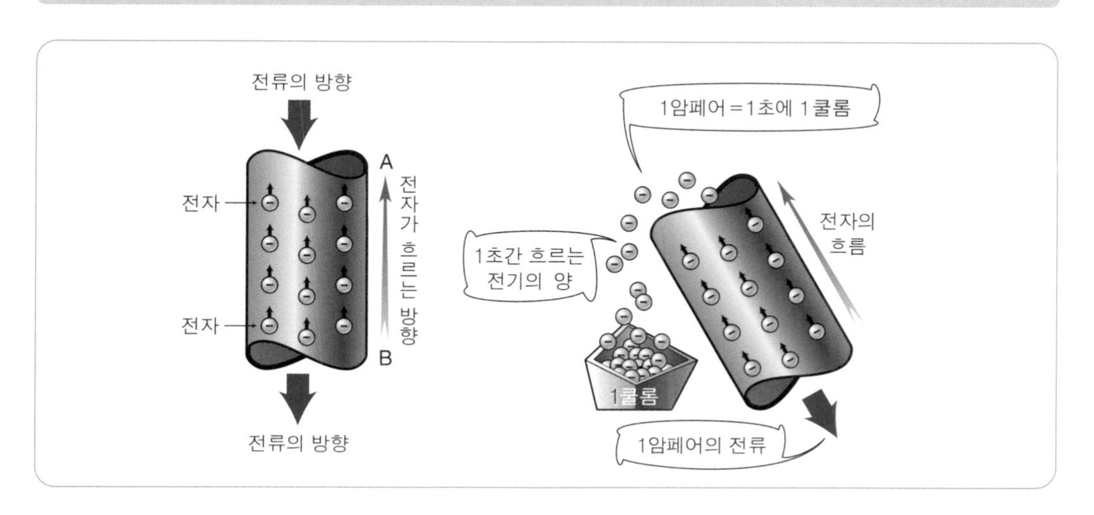

02 전위의 차를 전압이라고 한다

전류는 전위가 높은 곳에서 낮은 곳으로 흐른다

- 전기의 흐름을 물의 흐름에 비유해 보겠습니다. 수조 A에 물을 채우면 높은 위치에 있는 물은 낮은 위치에 있는 물보다 위치 에너지가 크므로, 수위가 높은 수조 A에서 수위가 낮은 수조 B를 향해 물이 흐르게 됩니다.

- 전기의 흐름인 전류도 이와 마찬가지로 동일한데, 이 수위에 해당하는 것이 **"전위"**입니다. A와 B라는 두 대전체 사이에 전위의 차가 존재할 때, 이것을 전선으로 연결하면 전류는 전위가 높은 양의 대전체 A로부터 전위가 낮은 음의 대전체 B쪽으로 흘러가게 됩니다.

- 양의 대전체 A와 음의 대전체 B 사이에 있는 전위의 차를 **"전압"**이라고 합니다. 이 전류를 흘려보내려는 전기의 압력을 전압이라고 합니다.

전압이란 대지(어스)와의 전위차를 말한다

- 전압이란 두 점 사이의 전위의 차를 말하며, 1쿨롬의 양전기가 가지는 위치 에너지를 말합니다. 전압을 측정하는 단위로는 **"볼트"**를 사용하며, 기호 V(volt)로 나타냅니다. 그리고 1쿨롬의 전기의 양이 두 점 사이를 이동하여 1줄(joule)의 일을 할 때 이 두 점 사이의 전압을 1볼트라고 합니다.

- 전압의 기준은 지구, 다시 말해 대지입니다. 대지를 0볼트로 하고 이 대지와의 전위차를 일반적으로 전압이라고 하는 것입니다. 예를 들어, 전압이 100볼트라는 것은 대지 즉, 어스(접지)에 대해 100볼트의 전위차가 있다는 말입니다. 시퀀스 제어에서는 이 100볼트 또는 200볼트의 전압이 주로 사용됩니다.

전압이란 무엇일까?

전류는 물의 흐름과 비슷하다

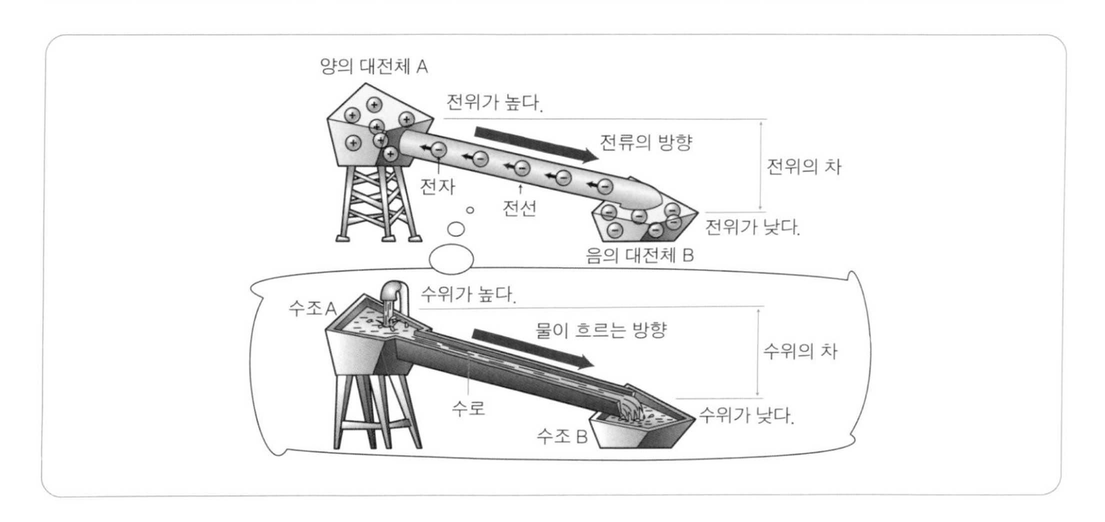

전압은 대지를 기준으로 한다 –산의 높이는 해수면이 기준–

03 전기의 전용도로를 전기회로라고 한다

전류가 지나는 길을 전기회로라고 한다

- 건전지와 전구 및 스위치를 전선으로 연결하고 스위치를 닫으면 꼬마 전구에 전류가 흐르며, 꼬마 전구가 밝게 점등됩니다.

- 이때 전기가 지나가는 길을 살펴보겠습니다. 전류는 건전지의 양극(+)에서 나와 꼬마 전구를 지나 스위치를 거쳐 건전지의 음극(−)으로 돌아가고 건전지 내에서는 음극(−)에서 양극(+)을 향해 흐르고 있으므로, 전기가 지나는 통로는 어느 곳도 단선되지 않았음을 알 수 있습니다. 이처럼 전기가 지나는 전용도로를 "**전기회로**" 혹은 간단히 "**회로**"라고 합니다.

- 시퀀스 제어도 이 전기의 길을 구획하고 정리하여 목적지를 향하도록 하는 전기회로라고 할 수 있습니다.

전기회로는 전원 · 부하 · 제어기기 · 배선으로 구성된다

- 그러면 전기회로는 어떻게 구성되어 있는지 살펴보겠습니다. 우선 건전지와 같이 기전력(전기를 발생시키는 힘)을 가지고 있고, 계속해서 전류를 흘려보내는 근원이 되는 곳 즉, 전기를 공급하는 공급원을 "**전원**"이라고 합니다.

- 또한, 이 전원으로부터 전기를 공급받아 여러 가지 일을 하는 장치를 "**부하**"라고 합니다. 오른쪽 그림에서는 꼬마 전구가 부하로서 전기를 빛으로 바꾸는 일을 합니다.

- 스위치와 같이 이것을 조작함으로써 회로의 전류를 흐르게 하거나 끊어서 컨트롤하는 기기를 "**제어기기**"라고 합니다.

- 그리고 전원과 부하 및 제어기기를 연결해 전류가 지나는 길을 만드는 것을 "**배선**"이라고 하며 전선 등이 사용됩니다.

전기회로란 무엇일까?

전기회로는 전자의 고속도로

꼬마 전구의 점등회로 －전기회로－

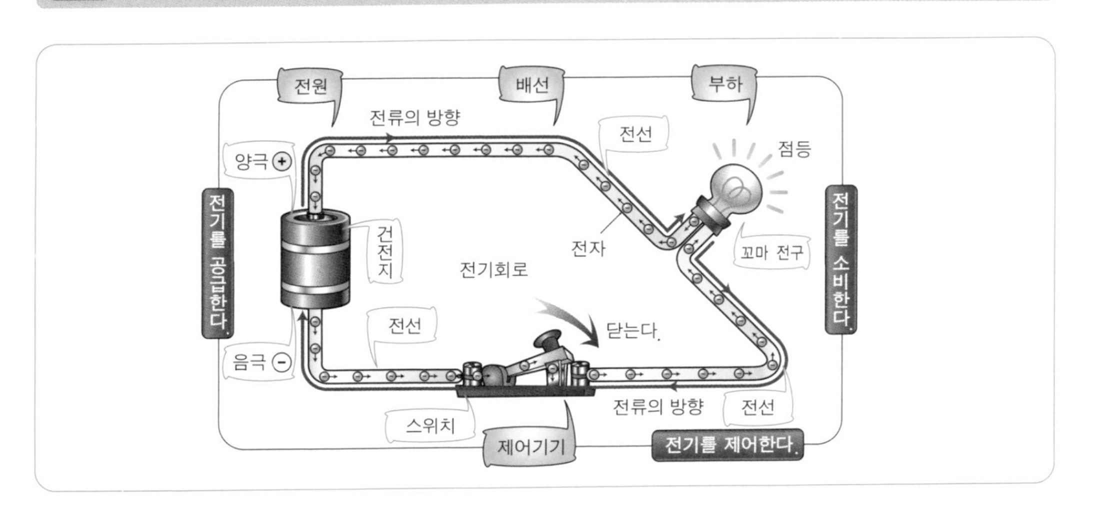

코일에 전류를 흐르게 하면 전자석이 된다

코일에 전류가 흐를 때에만 자석이 된다

□ 쇠막대에 전선을 둘둘 감아(이것을 코일이라고 한다) 스위치를 끼워 전지에 연결합니다. 그리고 스위치를 닫으면 코일에 전류가 흐르게 되고, 쇠막대는 자석이 되어 쇳조각을 끌어당기게 되는데 이것을 코일을 "**여자(勵磁)한다**"라고 합니다.

□ 또한 스위치를 열면 코일에 전류가 흐르지 않게 되므로 쇠막대는 자석의 성질을 잃고 더 이상 쇳조각을 끌어당기지 못하게 됩니다. 이것을 코일을 "**소자(消磁)한다**"고 합니다.

□ 이렇게 코일에 전류를 흐르게 하여 만드는 자석을 일반적으로 "**전자석**"이라고 하며, 이 전자석은 전자 릴레이·전자접촉기·벨, 버저 등의 제어용 기기에 많이 이용되고 있습니다.

오른나사의 법칙

□ 쇠막대에 코일을 감은 전자석에서 자극 즉, N극 · S극이 발생하는 방법은 코일에 흐르는 전류의 방향에 따라 바뀝니다. 전류의 방향과 자극(N극)이 발생하는 방향의 관계는 "**오른나사의 법칙**(앙페르의 법칙)"으로 알 수 있습니다.

□ 오른나사의 법칙이란 "코일에 흐르는 전류의 방향에 오른나사를 돌리는 방향을 맞추면 오른나사가 진행하는 방향이 N극 방향이 된다"는 것입니다.

□ 이 법칙은 코일에 전류가 흐를 때, N극이 발생하는 방향(당연히 코일의 반대쪽에 S극이 생긴다)을 간단히 알 수 있기 때문에 아주 많이 사용되므로 꼭 기억해 두십시오.

전자석이란 무엇일까?

전자석을 만드는 방법 -전류의 자기작용-

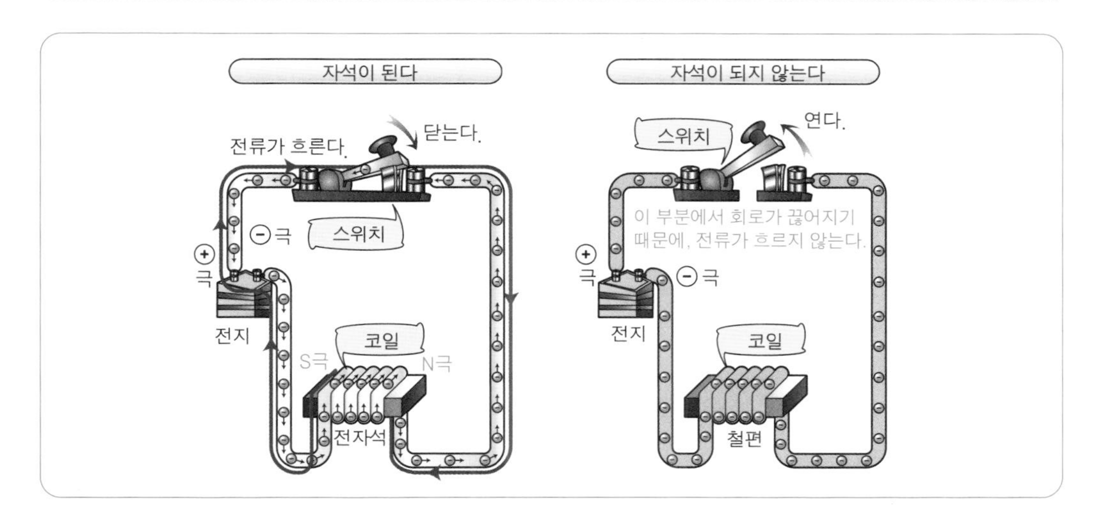

전류의 방향으로 오른나사를 돌리면 진행방향이 N극이 된다

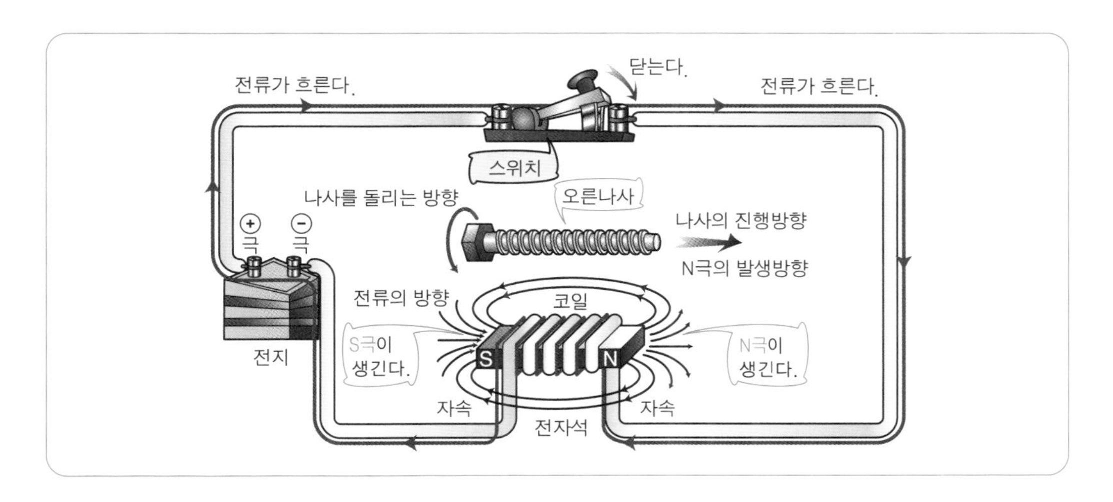

기본이 되는 "옴의 법칙"

전류 · 전압 · 저항의 관계 -옴의 법칙-

전기회로에서의 전압·전류·저항 셋 사이의 관계에 대해 독일의 물리학자 옴(Georg Simon Ohm;1787~1857년)에 의해 실험적으로 다음과 같은 관계가 확인되었습니다.

> "옴의 법칙"
> 전기회로에 흐르는 전류는
> 전압에 정비례하고
> 저항에 반비례한다.

이 성질은 옴의 이름을 따서 "옴의 법칙"이라고 합니다. 시퀀스 제어를 학습하기 위해서는 꼭 알아두어야만 하는 법칙이라고 할 수 있습니다.

옴의 법칙의 관계식

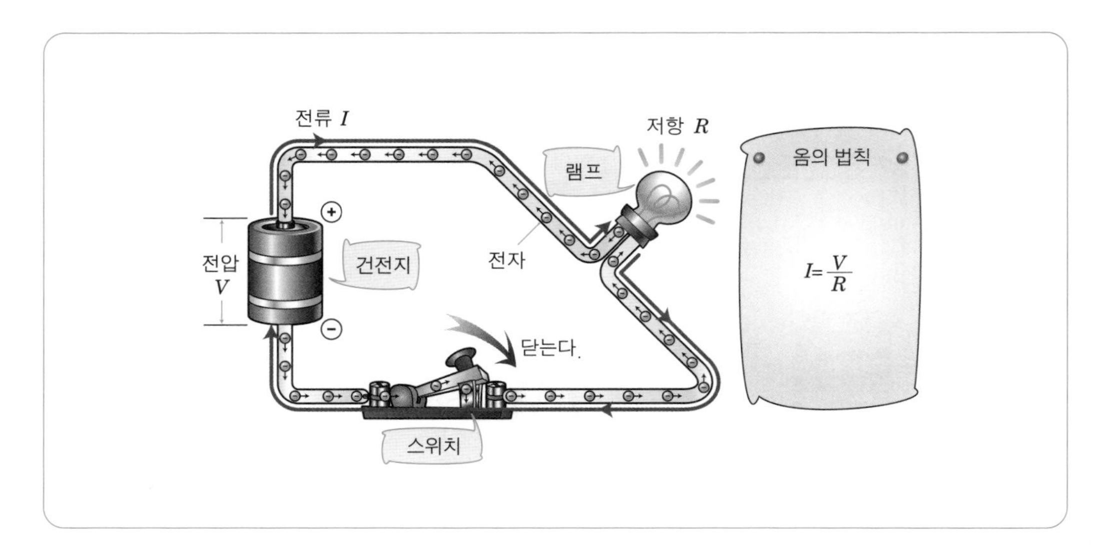

제 2 장

시퀀스 제어란 어떤 것일까?

일상생활에서 볼 수 있는 시퀀스 제어

시퀀스 제어란 무엇일까?

- 혹시 **시퀀스**가 무엇인지 알고 계시나요? 들어본 적은 있지만 잘 모르신다고요? 시퀀스라는 것은 "**현상이 일어나는 순서**"를 말합니다.

- 그러므로 **시퀀스 제어**란 다음 단계에 수행해야 할 동작이 미리 정해져 있어서, 전 단계의 제어동작이 완료된 후, 혹은 완료된 후 일정시간이 경과한 뒤 다음 동작으로 이행하는 제어를 말합니다. 또한, 제어 결과에 따라 다음에 수행할 동작을 선택하고 다음 단계로 이행하는 경우 등을 조합한 제어를 말합니다. 처음부터 조금 어렵게 표현한 듯하지만 모두 이해하셨겠지요?

다양한 곳에 이용되는 시퀀스 제어

- 시퀀스 제어란 바꿔 말해, 기기와 설비가 수행할 각 동작과 순서, 그리고 고장일 때의 처치 등을 제어장치에 입력해 두고, 제어 장치가 내보내는 각 명령신호에 따라 운전을 진행하는 제어를 말합니다.

- 우리들은 평상시 시퀀스 제어에 대해 크게 인식하지 않고 생활하고 있지만, "설마 이런 곳까지?"라고 할 만한 곳에도 시퀀스 제어가 사용되고 있습니다.

- 예를 들어, 가정에서 볼 수 있는 시퀀스 제어는 전기세탁기, 전기냉장고에서부터 전기청소기, 에어컨(에어컨디셔너) 등에 이용되고 있으며, 길거리에 있는 음료수 자동판매기, 역에 있는 매표기 등에도 이용되고 있습니다. 또한 사무실에서 문 앞에 가면 자동으로 열리는 문이나 손을 가까이 대면 물이 나오는 수도꼭지 등에도 시퀀스 제어가 이용되고 있습니다.

가정에서 볼 수 있는 시퀀스 제어

거실 -가정용 가전제품 [예]-

부엌

서재

07 시퀀스 제어의 종류

릴레이 시퀀스제어

- 시퀀스 제어는 사용되는 논리소자에 따라 **릴레이 시퀀스 제어, 무접점 시퀀스 제어, 로직 시퀀스 제어**로 나눌 수 있습니다.
- 릴레이 시퀀스 제어란 논리소자로서 기계적 접점을 가지는 전자 릴레이에 의해 구성되는 제어를 말합니다. 전자릴레이란 전자 코일을 여자(勵磁)하면 접점이 열리거나 닫히고, 소자(消磁)하면 역으로 동작하는 것을 말합니다(6장에서 자세히 설명합니다).
- 릴레이 시퀀스 제어의 특징은 개폐 부하용량이 크고, 과부하 내량이 크며, 전기적 노이즈에 안정적이고, 온도 특성이 양호하고, 동작상태의 확인이 용이한 점 등입니다. 이 책에서는 릴레이 시퀀스 제어에 대해서 설명해 나갈 것입니다.

무접점 시퀀스 제어, 로직 시퀀스 제어

- 무접점 시퀀스 제어란 논리소자로서 반도체 스위칭 소자에 의해 구성되는 제어를 말합니다. 반도체 스위칭 소자에는 다이오드, 트랜지스터, IC(집적회로) 등이 있습니다.
- 무접점 시퀀스 제어의 특징은 동작속도가 빠르고, 고빈도 사용에 강하며, 수명이 길고, 장치의 소형화가 가능하다는 점 등이 있습니다.
- 로직 시퀀스 제어란 "**논리**" 즉, "사리에 맞는 사고방식"이라는 의미로 "**논리회로**"에 의해 구성되는 제어를 말합니다. 논리회로란 구성되어 있는 회로를 논리적으로 분해할 경우의 최소단위인 기본회로를 말합니다(7장에서 자세히 설명합니다).

시퀀스 제어를 구성하는 소자(회로 예)

릴레이 시퀀스 제어를 구성하는 전자 릴레이

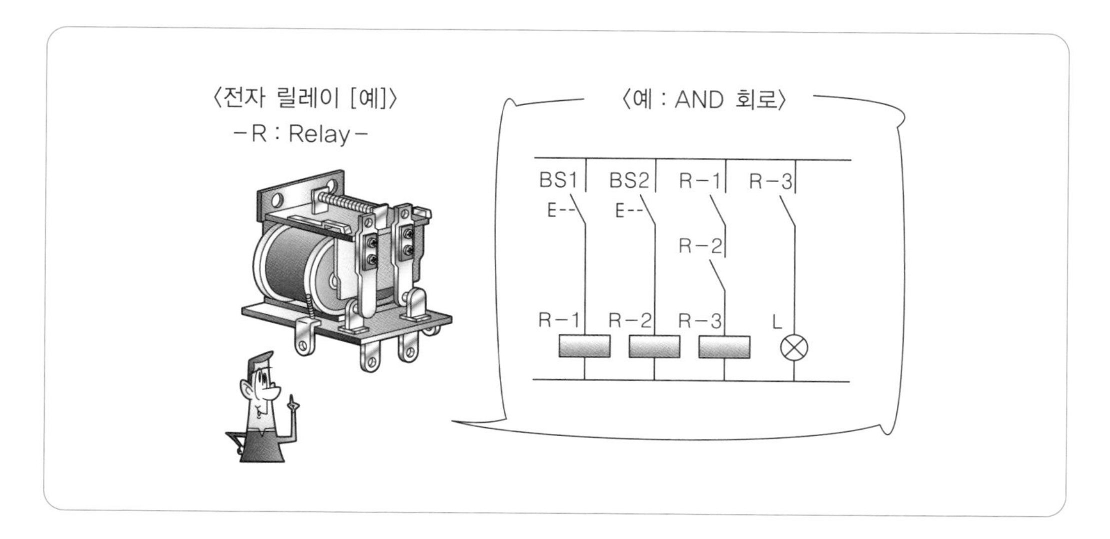

로직 시퀀스 제어를 구성하는 논리소자

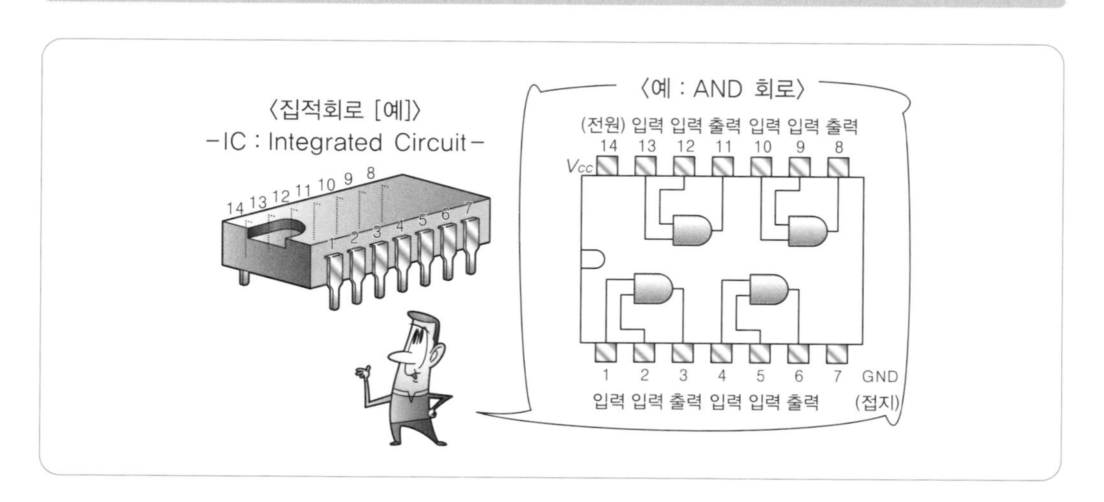

08 시퀀스 제어로 살펴본 회중전등(손전등)

회중전등(손전등)은 제어대상(부하) · 제어기구 · 배선 · 전원으로 구성된다

우리들 주위에 있는 전기기구나 설비를 제어하는 시퀀스 제어 회로는 외관으로는 볼 수 없는 경우가 대부분입니다. 그래서 어느 집에나 하나쯤 있을 법한 회중전등을 예로 들어 시퀀스 제어란 어떤 것인지 설명해보겠습니다.

우선, 회중전등의 **"제어목적"**은 "어두운 곳을 밝힌다"는 것입니다. 이제 회중전등의 앞뒤의 캡을 벗겨보겠습니다. 앞쪽 캡에 꼬마 전구가 들어 있군요. 이 꼬마 전구가 **"제어대상(부하)"**입니다. 그리고 원통 모양의 케이스에는 스위치가 달려 있는데, 이 스위치가 **"제어기구"**입니다. 그리고 케이스 앞뒤의 캡과 스프링이 **"배선"**이며, 건전지 2개가 **"전원(직류전원)"**이 됩니다.

회중전등(손전등)에 "ON 신호" · "OFF 신호" 넣기 –점등 · 소등–

회중전등에 "ON신호" 넣기 –점등하기–

- 회중전등을 손에 쥐고 엄지손가락으로 스위치 조작부의 레버를 앞으로 밀면, 금속부E와 금속부F가 접촉하여 회로를 닫게 되므로, 전지의 (+)극으로부터 꼬마 전구→케이스→캡→스프링을 지나 전지의 (–)극으로 전류가 흘러가고 꼬마 꼬마 전구에 불이 켜집니다.

회중전등에 "OFF신호" 넣기 –소등하기–

- 회중전등의 스위치를 뒤로 당기면, 금속부E와 금속부F가 떨어져 회로를 개방하므로, 꼬마 전구로 전류가 흐르지 못해 불이 꺼집니다.

스위치를 ON하는 동작을 완료하면 꼬마 전구에 불이 켜지고, OFF하는 동작을 완료하면 꼬마 전구에 불이 꺼지도록 미리 정해진 제어가 시퀀스 제어입니다.

회중전등(손전등)의 구조와 시퀀스동작

회중전등의 구조 [예] -내부구조도-

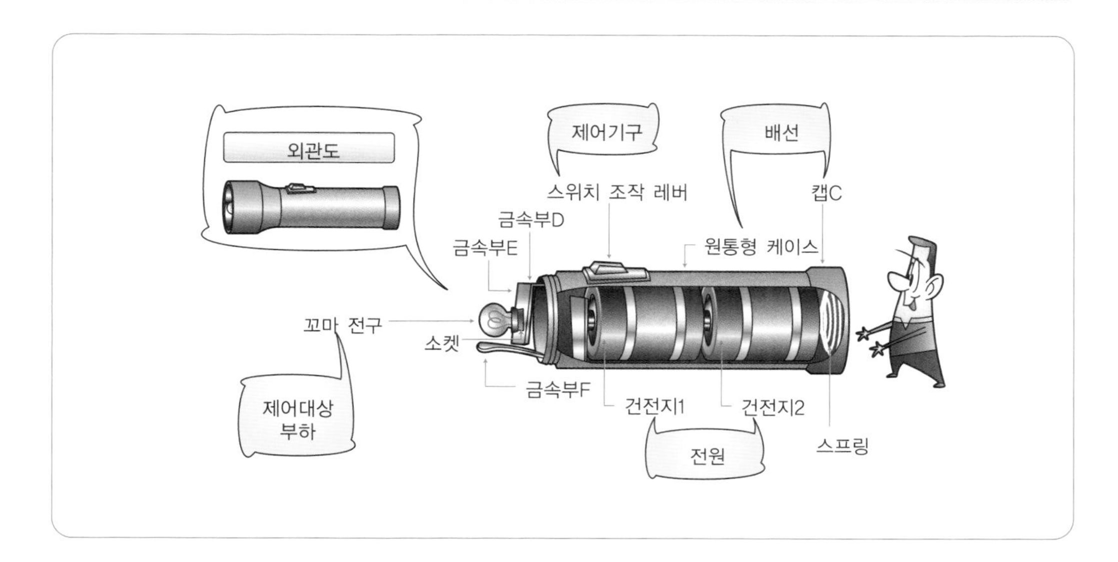

"ON 신호"를 넣는다 -점등-

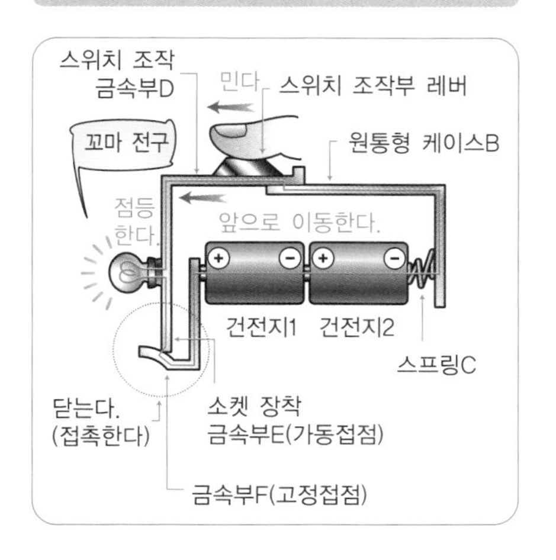

"OFF 신호"를 넣는다 -소등-

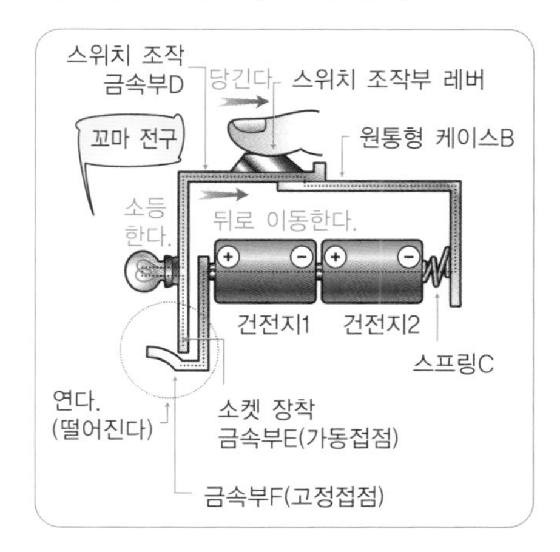

동작·복귀, 개로·폐로 -용어-

동작(actuation)

■ 동작이란 어떤 원인을 부여함에 따라 정해진 작용을 하는 것을 말합니다.

누름 버튼 스위치의 동작

복귀(resetting)

■ 복귀란 동작 이전의 상태로 돌아가는 것을 말합니다.

누름 버튼 스위치의 복귀

개로(open(off))

■ 개로란 전기회로의 일부를 스위치, 릴레이 등으로 "여는" 것을 말합니다.

나이프 스위치에 의한 개로

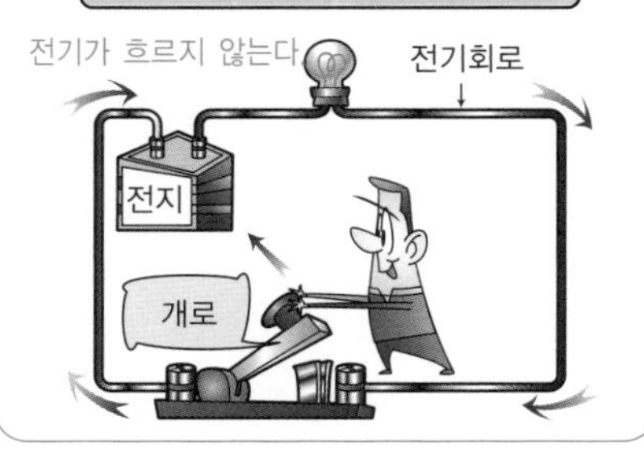

폐로(close(on))

■ 폐로란 전기회로의 일부를 스위치, 릴레이 등으로 "닫는" 것을 말합니다.

나이프 스위치에 의한 폐로

부세 · 소세, 촌동 · 미속 -용어-

부세

■ 부세란 예를 들면 전자 릴레이의 코일에 전류를 흘려서 여자하는 것을 말합니다.

전자 릴레이의 부세

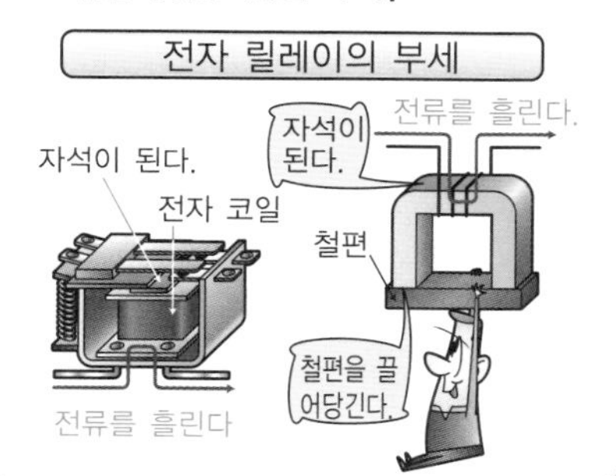

소세

■ 소세란 예를 들면 전자릴레이의 코일에 흐르고 있는 전류를 끊어 소자하는 것을 말합니다.

전자 릴레이의 소세

자석이 되지 않는다.
전류를 흘리지 않는다.
자석이 되지 않는다.
전자 코일
철편
철편이 떨어진다.
전류를 흘리지 않는다.

촌동(inching)

■ 촌동이란 기계의 미세운동을 얻기 위해 짧은 시간의 조작을 1회 또는 반복하는 것을 말합니다.

전동기의 촌동

미속(crawling)

■ 미속이란 기계를 극히 저속도로 운전하는 것을 말합니다.

전동기의 미속

10 시동 · 정지, 운전 · 제동 -용어-

시동(start)

■ 시동이란 기기 또는 장치를 휴지상태에서 운전상태로 만드는 과정을 말합니다.

전동기의 시동

정지(stop)

■ 정지란 기기 또는 장치를 운전상태에서 휴지상태로 만드는 것을 말합니다.

전동기의 정지

운전(run)

■ 운전이란 기기 또는 장치가 소정의 작용을 하고 있는 상태를 말합니다.

전동기의 운전

제동(braking)

■ 제동이란 기기의 운전 에너지를 전기적 에너지 또는 기계적 에너지로 전환하여 기기를 감속 · 정지, 혹은 상태의 변화를 억제하는 것을 말합니다.

전동기의 제동

투입 · 차단, 조작 · 동력조작 -용어-

투입(closing)

■ 투입이란 개폐기류를 조작해 전기회로를 닫아 전류가 통하는 상태로 만드는 것을 말합니다(차단기를 투입한다).

진공차단기의 투입

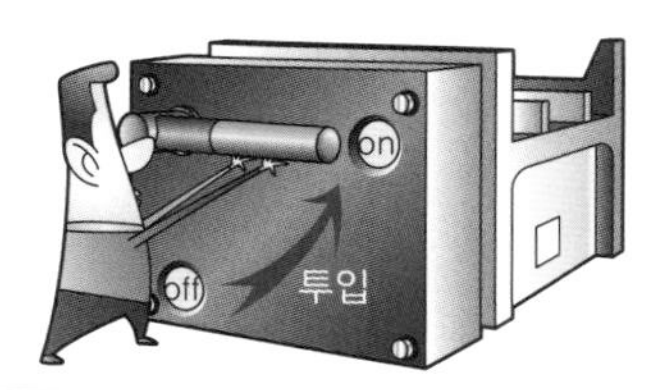

차단(breaking)

■ 차단이란 개폐기류를 조작해 전기회로를 열어 전기가 통하지 않는 상태로 만드는 것을 말합니다(차단기를 차단한다).

진공차단기의 차단

조작(operating)

■ 조작이란 입력 또는 그 밖의 방법에 의해 소정의 운동을 하게 하는 것을 말합니다.

토글 스위치의 조작

동력조작(power operating)

■ 동력조작이란 기기를 전기·스프링·공기 등의 입력 이외의 동력에 의해 조작하는 것을 말합니다.

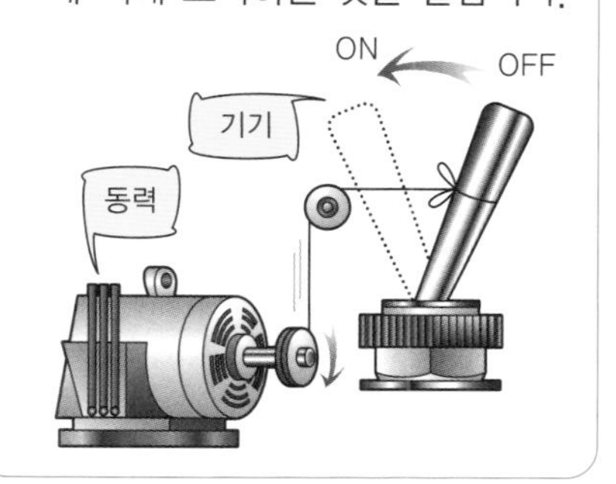

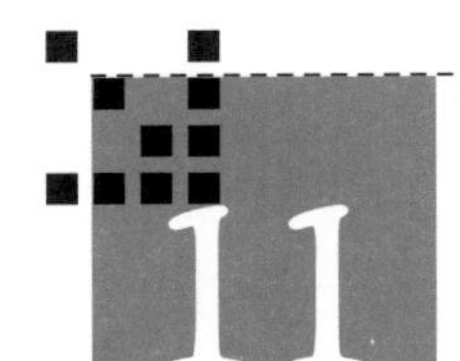

보호 · 경보, 조정 · 변환 -용어-

보호(protect)

■ 피제어대상의 이상상태를 검출하여, 기기의 손상을 방지하고 피해를 경감시키며, 더 이상의 파급을 저지하는 것을 보호라고 합니다.

경보(alarm)

■ 사전에 지정한 상태가 되었을 때, 그에 대해 주의를 촉구하기 위해 신호를 발생시키는 것, 또는 그 신호를 경보라고 합니다.

조정(adjustment)

■ 양 또는 상태를 일정하게 유지하거나 혹은 일정 기준에 따라 변화시키는 것을 조정이라고 합니다.

변환(converting)

■ 정보 또는 에너지의 형태를 바꾸는 것을 변환이라고 합니다.

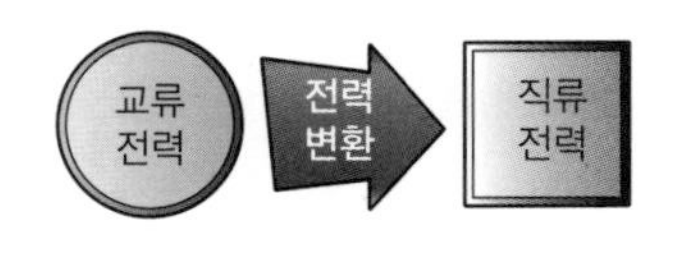

제 3 장

제어에 이용되는 여러 가지 기기들

12 시퀀스 제어 기능과 사용기기

전원용 기기

■ 전원용 기기란 시퀀스 제어 회로에 전력을 공급하는 기기를 말합니다.

〈예〉
- 직류전원
  (전지·축전지)
- 교류전원
  (변압기)

기초 수동부품

■ 기초 수동부품이란 기기를 구성하기 위한 요소 기능을 가지는 부품을 말합니다.

〈예〉
- 저항기
- 콘덴서
- 코일

구성부품

명령용 기기

■ 명령용 기기란 시퀀스 제어 회로의 제어계에 외부에서 시동·정지 등의 입력신호를 부여하는 기계를 말합니다.

〈예〉
- 누름 버튼 스위치
  (push button switch)
- 마이크로 스위치
  (micro switch)
- 텀블러 스위치
  (tumbler switch)
- 토글 스위치
  (toggle switch)
- 캠 스위치
  (cam switch)
- 로터리 스위치
  (rotary switch)
- 풋 스위치
  (foot switch)

알아두어야 할 주요 제어기기

조작용 기기

■ 조작용 기기란 명령용 기기로부터 오는 신호를 받아 직접 제어대상(부하)을 구동하는 기기를 말합니다.

〈예〉
- 전자 릴레이
- 전자 접촉기
- 전자 개폐기
- 배선용 차단기

검출신호

검출용 기기

■ 검출용 기기란 제어대상(부하)이 미리 설정한 조건대로 동작하고 있는지 검출하는 기기를 말합니다.

〈예〉
- 타이머
- 리밋 스위치

검출신호

경보 · 표시기기

■ 경보 · 표시기기란 제어대상(부하)의 상태와 이상을 조작자에게 경보 · 표시하는 기기를 말합니다.

〈예〉
- 표시등
- 벨, 버저

구동신호

이상

제어대상(부하)

■ 제어대상(부하)이란 시퀀스 제어의 대상이 되는 기기·설비 등을 말하며 부하라고도 합니다.

〈예〉
- 전동기
- 전열기
- 펌프
- 송풍기

13 저항기 · 콘덴서

저항기는 전류를 제한한다 －탄소피막저항기－

- **저항기**란 회로에 흐르는 전류를 제한하거나 조정하기 위해 전기저항을 얻을 목적으로 만들어진 기기를 말합니다.

- **탄소피막저항기**란 자기봉(磁器棒)의 표면에 고온·고진공 속에서 열분해하여 밀착 고정시킨 순수한 탄소피막을 저항체로 하고, 그 자기봉 양끝에 캡과의 접촉을 좋게 하기 위한 은 피막을 붙입니다. 그리고 필요한 저항값을 얻기 위해 탄소피막에 나선 형태로 홈을 내고, 양끝을 리드선이 붙은 캡으로 고정한 것을 말합니다.

- 탄소피막저항기는 "**카본(carbon) 저항기**"라고도 합니다. 저항값이 풍부하여 일반적으로 반도체 소자와 함께 프린트 배선기판 등에 장착되어 사용됩니다.

콘덴서는 전하를 축적한다 －종이 콘덴서－

- **콘덴서**란 유전체(절연물을 말한다)를 금속도체로 둘러싸서 전하를 축적하는 성질을 갖게 만든 기기를 말합니다.

- **종이 콘덴서**란 콘덴서 페이퍼라는 얇은 종이와 알루미늄박을 겹쳐 말아 건조시킨 후 절연물을 함침하고, 케이스에 수납한 것을 말합니다. 콘덴서 페이퍼와 금속박을 겹쳐 감으면 콘덴서 페이퍼는 유전체, 금속박은 전극판의 작용을 합니다.

- 콘덴서의 용도는 ① 직류를 통과시켜 콘덴서의 전극 사이에 전하를 축적 ② 직류신호에 겹쳐진 교류신호에서 교류신호만을 전달 ③ 회로 사이의 교류전류만을 전달 ④ 전자 릴레이 접점에서 발생하는 불꽃을 제거하기 위한 스파크 킬러 등에 이용됩니다.

저항기 · 콘덴서의 외관 · 구조

탄소피막저항기(resister)

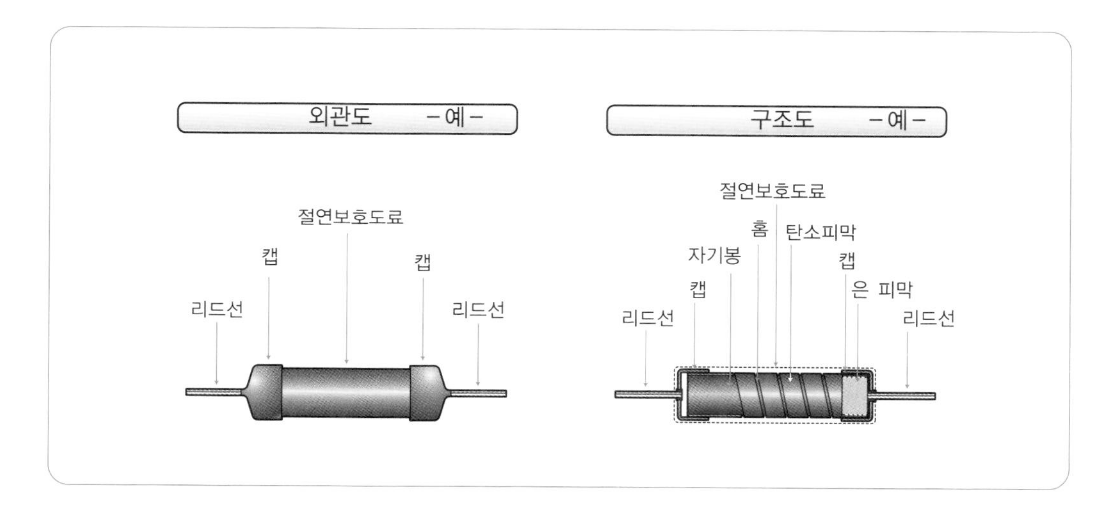

종이 콘덴서(capacitor)

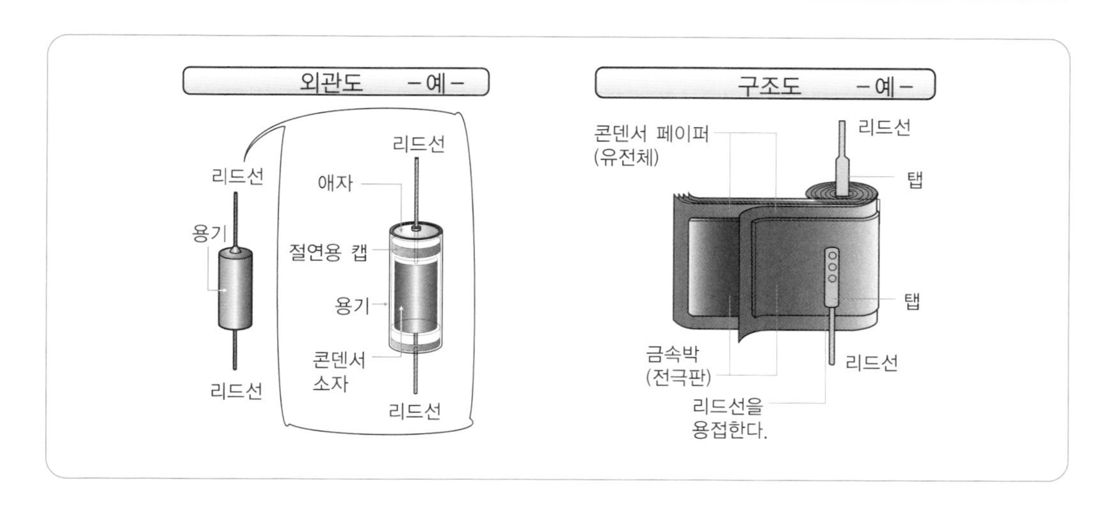

14 텀블러 스위치 · 토글 스위치

텀블러 스위치는 핸들에 의해 개폐 · 전환동작을 한다

- **스위치**란 전기회로의 개폐 또는 접속을 변경하는 기기를 말합니다. 일반적으로 스위치라는 용어는 명령용 및 검출용 접점기구를 가리키며, **"명령용 스위치"**와 **"검출용 스위치"**로 크게 구분됩니다.

- 명령용 스위치란 사람이 조작하여 작업명령을 내리거나, 명령처리 방법을 변경하는 스위치를 말합니다.

- 검출용 스위치란 제어대상의 상태를 검출하기 위한 스위치로, 예정된 동작조건에 도달했을 때 동작하는 스위치를 말합니다.

- **텀블러 스위치**란 조작자가 손가락으로 파동형 핸들을 누르면 스프링 기구를 가진 접점부에 의해 전기회로의 개폐 및 전환동작을 하며, 손가락을 떼도 동작 상태를 유지하는 명령 스위치를 말합니다.

토글 스위치는 레버를 당기면 전환동작을 한다

- **토글 스위치**란 조작자가 손가락으로 배트 모양의 레버를 직선 왕복운동을 하면 이것을 기계적으로 접점부에 전달하여 전기회로의 개폐동작을 명령하는 스위치를 말합니다.

- 토글 스위치는 두 가지 신호를 한쪽에서 다른 한쪽으로 전환하는 명령 스위치로 자주 사용됩니다. **"수동"**, **"자동"**의 전환 등은 그 예입니다.

- 토글 스위치의 레버를 손가락으로 앞뒤로 움직일 때, 레버의 움직임은 장착 나사를 중심축으로 하여 활동봉(滑動棒)이 움직이고, 크랭크 중앙을 축으로 하여 접점을 전환합니다. 조작자가 레버에서 손을 떼어도 접점은 그 상태로 유지됩니다.

텀블러 스위치 · 토글 스위치의 외관 · 구조

텀블러 스위치(tumbler switch)

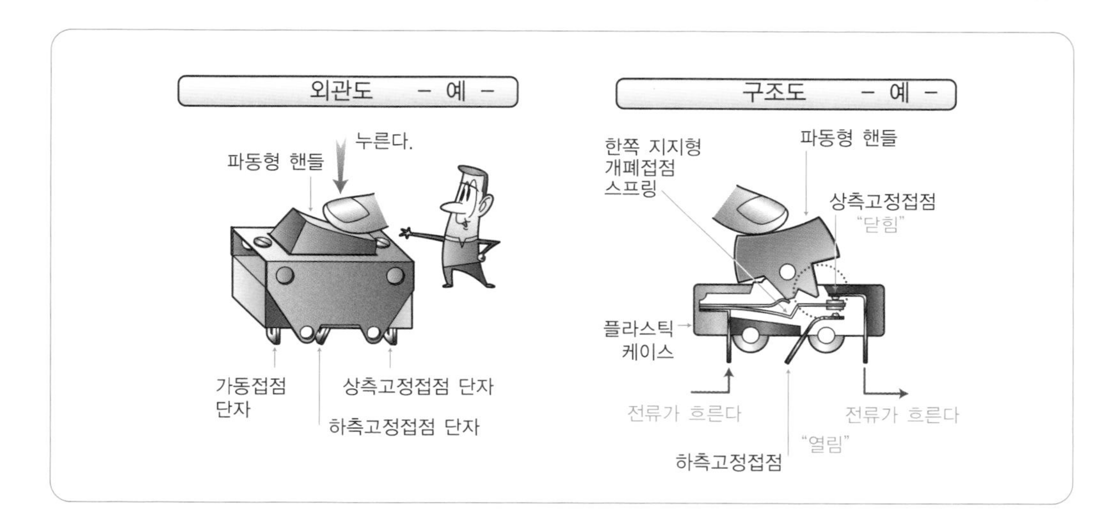

토글 스위치(toggle switch)

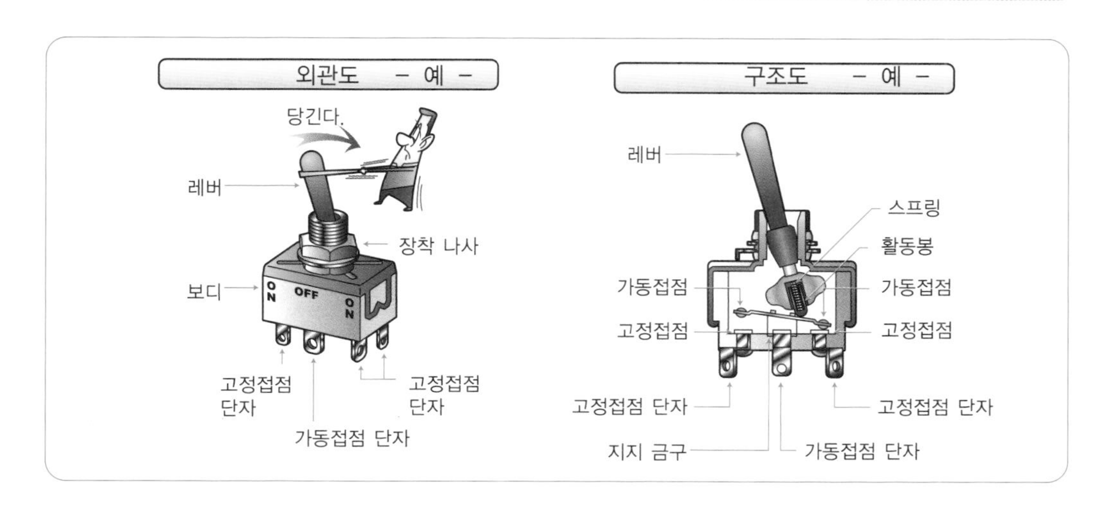

15 누름 버튼 스위치 · 마이크로 스위치

누름 버튼 스위치는 누를 때 개폐동작을 한다

- **누름 버튼 스위치**는 조작자가 직접 손가락으로 버튼을 누름으로써 접점이 개폐동작을 하기 때문에 전기회로를 개폐하는 명령 스위치로 이용됩니다.

- 누름 버튼 스위치는 설비 · 기기의 제어에서 **"시동"** · **"정지"** 신호를 얻기에 적합합니다.

- 누름 버튼 스위치는 직접 손으로 조작하는 **"버튼 기구부"**와 버튼 기구부가 받는 힘에 의해 전기회로를 개폐하는 **"접점 기구부"**로 구성되어 있습니다. 누름 버튼 스위치는 조작할 때는 수동으로 하지만, 손을 떼면 스프링의 힘에 이해 자동으로 원래 상태로 돌아오는데 이것을 **"수동조작 자동복귀"**라고 합니다.

마이크로스위치는 작은 크기에 비해 큰 전류를 개폐할 수 있다

- **마이크로스위치**란 미소접점 간격과 스냅 액션 기구를 가지며, 정해진 동작과 규정된 힘으로 개폐동작을 하는 접점기구가 케이스에 내장되고, 그 외부에 액추에이터를 갖추어 소형으로 제작된 검출용 스위치를 말합니다.

- **마이크로스위치**의 핀 플런저를 누르면, 핀 플런저가 아래로 이동하면서 작동 스프링을 아래로 눌러 구부리게 됩니다. 그때 핀 플런저가 어느 위치까지 눌려지면, 가동접점은 상측고정접점으로부터 순간적으로 반전하여 하측고정접점으로 이동합니다.

- 이처럼 가동접점이 순간적으로 반전하여 동작하는 것을 **"스냅 액션"**이라고 하며, 이 동작에 의해 전류를 순간적으로 개폐할 수 있습니다.

누름 버튼 · 마이크로스위치의 외관 · 구조

누름 버튼 스위치(push button switch)

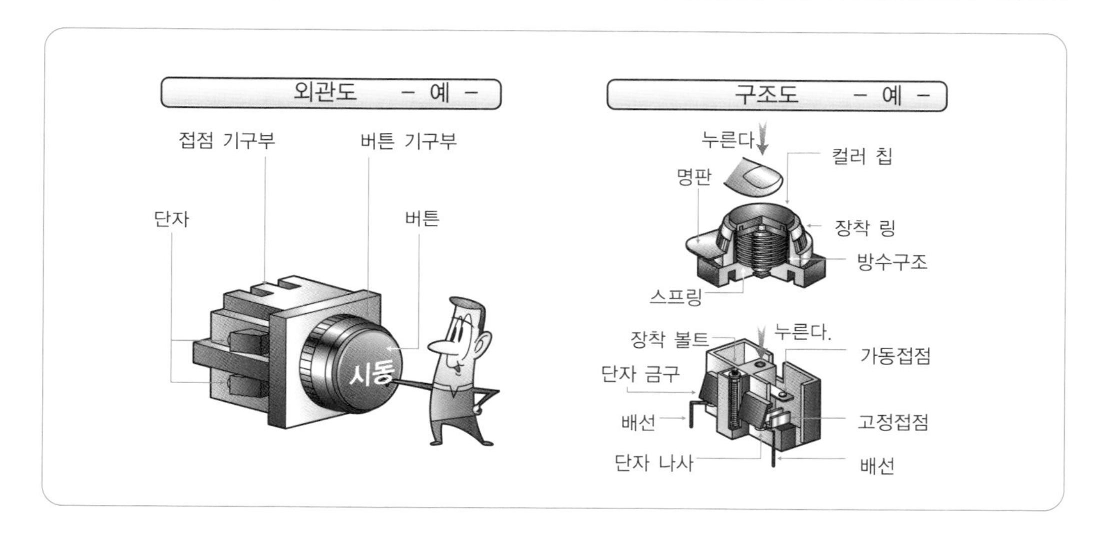

마이크로스위치(micro switch)

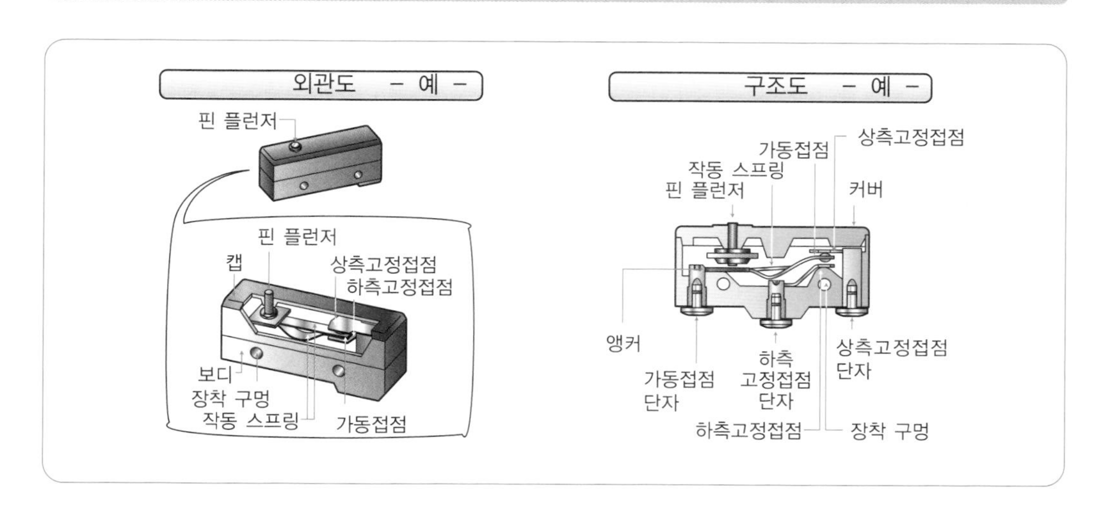

16 타이머 · 광전 스위치

타이머는 설정 시간이 되면 동작한다

- **타이머**란 전기적으로나 기계적으로 입력신호를 주면, 정해진 시간(설정시간)이 경과한 후에 그 접점이 폐로 또는 개로되면서 인위적으로 출력신호의 시간지연을 만들어내는 검출용 스위치를 말합니다. 타이머에는 그 동작원리에 따라 "**모터식 타이머**"와 "**전자식 타이머**"가 있습니다.

- 모터식 타이머는 전기적인 입력신호에 의해 동기(同期) 모터를 회전시켜 전원 주파수에 비례하는 일정 회전속도를 시간의 기준으로 하여 일정시간(설정시간)이 경과한 후에 출력접점을 개폐합니다.

- 전자식 타이머는 콘덴서의 충 · 방전 특성을 이용하여, 콘덴서 단자전압의 시간적 변화를 검출·증폭하여 출력 접점을 동작시킵니다.

광전 스위치는 빛을 차단하면 동작한다

- **광전 스위치**란 빛을 매체로 하는 검출기로, 투광기 내의 광원으로부터 방사된 빛이 물체에 의해 차단되거나 반사되면서 생기는 광량 변화를 수광기 내의 광전변환소자에 의해 전기량으로 변환하여 검출하는 스위치를 말합니다.

- 광전 스위치는 검출물이 금속일 필요가 없으며, 비교적 원거리에서 검출 가능한 점이 특징이라고 할 수 있습니다.

- 광전 스위치는 생산 라인에서 제품을 검출(예 : 생산 수량의 계측)하거나, 외부로부터의 침입자를 검출하는 방범설비, 자동문의 개폐설비 등에 사용됩니다.

타이머 · 광전 스위치의 외관 · 접속도

타이머(time-lag relay)

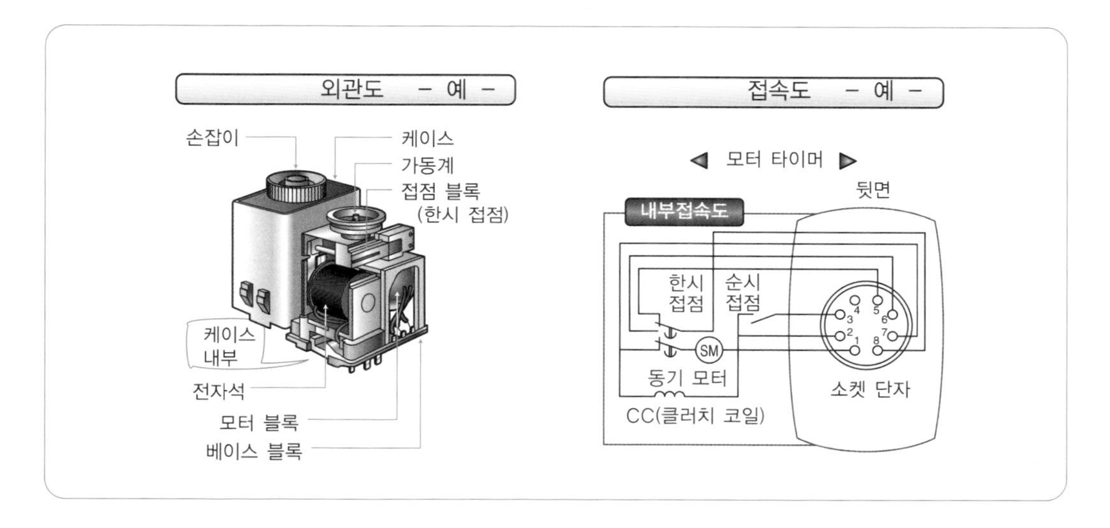

광전 스위치(photo electric switch)

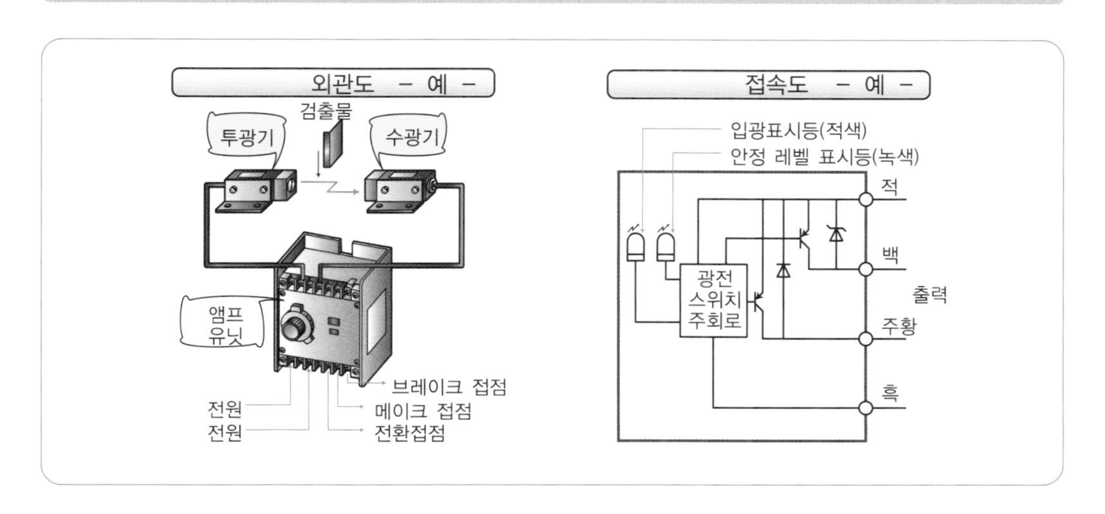

17 리밋 스위치 · 근접 스위치

리밋 스위치는 물체의 접촉에 의해 위치를 검출한다

- **리밋 스위치**란 기기의 운동행정 중 정해진 위치에서 동작하는 검출용 스위치를 말합니다.

- 리밋 스위치는 기기의 가동부분의 움직임에 의해 기계적 운동을 전기적 신호로 변환하는 것으로, 물체가 특정 위치에 있는지, 힘이 가해졌는지 등과 같은 기계량의 검출에 널리 이용되고 있습니다.

- 리밋 스위치는 마이크로스위치(15항 참조)를 견고한 케이스에 내장하고, 내유·내수 등의 보호 구조를 덧붙인 것으로, 기계입력을 검출하는 부분을 액추에이터라고 합니다.

- 리밋 스위치는 물체와의 접촉에 의한 기계적 입력신호를 전기회로의 개폐동작 출력신호로 변환할 때 주로 사용됩니다.

근접 스위치는 무접촉으로 물체의 근접을 검출한다

- **근접 스위치**란 금속검출체가 접근하여 일정 거리에 가까워지면 물리적인 접촉 없이 대상물의 유무를 전기적 검출신호로 송출하는 검출 스위치를 말합니다. 따라서 기계적인 접촉을 하지 않은 채 검출체의 위치 검출 및 존재를 확인할 수 있습니다.

- 일반적으로 고주파 자계를 이용한 고주파 발진형이 많이 이용되고 있습니다. 고주파 발진형은 금속 검출체의 유무와 위치 또는 이동상태 등을 직접 검출하는 검출 헤드와, 검출신호를 받아 출력신호를 발생하는 컨트롤 유닛으로 구성됩니다.

- 고주파 발진형은 검출 헤드를 고주파로 발진시켜 금속 검출체가 접근했을 때 발진회로의 변화를 검출하여 동작시키는 형식을 말합니다.

리밋 스위치 · 근접 스위치의 외관 · 구조

리밋 스위치(limit switch)

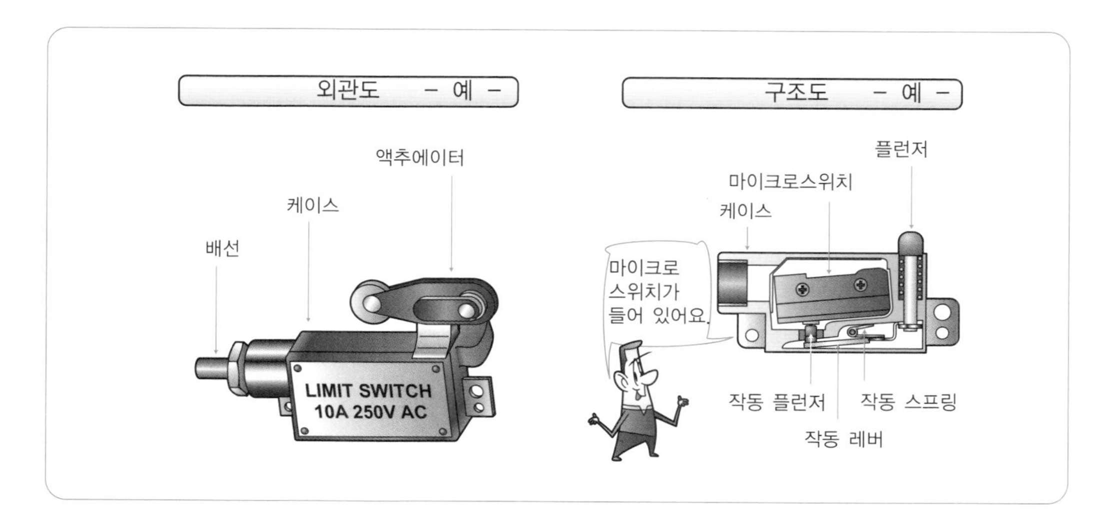

근접 스위치(proximity switch)

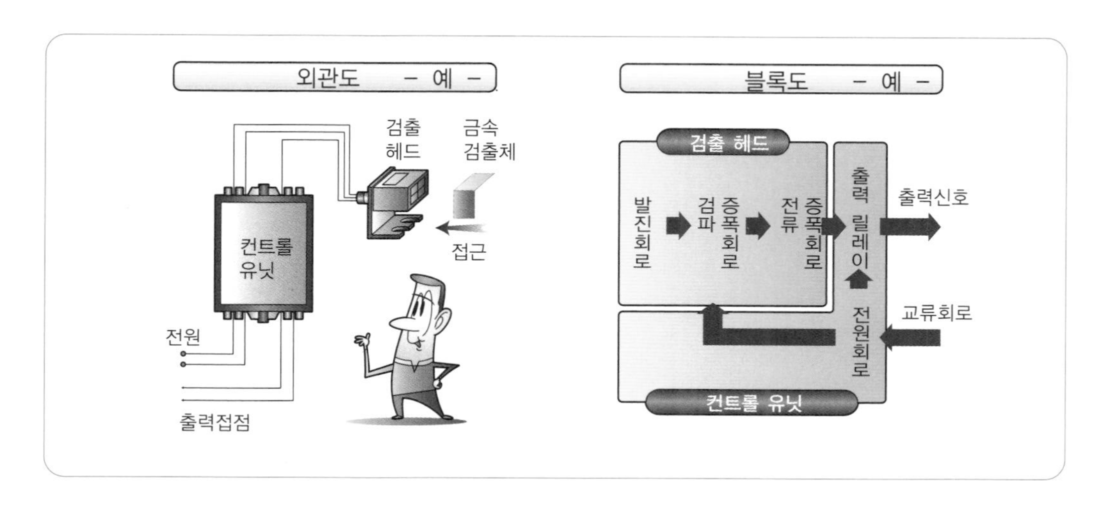

18 온도 스위치 · 서멀 릴레이

온도 스위치는 설정온도에 도달하면 동작한다

- 온도 스위치란 온도가 설정온도(예정값)에 도달했을 때 동작하는 검출 스위치를 말합니다.

- 온도 스위치는 온도 변화에 대해 전기적 특성이 변화하는 소자, 예를 들어 전기저항이 변화하는 서미스터, 백금이나 열기전력을 발생시키는 열전대 등을 측온체로 이용하고, 그 변화를 통해 미리 설정한 온도가 된 것을 감지하여 출력접점을 동작시킵니다.

- **서미스터**란 온도에 따라 저항값이 변화하는 반도체 디바이스를 말합니다.

- **열전대**(thermocouple)란 서로 다른 종류의 금속이 접속된 지점에 온도차가 있을 때 기전력이 발생하는 열전효과를 이용한 것을 말합니다.

서멀 릴레이는 과전류를 검출하여 동작한다

- **서멀 릴레이**란 **열동 과전류 릴레이**라고도 하는데, 전기 기기의 과전류를 검출하는 스위치를 말합니다.

- 서멀 릴레이란 단책형 히터와 바이메탈을 조합한 열전소자와 조작회로의 신속 입력, 신속 단절 기구의 접점부로 구성됩니다.

- 서멀 릴레이는 일반적으로 전자접촉기와 조합하여 사용됩니다. 전기 기기에 과부하 또는 구속 상태 등으로 이상 전류가 흐르게 되면, 서멀 릴레이의 히터가 가열되어 바이메탈이 일정량 이상 구부러집니다. 여기에 연동하는 접점 기구를 움직여 전자접촉기의 조작 코일의 회로를 끊고, 이상 전류에 의한 전기 기기의 소손을 방지하는 작용을 합니다. 전동기의 과전류 보호 장치로 자주 이용됩니다.

온도 스위치 · 서멀 릴레이의 외관 · 구조

온도 스위치(thermo switch)

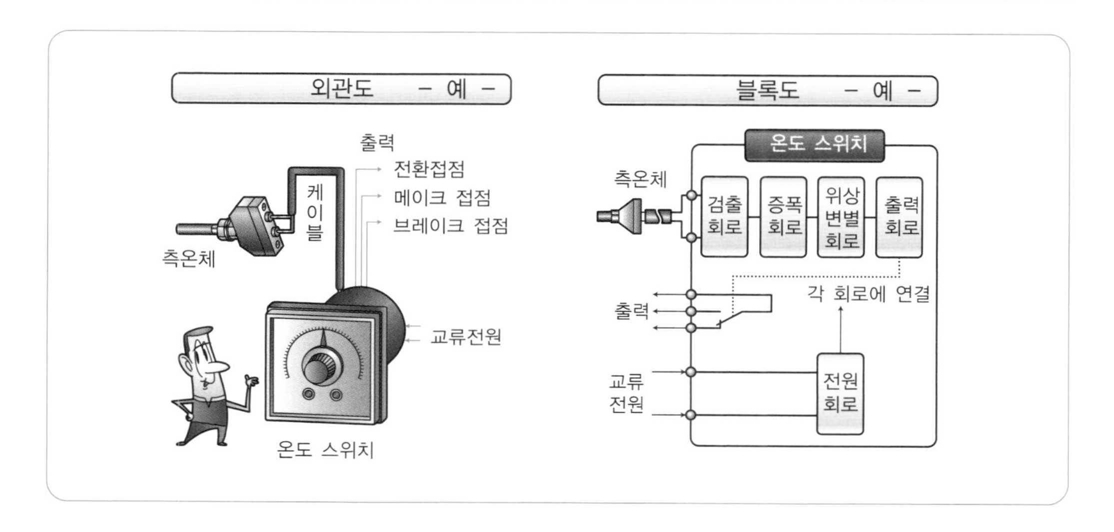

서멀 릴레이(thermal relay)

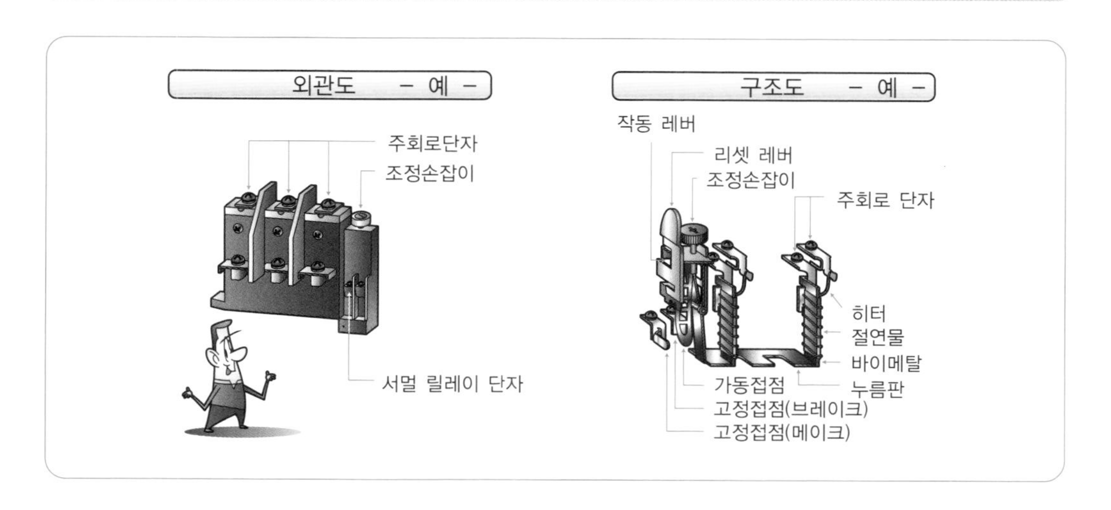

19 전자 릴레이 · 배선용 차단기

전자 릴레이는 전자력으로 동작한다

- 코일에 전류가 흐르면 전자석이 되는데, **전자 릴레이**란 그 전자력에 의해 접점을 개폐하는 기구를 가지는 기기의 총칭입니다. 전자 릴레이는 시퀀스 제어에 사용되는 중추적 역할을 하는 기기입니다.
- 그 코일에 전류가 흐르면(여자라고 한다) 고정철심이 전자석이 되면서 가동철편을 끌어당기는데, 이와 연동하여 가동접점이 이동하여 고정접점과 접촉하거나 떨어짐에 따라 전자 릴레이는 회로의 개폐를 수행합니다.
- 전자 릴레이의 코일에 흐르는 전류를 끊으면(소자라고 한다) 고정철심이 전자석의 성질을 잃기 때문에 복귀 스프링의 힘에 의해 원래 상태로 돌아갑니다(전자 릴레이에 대해서는 6장에서 자세히 설명합니다).

배선용 차단기는 부하전류를 개폐한다

- **배선용 차단기**란 **"노 퓨즈 브레이커"**라고도 하며 개폐기구, 인출 장치 등을 절연물로 된 케이스에 일체로 조립한 **"기중차단기(air circuit breaker)"**라고 합니다.
- 배선용 차단기는 부하전류를 개폐하는 전원 스위치로 이용될 뿐만 아니라 과전류 및 단락시에는 열동 인출 장치(또는 전자 인출 장치)가 동작하여 자동적으로 회로를 차단합니다.
- 배선용 차단기의 정상적인 부하상태에서의 개폐조작은 조작 핸들의 "On", "Off"에 의해 수행합니다.
- 이와 같은 기구를 가진 차단기를 **"과전류 차단기"**라고 하며, 원칙적으로 전동기의 분기회로에는 과전류 차단기가 설치됩니다.

전자 릴레이 · 배선용 차단기의 외관 · 구조

전자 릴레이(relay)

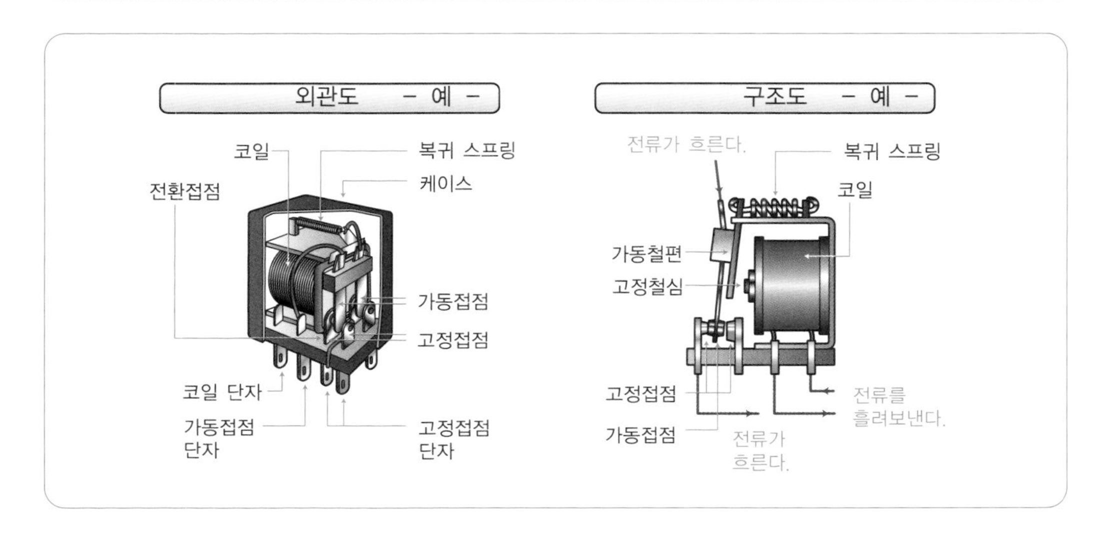

배선용 차단기(molded case circuit breaker)

20 전자접촉기

전자접촉기는 전력회로를 개폐한다

- **전자접촉기**란 전자석의 동작에 의해 부하회로를 빈번하게 개폐하는 접촉기를 말하며, 주로 전력회로의 개폐에 이용됩니다.

- 전자접촉기는 전류용량이 큰 주접점과, 전자 릴레이 접점과 같이 전류용량이 작은 보조접점으로 구성되는 접점기구부와 가동철심·고정철심으로 구성되는 조작전자석부로 구성됩니다. 수지 몰드제 프레임 상부에 접점기구부, 하부에 조작전자석부가 장치되어 있습니다.

- 접점기구부의 고정접점은 수지 몰드제 프레임에 고정되고 가동접점은 접점 스프링과 함께 가동철심과 연동하도록 되어 있습니다. 따라서 고정철심이 가동철심을 끌어당기면 가동철심에 연동하여 접점기구부가 개폐동작을 합니다.

전자접촉기의 동작 방식 –동작 · 복귀–

- 전자접촉기의 코일에 전류를 흐르게 하면(여자라고 한다) 고정철심과 가동철심 사이에 자속이 발생하여 자기회로를 형성하고 고정철심이 전자석이 됩니다. 전자석의 힘으로 고정철심은 가동철심을 끌어당기고, 이 흡인력에 의해 가동철심과 기계적으로 연동하고 있는 주접점 및 보조접점이 아래쪽으로 힘을 받아 **"동작"**합니다. 동작하면 주접점과 보조접점인 메이크 접점도 닫히며 브레이크 접점은 열립니다.

- 전자접촉기의 코일에 전류가 흐르지 않으면(소자라고 한다) 고정철심이 전자석의 성질을 잃게 되므로 가동철심은 아래로 당겨지지 않고 복귀 스프링의 힘에 의해 위쪽으로 힘을 받아 **"복귀"**합니다. 복귀하면 주접점과 보조접점인 메이크 접점도 열리며 브레이크 접점은 닫힙니다.

전자접촉기의 외관 · 구조 · 동작

전자접촉기(electromagnetic contact)

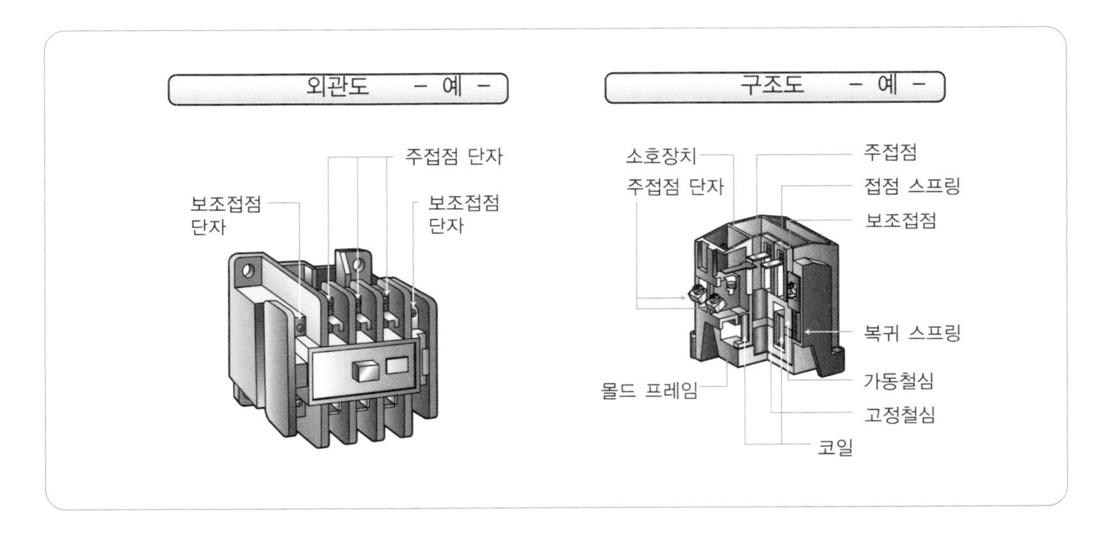

전자접촉기의 폐동작 · 개동작

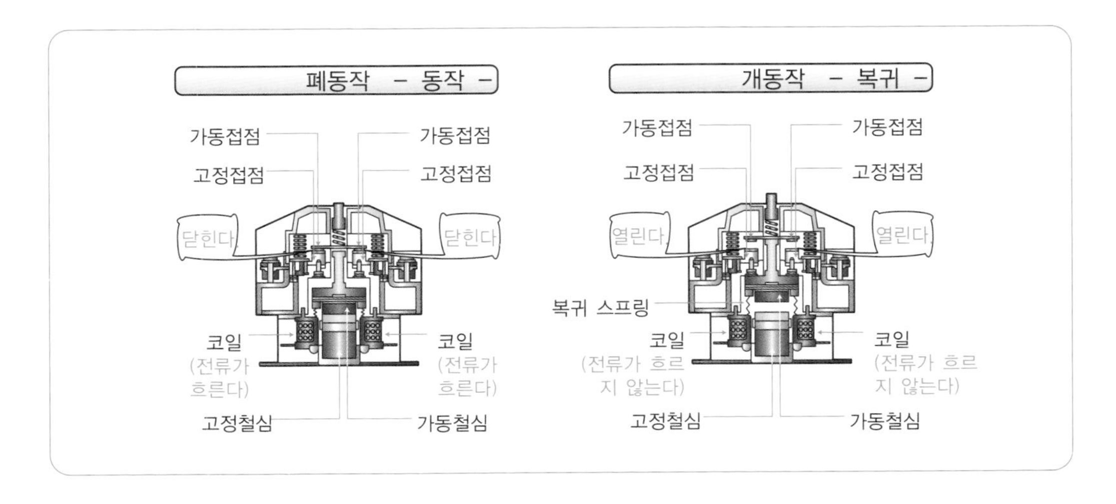

21 전지 · 변압기

전지는 직류 전력을 얻을 수 있다

- 전지란 전해액 속에 넣은 서로 다른 두 종류의 금속이 가지는 화학적 에너지를 전기적 에너지로 바꾸어 직류 전력을 외부로 끌어내는 장치를 말합니다. 전지에는 **"납축전지"**와 **"알칼리 축전지"** 등이 있습니다.

- 납축전지에는 전해액에 비중 1.2~1.3의 묽은 황산, 양극에 이산화납(PbO_2), 음극에 납(Pb)이 사용됩니다. 기전력은 약 2V로 방전하면 전해액 속에서는 전류가 양극을 향해 흐르고, 양극·음극 모두 PbO_4로 변화합니다. 충전하면 원래의 PbO_2, Pb로 돌아갑니다.

- 알칼리 축전지는 가성칼리(수산화칼륨) 수용액을 전해액으로 하고, 옥시수산화니켈을 양극, 카드뮴(Cd)을 음극으로 하며 기전력은 1.2V입니다.

변압기는 전압을 높게 · 낮게 변성한다

- **변압기**란 고전압 · 소전류의 교류전력을 저전압 · 대전류의 교류전력으로 또는 그 반대로 변환하는 기기를 말합니다.

- 변압기는 철심에 두 개의 권선을 감고, 한쪽 권선에 교류전압 V_1을 가하면 철심 속에 교번자속이 발생하고, 전자유도작용에 의해 나머지 한쪽의 권선에 교류전압 V_2가 발생합니다.

- 변압기의 전원측 권선을 1차 권선, 부하측 권선을 2차 권선이라고 합니다.
  1차, 2차의 전압은 그 권수비에 비례합니다.

- 변압기는 전류를 흘리는 권선과 자속을 지나게 하는 철심으로 이루어집니다. 철심에는 규소강판이 사용되고, 와전류손을 줄이기 위해 철심을 성층합니다. 또한, 철심에는 **"권철심형**(卷鐵心形)"과 **"적철심형**(積鐵心形)"이 있습니다.

전지 · 변압기의 외관 · 구조

전지(battery)

외관도 - 예 -

촉매 마개
단자
극판
전조

구조도 - 예 -

단자
뚜껑
전조
양극판
글라스 매트
음극판
세퍼레이터

변압기(Transformer)

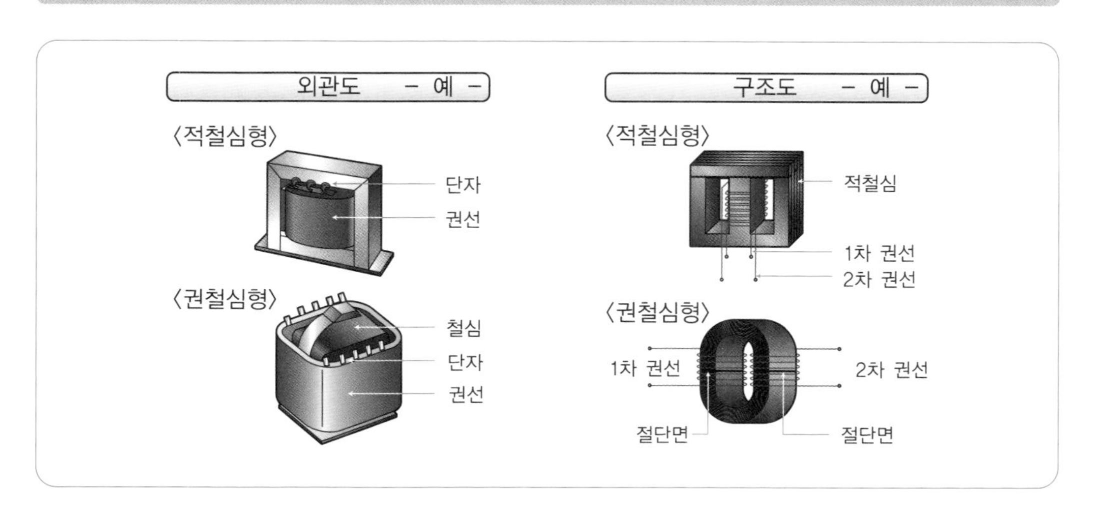

22 표시등, 벨 · 버저

표시등은 동작상태를 표시한다

- **표시등**은 램프를 점등 또는 소등하여 운전 · 정지 · 고장 표시처럼 기기·회로 제어의 동작 상태를 배전반, 제어반 등에 표시하는 것을 말하며 "**파일럿 램프**" 또는 "**시그널 램프**"라고도 합니다.

- 표시등은 전구와 색별 렌즈로 구성되는 조광부와 트랜스 또는 직렬저항과 소켓으로 구성되는 소켓부로 구성되어 있습니다.

- 기명식 표시등은 등을 감싸는 조광부에 아크릴라이트를 사용하고, 필터에 임의의 문자를 조각합니다. 그리고 뒷면에 착색 아크릴을 삽입하여 점등시 필터를 통해 각각의 색 문자를 표시합니다.

벨 · 버저는 고장을 알린다

- 벨과 버저는 기기 및 장치에 고장이 발생했을 때 발생을 알리는 경보기로 이용됩니다.

- 일반적으로 **벨**은 고장발생과 함께 기기 및 장치를 정지하지 않으면 안되는 "**중대고장**"의 경우에 사용합니다. **버저**는 기기 및 장치의 운전을 계속하면서 고장수리가 가능한 경우에 사용합니다. 이처럼 벨과 버저는 고장의 정도에 따라 구분하여 사용합니다.

- 벨은 전자석부·접점부 및 소리를 발생시키는 타봉과 공(gong) 등으로 구성되며, 전자석에 의해 진동하는 타봉으로 공을 때리는 음향기구입니다.

- 버저는 전자석부와 소리를 발생시키는 진동판과 진동자로 구성되며, 전자석으로 발음체를 진동시키는 음향기구입니다.

표시등, 벨 · 버저의 외관 · 구조

표시등(signal lamp)

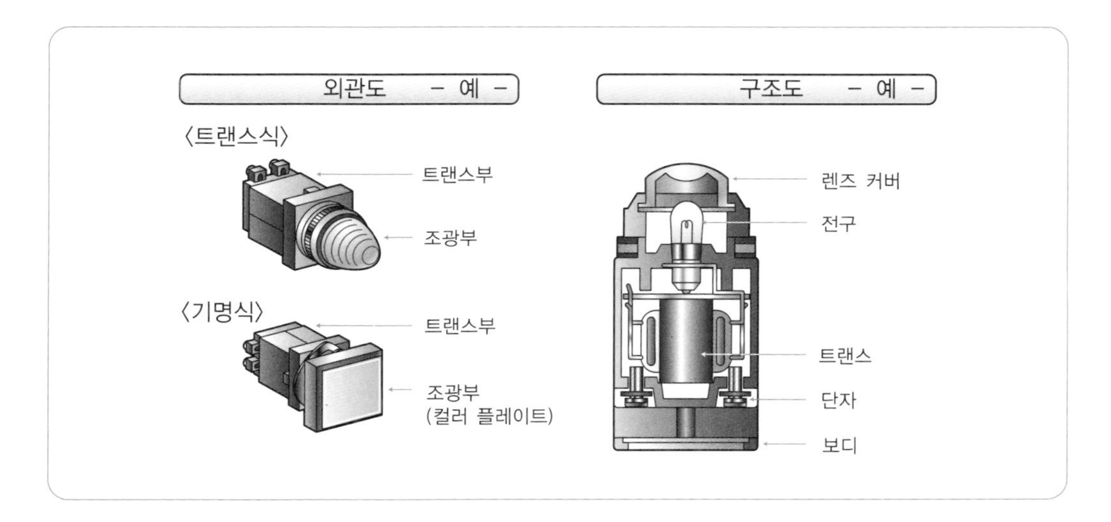

벨 · 버저(bell · buzzer)

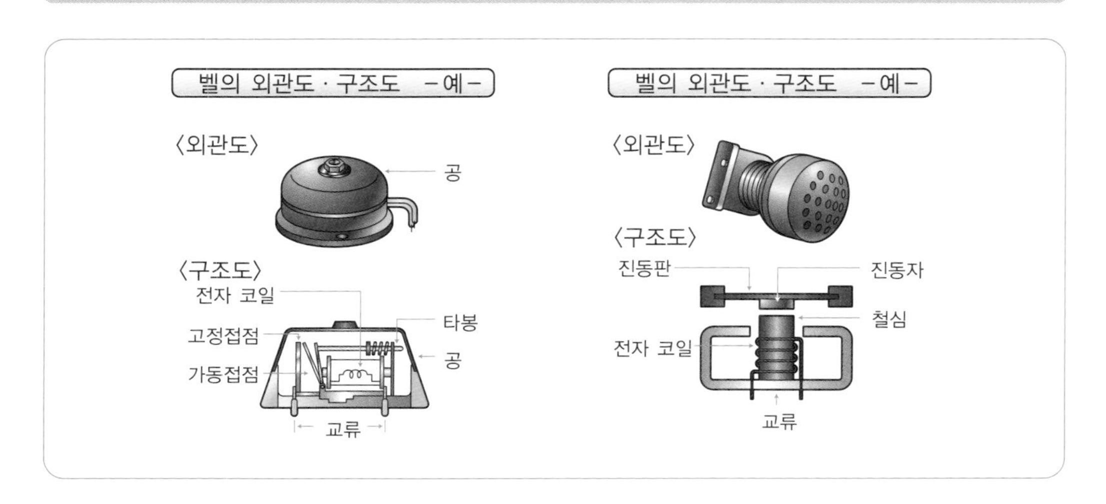

23 다이오드 · 트랜지스터

다이오드는 순방향으로만 전류가 흐른다 -예 : 발광 다이오드-

- 다이오드란 p형 반도체와 n형 반도체를 접합한 반도체소자를 말합니다.
- 다이오드는 순방향 전압(p형 반도체에 플러스 전압, n형 반도체에 마이너스 전압을 가한다)에 대해서는 거의 저항이 없기 때문에 전류가 쉽게 흐르지만, 역방향 전압에 대해서는 매우 저항이 크기 때문에 거의 전류가 흐르지 않는 특성을 가지고 있습니다. 이 특성을 이용하여 교류를 직류로 정류할 수 있습니다.
- **발광 다이오드**란 전류를 흘리면 빛이 발생하는 소자로서, 순방향 전류에 대해서만 동작합니다. 이런 특성으로 인해 표시등으로 사용되며, 백열전구에 비해 소비전력이 적고 응답이 빠른 것이 특성입니다.

트랜지스터는 스위칭 작용 · 증폭 작용이 있다

- 트랜지스터(transistor)란 반도체를 이용한 능동소자에 대한 일반적 명칭으로 transfer resistor의 줄임말입니다.
- 트랜지스터는 p형 반도체와 n형 반도체를 서로 접합한 3층의 반도체 소자로, 그 조합에 따라 pnp**형 트랜지스터**, npn**형 트랜지스터**로 구분됩니다.
- pnp형과 npn형 모두 중간에 끼워진 p형 또는 n형 부분을 베이스(B)라고 하고, 베이스를 감싸는 두 개의 반도체 중 한쪽을 이미터(E), 다른 한쪽을 컬렉터(C)라고 합니다.
- 트랜지스터는 베이스 전류가 흘렀을 때에만 컬렉터 전류가 흐르는 특성을 이용하여 **스위칭 작용** 또는 **증폭 작용**을 합니다.

다이오드 · 트랜지스터의 외관 · 구조

다이오드(diode) (예 : 발광다이오드)

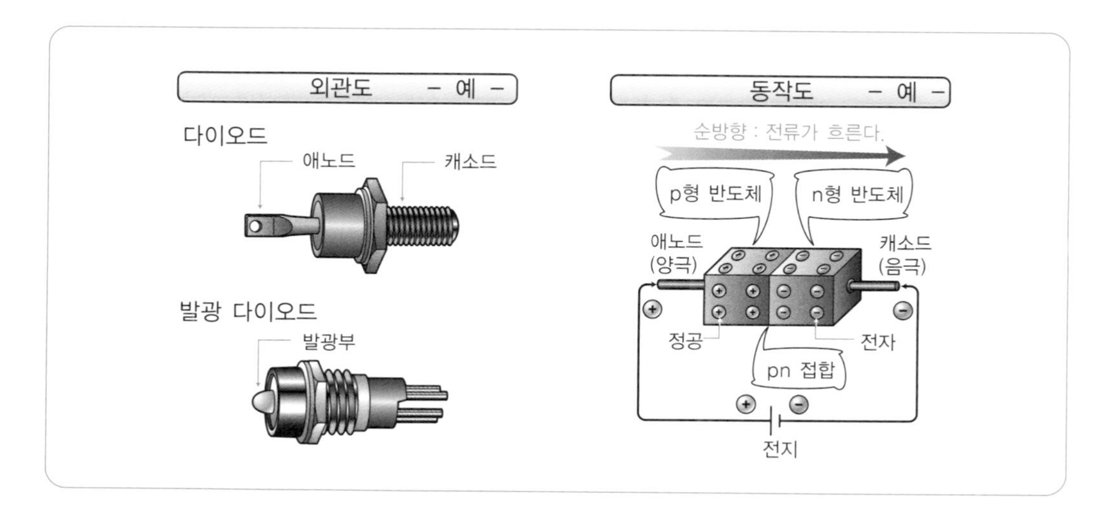

트랜지스터(transistor)

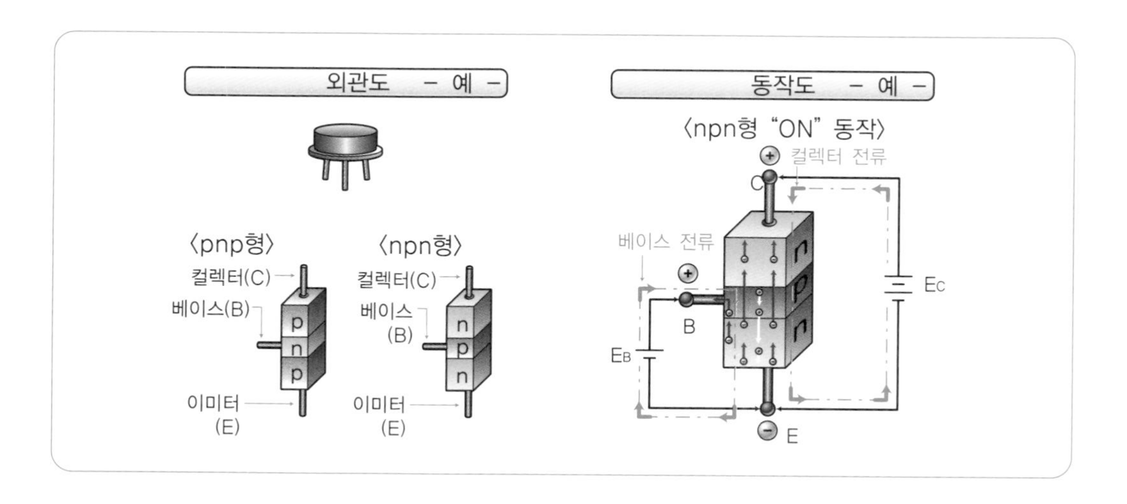

24 전동기

전동기(예 : 삼상유도전동기) －Motor－

- **전동기**란 **모터**라고도 하며 전력을 받아 기계동력을 발생시키는 회전기를 말합니다.
- 일반적으로 전동기라고 하면 **삼상유도전동기**를 말하는데, 상용 전원으로부터 전력을 공급받아 기계동력을 얻을 수 있고, 원격 제어도 용이하기 때문에, 물체의 이동과 가공, 설비의 동력원으로 사용됩니다.

전동기의 설치 －예－

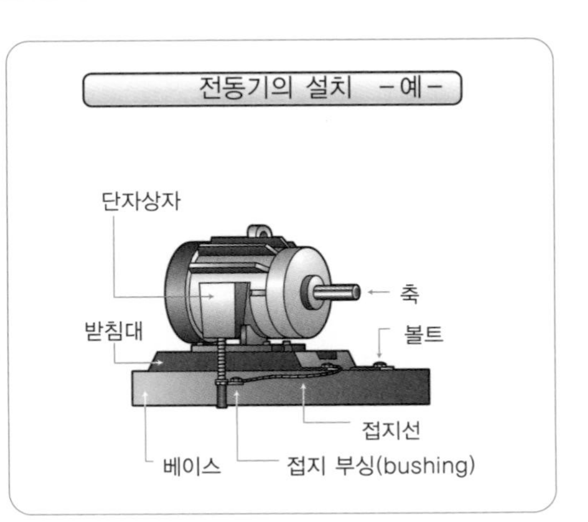

유도전동기의 내부 구조도 －예－

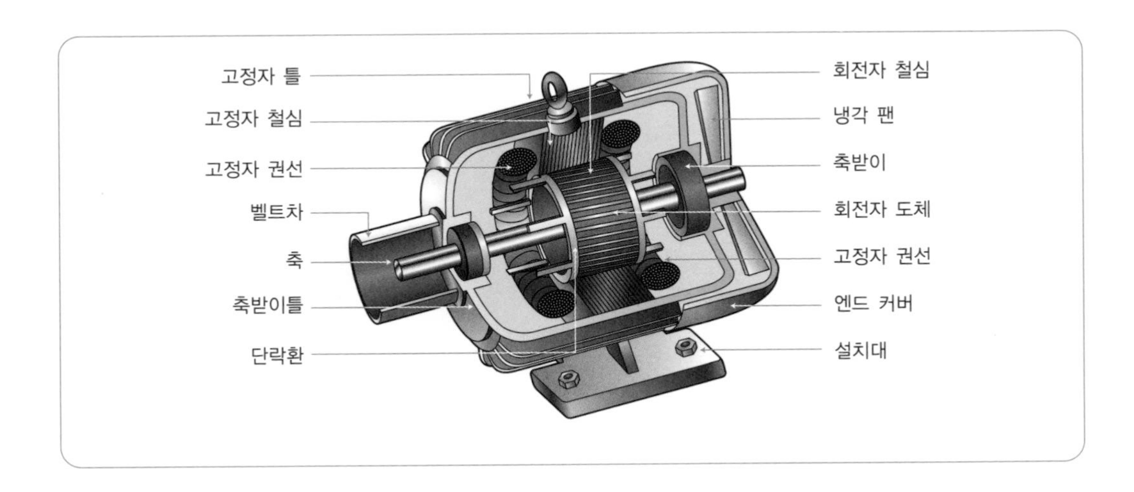

제4장

전기용 그림기호

25 전기용 그림기호란 어떤 것일까?

기기 · 기구를 기호화한 것이 전기용 그림기호이다

- 시퀀스 제어 회로에 이용하는 다양한 기기와 기구를 시퀀스도에 나타내기 위해 일일이 실제 모양을 그려야 한다면 무척 많은 노력이 필요할 것입니다. 그래서 이 기기들을 간결한 표현으로 한눈에 무엇인지 알아볼 수 있고 간단히 그릴 수 있도록 정해 만든 기호를 **"전기용 그림기호"**라고 하며, 일반적으로 **"심벌"**이라고도 합니다.

- 시퀀스도는 도면을 이용할 사람들을 위해 작성하는 것이기 때문에 작성자가 자기가 정한 임의의 기호를 사용하게 되면 읽는 사람들이 무엇을 의미하는지 알 수 없으며, 또한 이것을 추측해서 해석한다면 오류의 원인이 됩니다. 그러므로 시퀀스도는 읽는 사람들도 쉽게 이해할 수 있도록 공통된 표현을 정하고, 이에 기초하여 바르게 작성해야 합니다.

전기용 그림기호는 일본공업규격 JIS C 0617에 규정되어 있다

- 전기용 그림기호를 공통된 표현으로 정의한 것이 일본공업규격 **"JIS C 0617(전기용 그림기호)"** 입니다. 일반적으로 시퀀스도를 작성할 때 이 규격에서 정의한 전기용 그림기호를 이용하고 있습니다.

- 전기용 그림기호는 기기 · 기구의 기계적인 관련을 생략하고 전기회로의 일부 요소를 간략화하여 그 동작 상태를 알 수 있도록 하고 있는데 시퀀스 제어를 이해하기 위해서는 우선 전기용 그림기호를 기억해야 합니다.

- 이 장에서 설명한 전기용 그림기호는 모두 컴퓨터 제도 시스템의 그리드 내(그림기호의 배경에 표시)에 그려져 있기 때문에 그 비율로 작성하였습니다. 그리드의 기준 단위는 M=2.5mm를 사용하고 있으며 그림기호의 관련선간의 간격은 기본단위의 배수로 합니다.

주요 개폐접점의 그림기호와 그 작성법

개폐접점의 종류	메이크 접점(a접점)	브레이크 접점(b접점)

2위치접점

■ 2위치 접점이란 개와 폐의 두 위치를 가지는 접점을 말합니다.

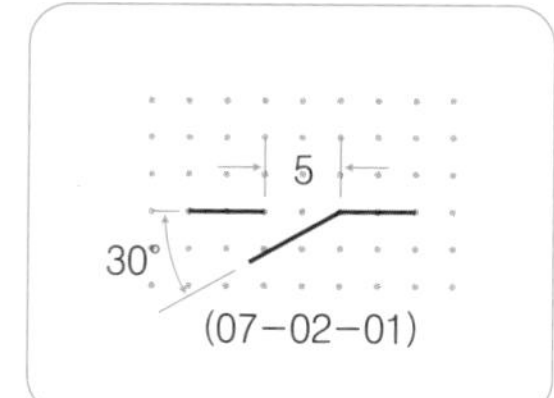

(07-02-01)

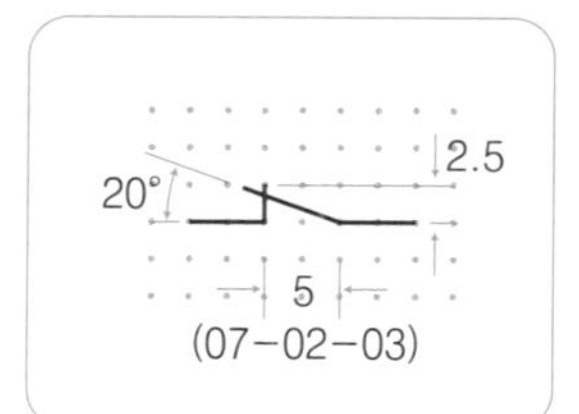

(07-02-03)

3위치접점

■ 3위치 접점이란 메이크 접점과 브레이크 접점을 일체화한 "전환접점"을 말합니다.

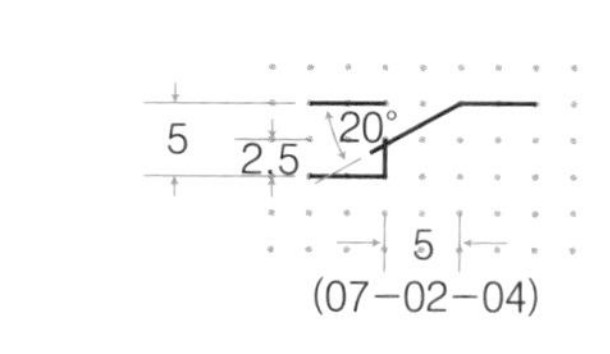

(07-02-04)

전력용 접점

■ 전력용 접점이란 개폐하는 전력이 큰 접점을 말합니다.

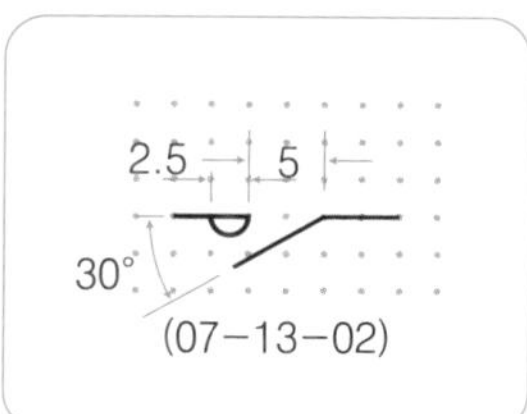

(07-13-02)

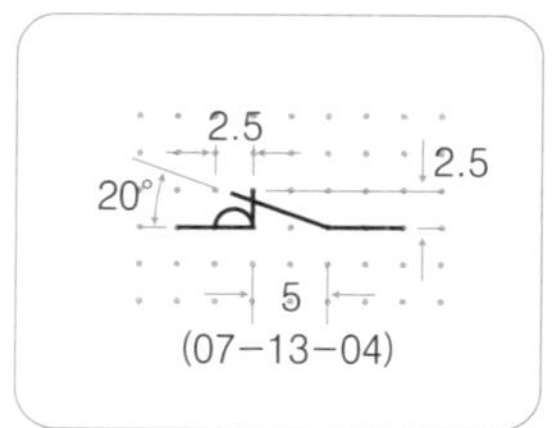

(07-13-04)

한시동작접점

■ 한시동작 접점이란 입력신호가 들어오고 나서 정해진 시간이 경과한 후에 동작하는 접점을 말합니다.

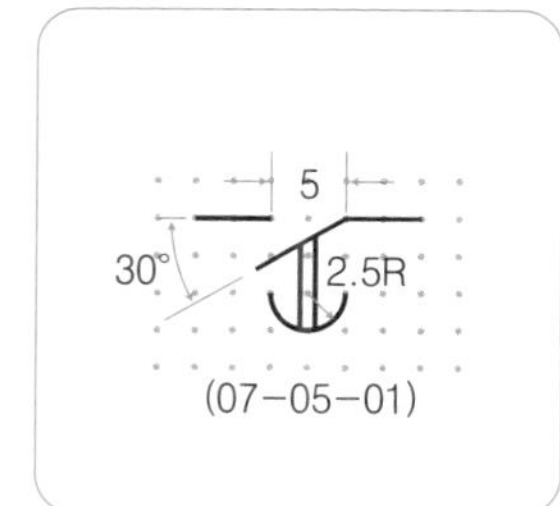

(07-05-01)

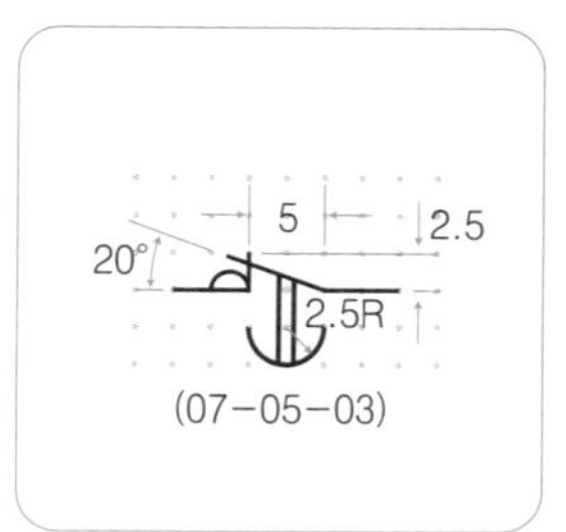

(07-05-03)

26 개폐접점의 한정 그림기호

한정 그림기호는 개폐접점의 기능을 표시한다

- 개폐접점을 가지는 기기의 전기용 그림기호는 접점의 개폐접점 그림기호에 **"한정 그림기호"** 또는 **"조작기구 그림기호"**를 조합하여 나타냅니다. 한정 그림기호는 **"접점기능 그림기호"**라고도 하며, 개폐접점이 가지는 기능을 나타냅니다.

- 이 장에서 그림기호 아래 ( ) 안의 숫자는 JIS C 0617 규격 내의 그림기호 번호를 나타냅니다.

주요 한정 그림기호 -JIS C 0617-

차단기능

〈설명〉

■ 차단기능이란 소등기능을 가지고 회로전류를 차단하는 접점을 말합니다.

〈그림기호〉

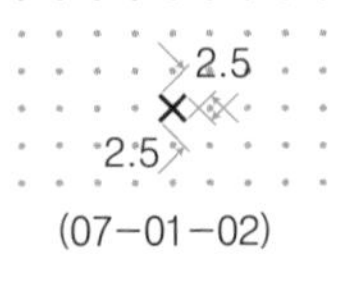

(07-01-02)

〈예〉

● 배선용 차단기

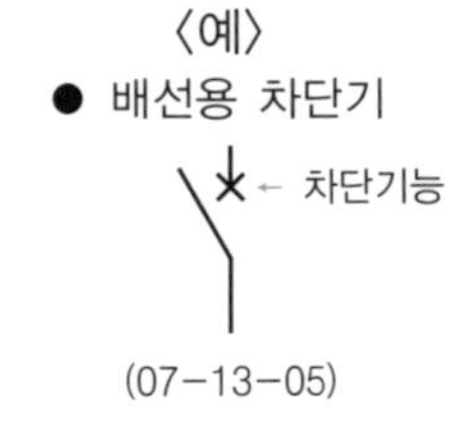

(07-13-05)

부하개폐기능

〈설명〉

■ 부하개폐기능이란 부하전류를 개폐할 수 있는 접점을 말합니다.

〈그림기호〉

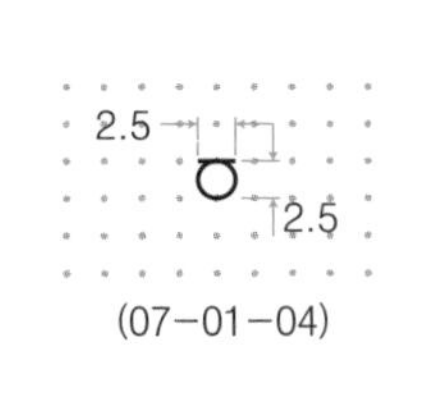

(07-01-04)

〈예〉

● 부하개폐기

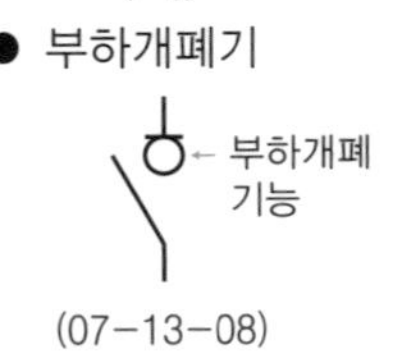

(07-13-08)

한정 그림기호는 개폐접점 그림기호와 조합한다

주요 한정 그림기호 -JIS C 0617-

위치 스위치 기능

〈설명〉

■ 위치 스위치 기능이란 위치의 검출에 의해 동작하는 접점을 말합니다.

〈그림기호〉

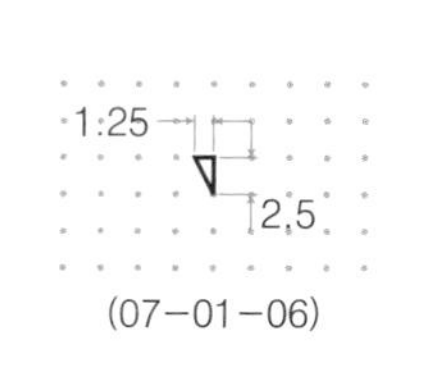

(07-01-06)

〈예〉

● 리밋 스위치

위치 스위치 기능

(07-08-01) 메이크 접점(a접점)

(07-08-02) 브레이크 접점(b접점)

비자동 복귀 기능

〈설명〉

■ 비자동복귀기능이란 입력신호가 없어져도 그대로 잔류하는 접점(잔류접점)을 말합니다.

〈그림기호〉

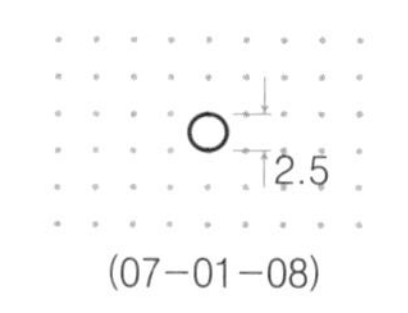

(07-01-08)

〈예〉

● 텀블러 스위치

비자동복귀기능

(07-06-02) 메이크 접점(a접점)

(-) 브레이크 접점(b접점)

지연 동작 기능

〈설명〉

■ 지연동작기능이란 입력신호가 들어오고 나서 일정시간 지연하고 동작하는 접점을 말합니다.

〈그림기호〉

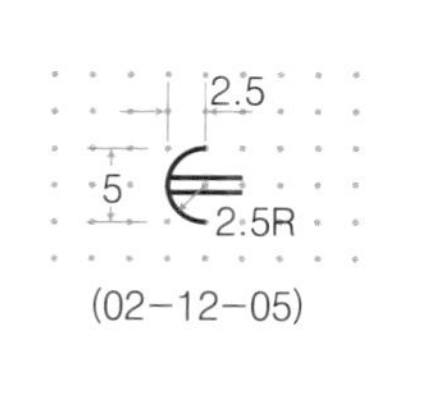

(02-12-05)

〈예〉

● 타이머

지연동작기능

(07-15-01)

(07-05-01) 메이크 접점(a접점)

(07-05-03) 브레이크 접점(b접점)

27 개폐접점의 조작기구 그림기호

조작기구 그림기호는 개폐접점의 조작 방법을 표시한다

수동 조작(일반)

〈설명〉

■ 수동조작이란 사람이 손으로 직접 조작하는 접점을 말합니다(일반적으로 사용).

〈그림기호〉

2.5

(02-13-01)

〈예〉

● 나이프 스위치

수동 조작

(07-07-01)

누름 조작

〈설명〉

■ 누름조작이란 사람이 손가락으로 눌러 조작하는 접점을 말합니다.

〈그림기호〉

2.5

1.25

(02-13-05)

〈예〉

● 누름 버튼 스위치

누름 조작

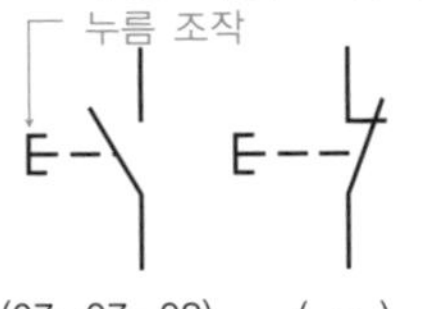

(07-07-02) 메이크 접점 (a접점)

(-) 브레이크 접점 (b접점)

근접 조작

〈설명〉

■ 물체를 접근시킴으로써 동작하는 접점을 말합니다.

〈그림기호〉

2.5

2.5

(02-13-06)

〈예〉

● 근접 스위치

근접 조작

(07-02-01) 메이크 접점 (a접점)

(07-02-03) 브레이크 접점 (b접점)

조작기구 그림기호는 개폐접점 그림기호와 조합한다

주요 조작기구 그림기호 -JIS C 0617-

비상조작

〈설명〉

■ 비상조작이란 비상정지일 때 조작하는 접점(머시룸 헤드형)을 말합니다.

〈그림기호〉

1.25

5

(02-13-08)

〈예〉

● 비상정지 스위치

비상조작

(02-13-08) (07-02-03)

브레이크 접점

(b접점)

전자효과에 의한 조작

〈설명〉

■ 전자효과에 의한 조작이란 코일의 전류에 의한 전자력으로 조작하는 접점을 말합니다.

〈그림기호〉

10

5

(07-15-01)

〈예〉

● 전자 릴레이

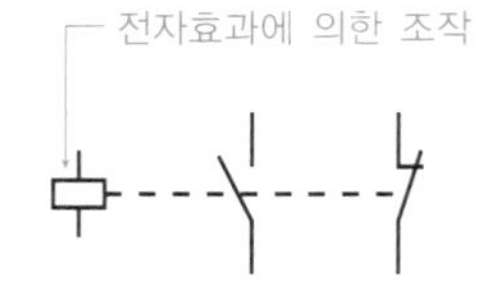

(07-15-01) (07-02-01) (07-02-03)

메이크 접점 브레이크 접점

(a접점) (b접점)

열계전기에 의한 조작

〈설명〉

■ 열계전기에 의한 조작이란 전류의 열작용에 의한 편위력으로 조작하는 접점을 말합니다.

〈그림기호〉

2.5

2.5

(02-13-25)

〈예〉

● 서멀 릴레이

열계전기에 의한 조작

(07-13-25) (07-06-02) (-)

메이크 접점 브레이크 접점

(a접점) (b접점)

28 저항기 · 콘덴서 · 코일의 그림기호

	기기의 명칭	전기용 그림기호	전기용 그림기호 작성법
저항기	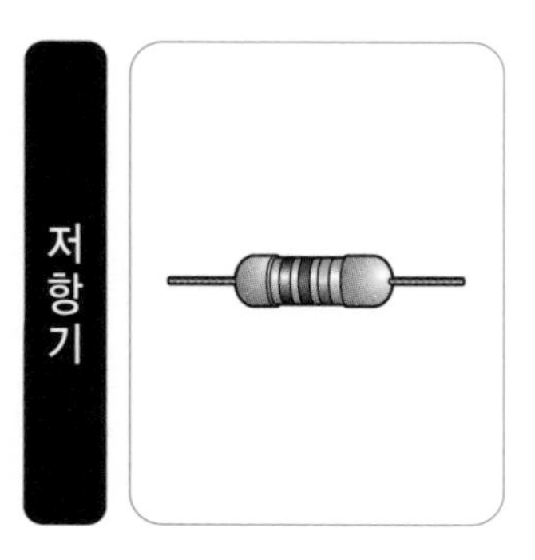	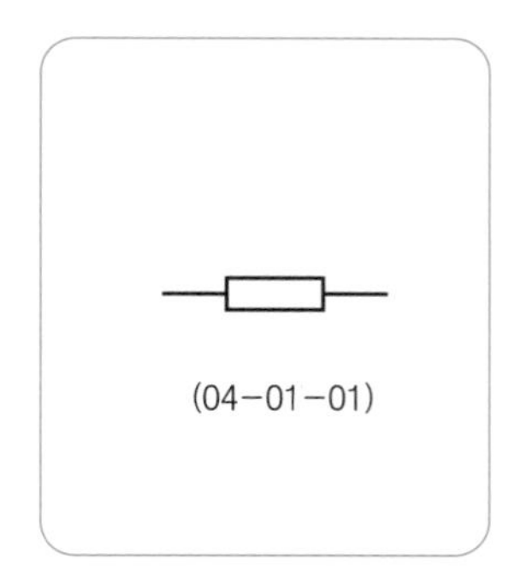 (04-01-01)	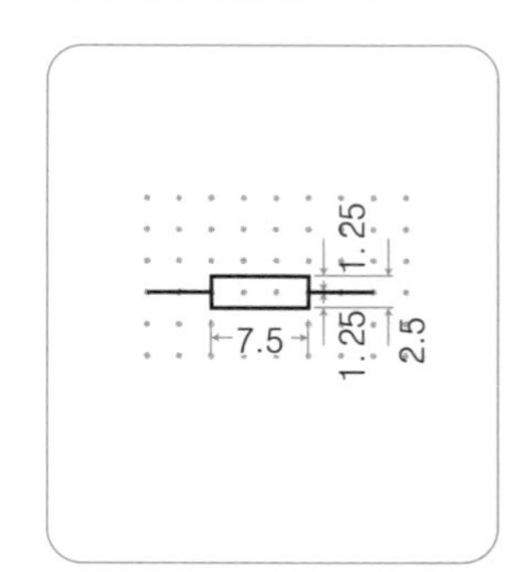 1.25 1.25 2.5 7.5
콘덴서		 (a) 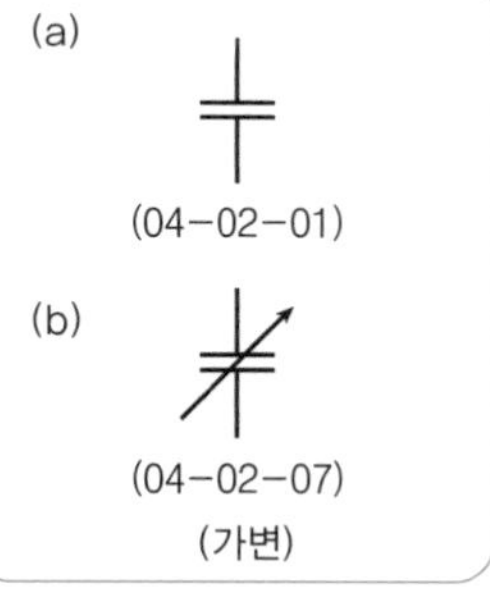 (04-02-01) (b) (04-02-07) (가변)	(a) 1 2.5 5 2.5 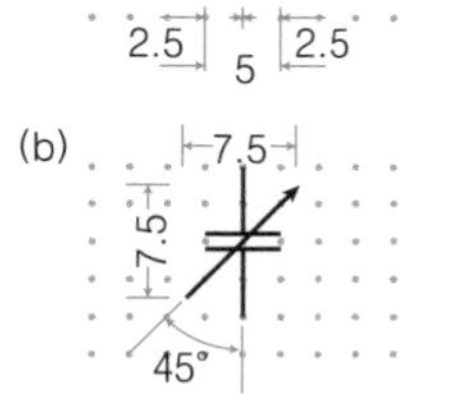 (b) 7.5 7.5 45°
코일	 전자 릴레이 코일	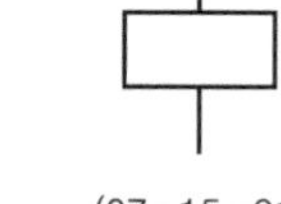 (07-15-01)	5 5 5 10

스위치류의 그림기호

기기의 명칭	전기용 그림기호	전기용 그림기호 작성법
누름 버튼 스위치 	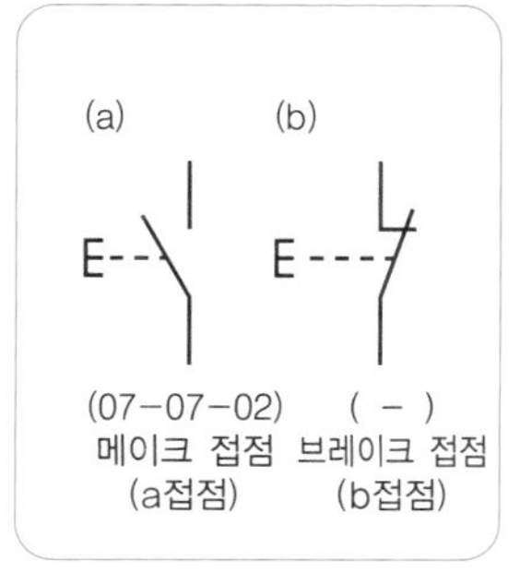	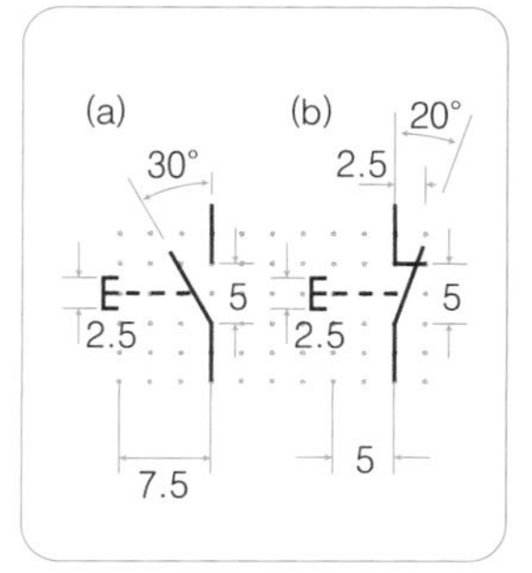
 나이프 스위치 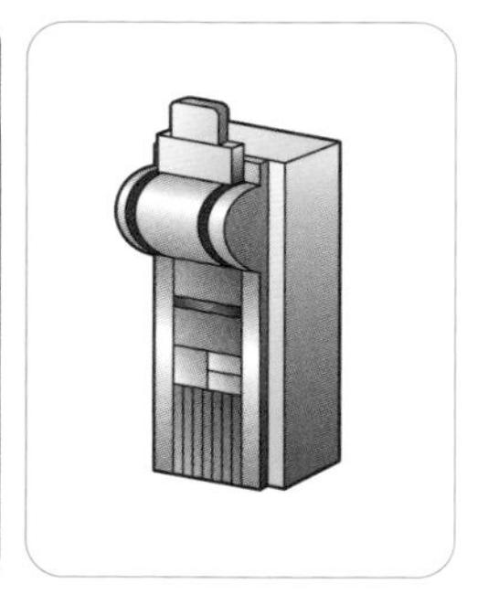		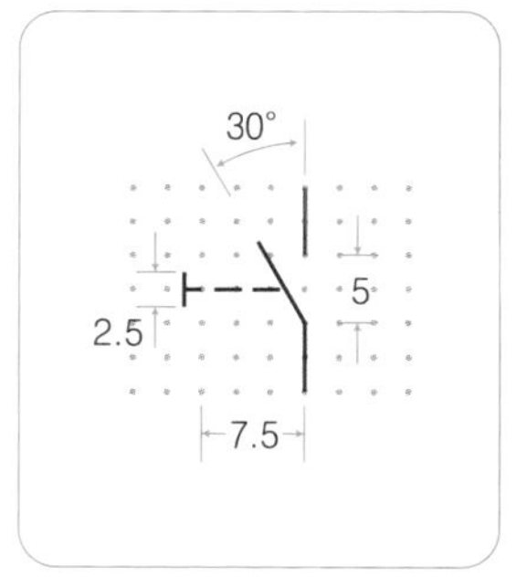
 리밋 스위치 	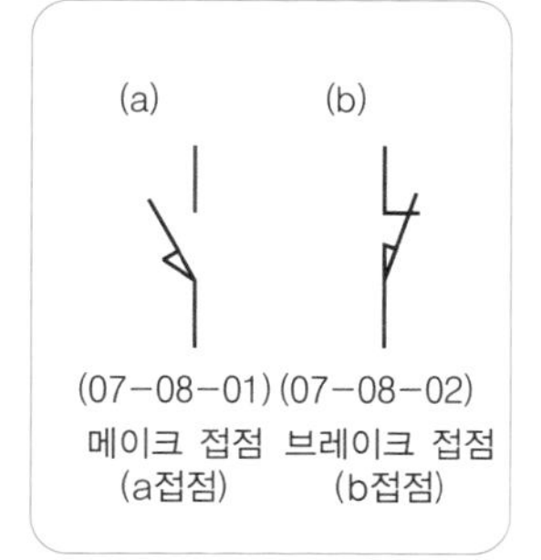	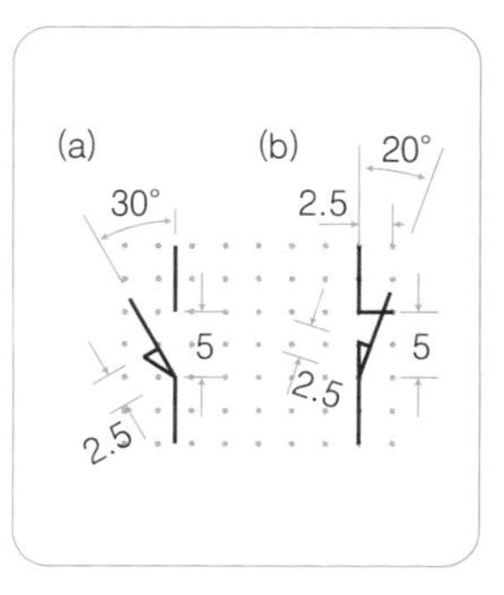

29 전자 릴레이·전자접촉기·배선용 차단기

기기의 명칭	전기용 그림기호	전기용 그림기호 작성법
전자 릴레이 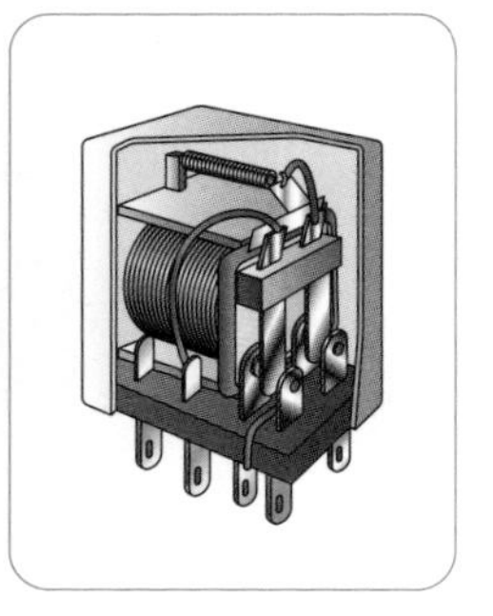	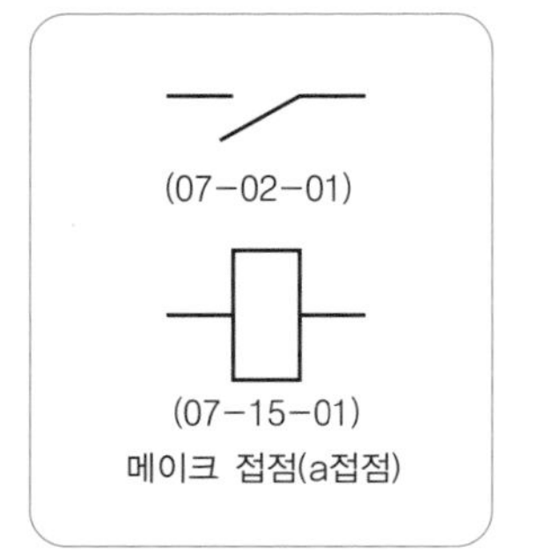 (07-02-01) (07-15-01) 메이크 접점(a접점)	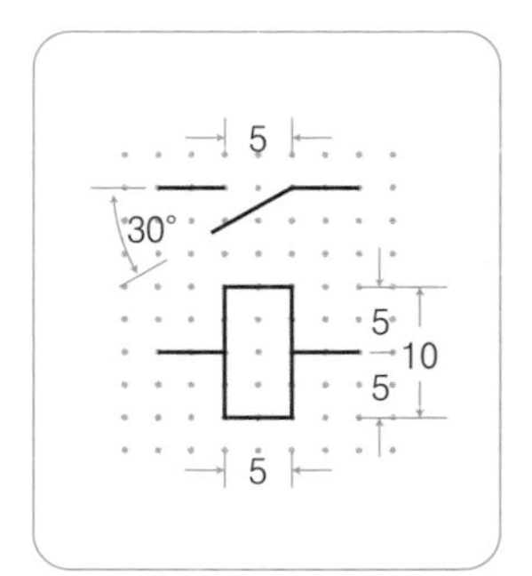
전자 접촉기 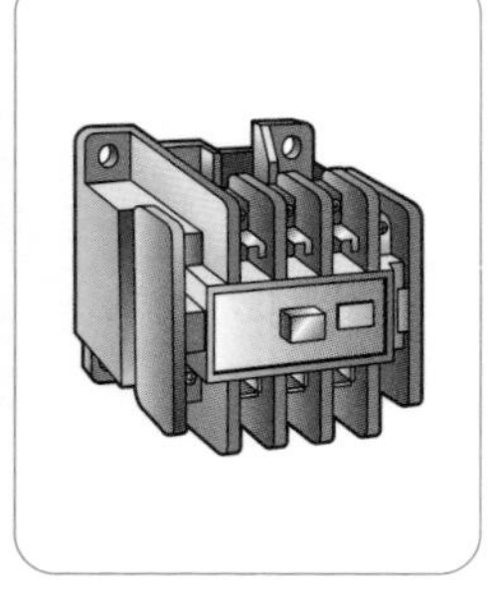	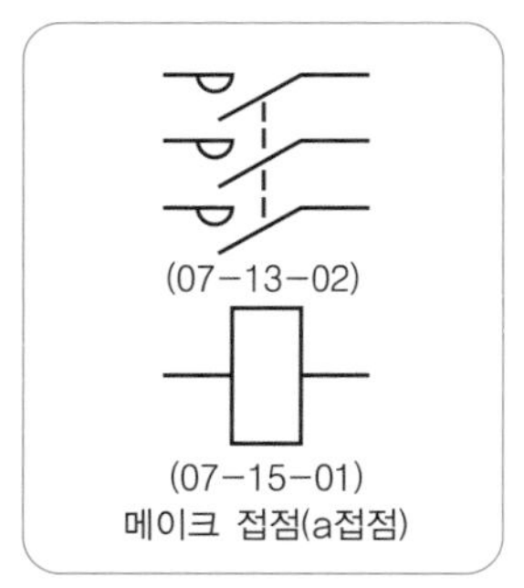 (07-13-02) (07-15-01) 메이크 접점(a접점)	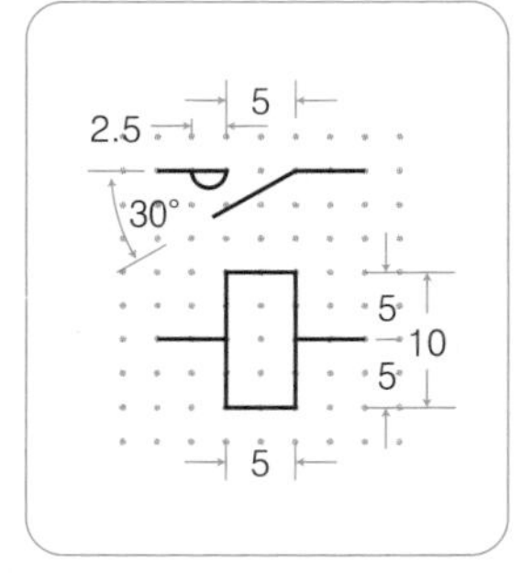
배선용 차단기 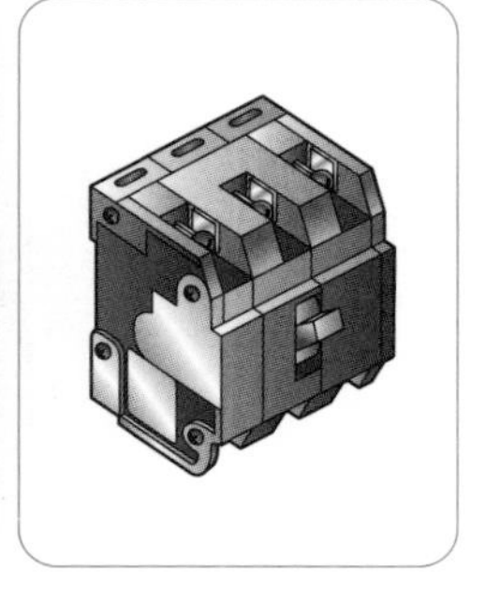	 (07-13-05) 메이크 접점(a접점)	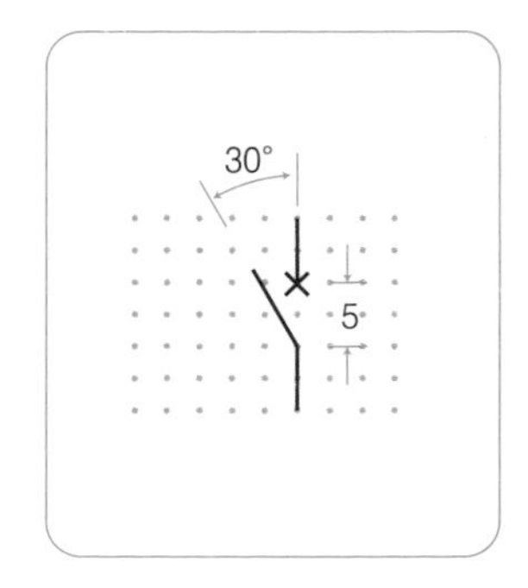

타이머 · 서멀 릴레이 · 계기의 그림기호

기기의 명칭	전기용 그림기호	전기용 그림기호 작성법
타이머 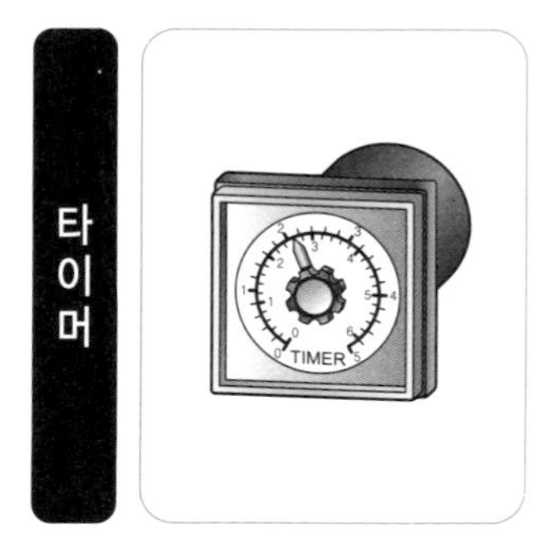		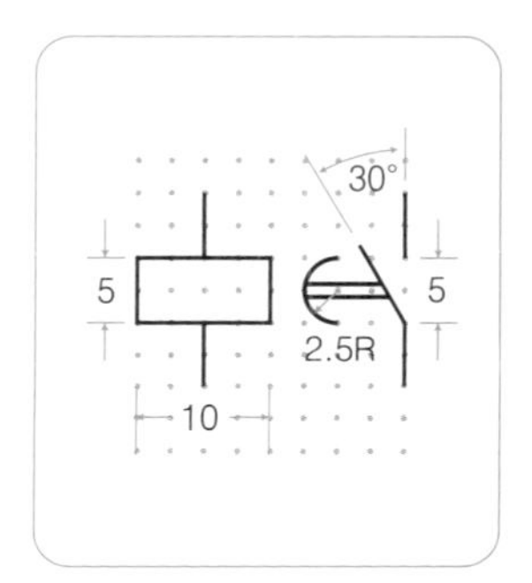
 서멀 릴레이 	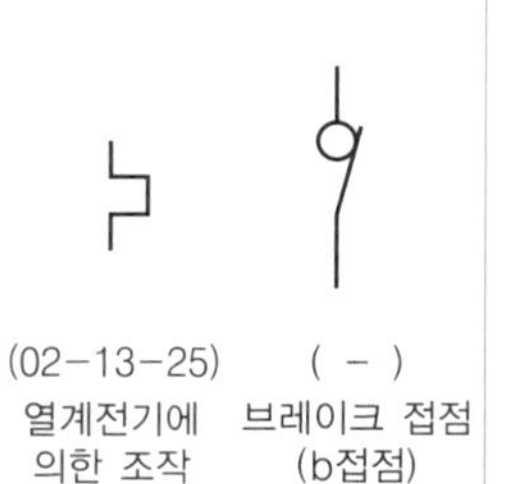	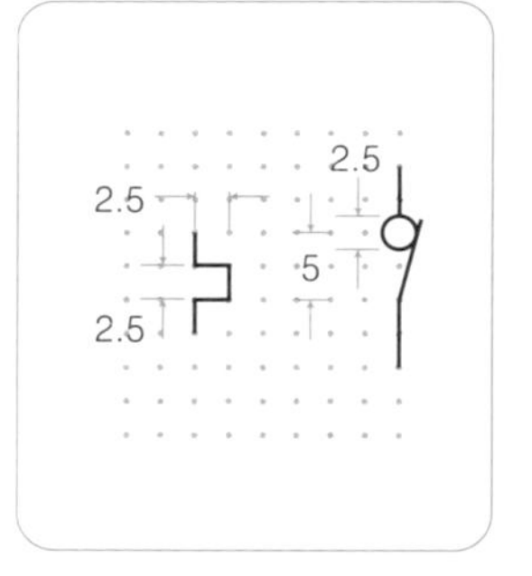
계기(일반) 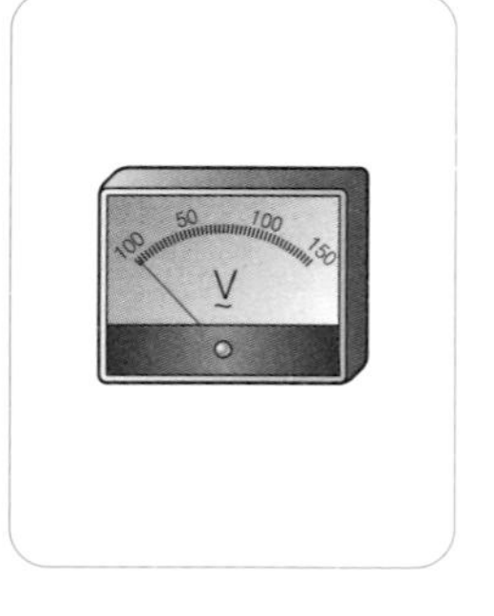	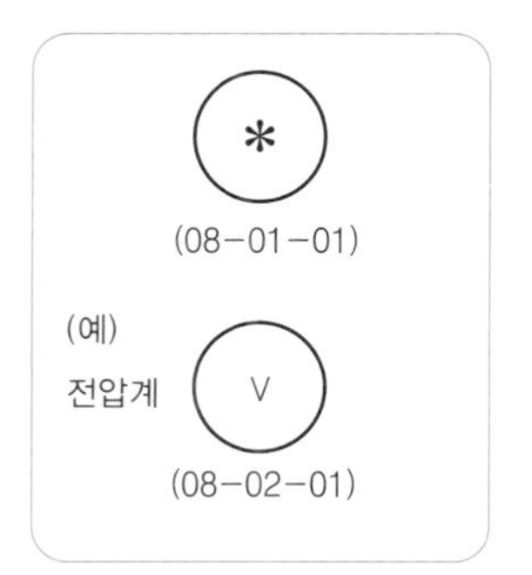	

30 전동기 · 변압기 · 전지의 그림기호

기기의 명칭	전기용 그림기호	전기용 그림기호 작성법
전동기 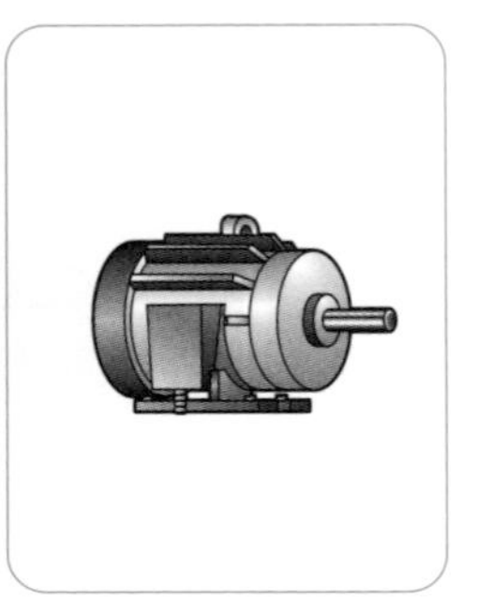	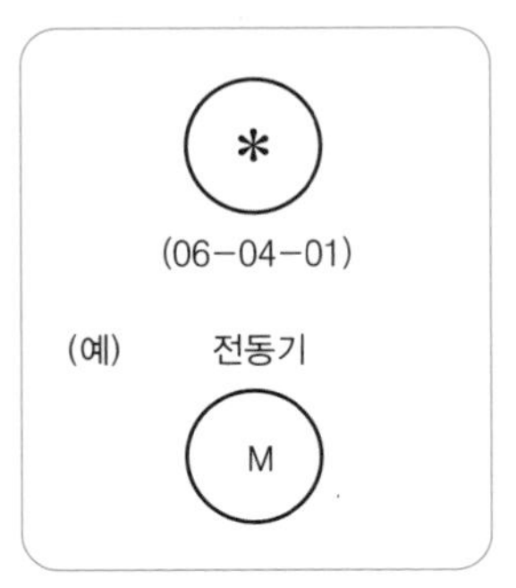	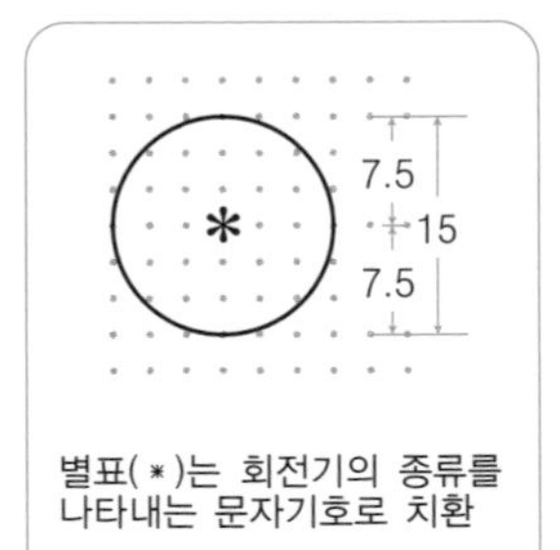 별표(*)는 회전기의 종류를 나타내는 문자기호로 치환
변압기 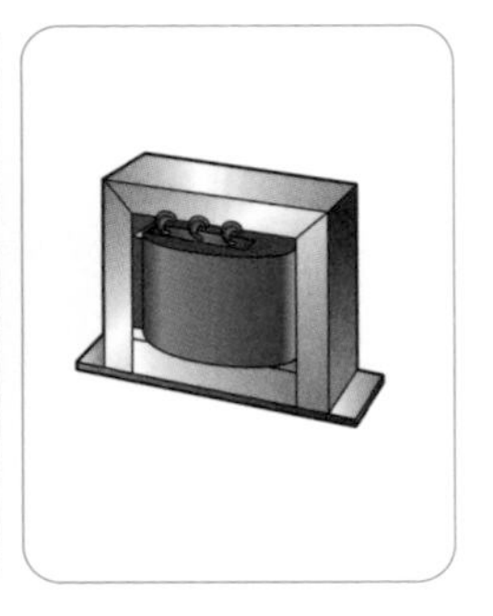	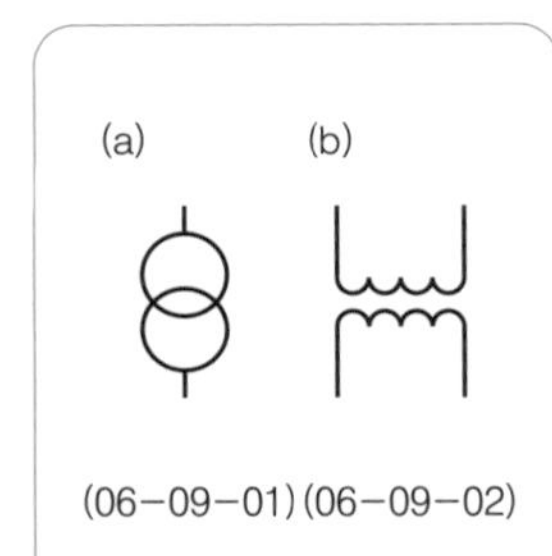	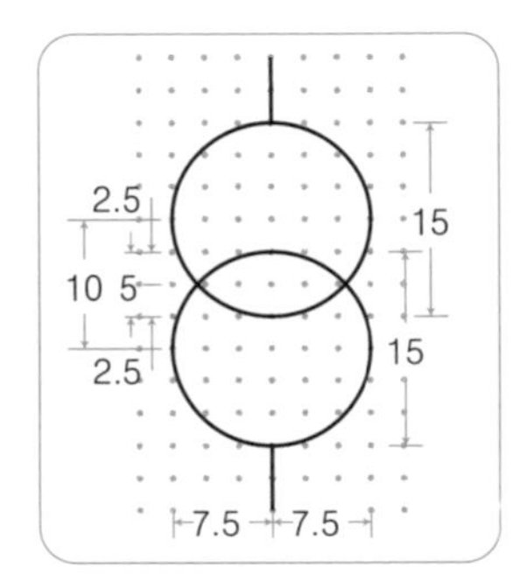
전지 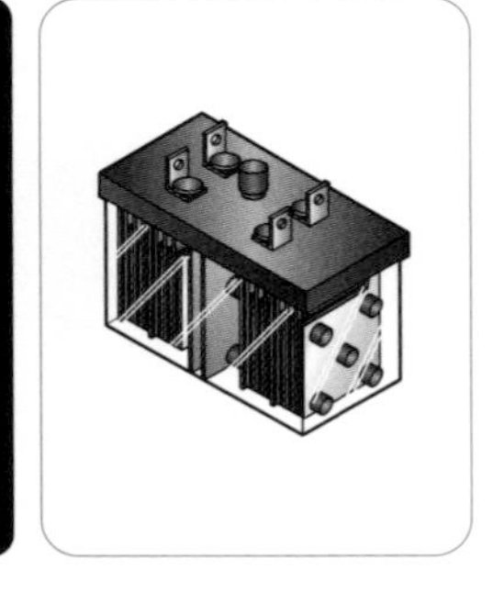	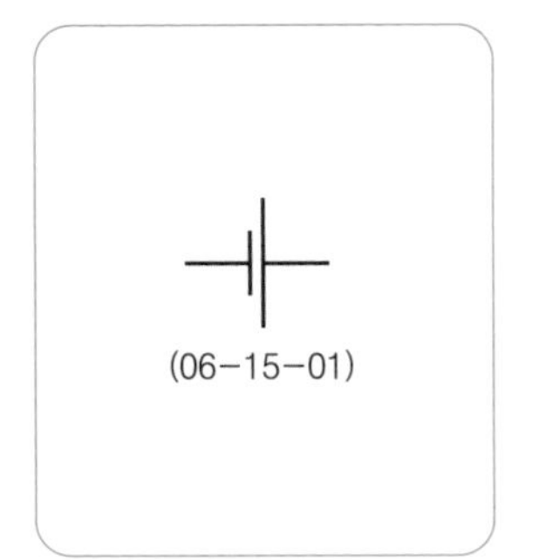	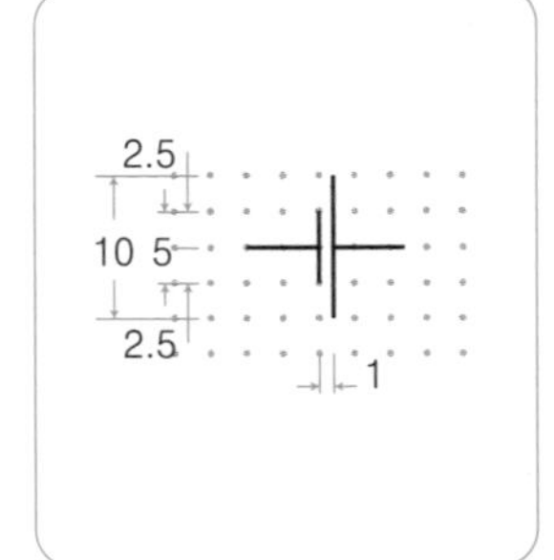

램프·벨·버저·퓨즈의 그림기호

기기의 명칭	전기용 그림기호	전기용 그림기호 작성법

램프

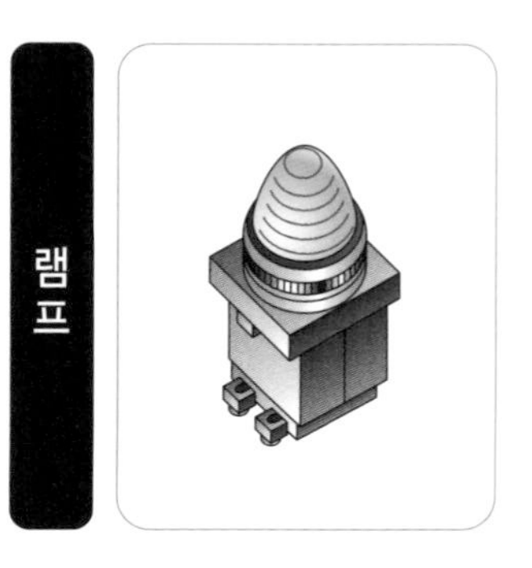

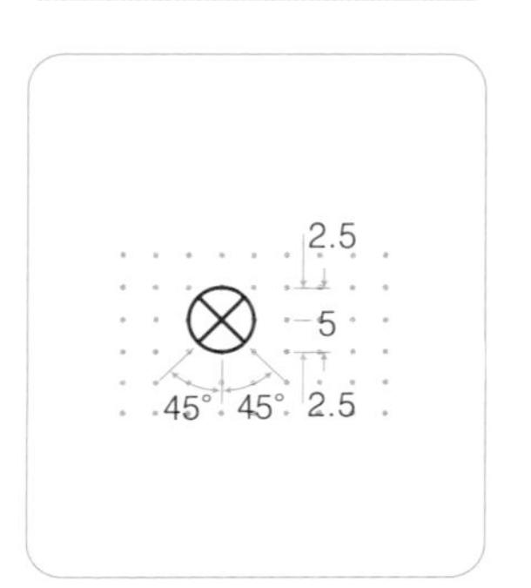

벨 · 버저

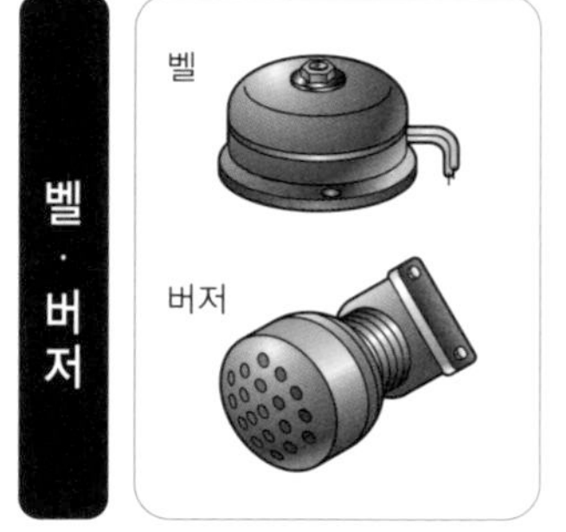

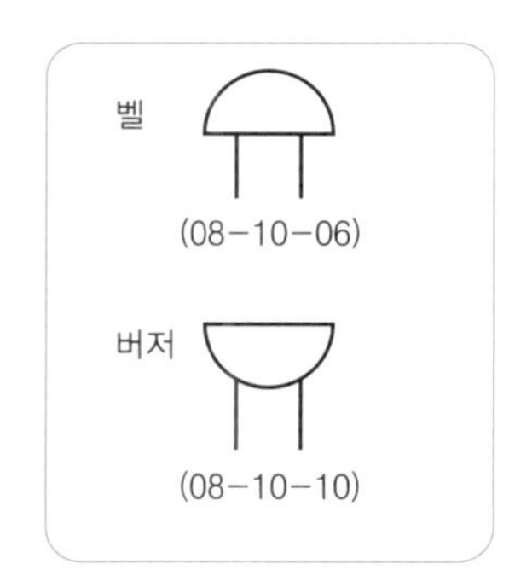

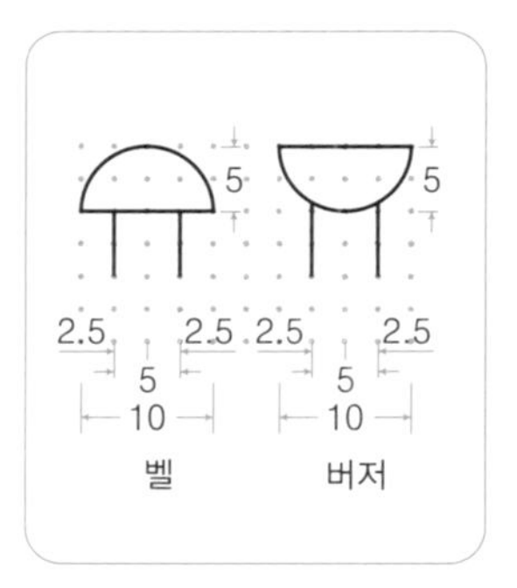

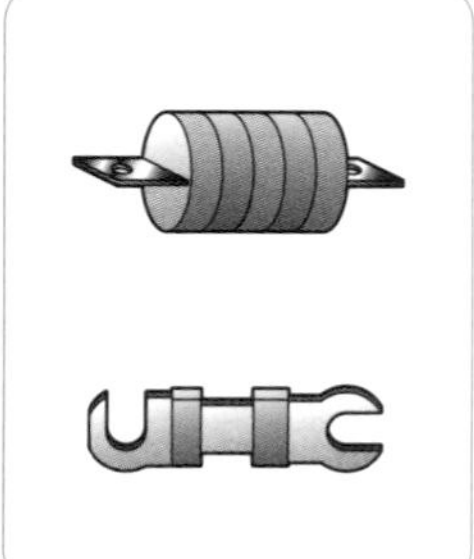

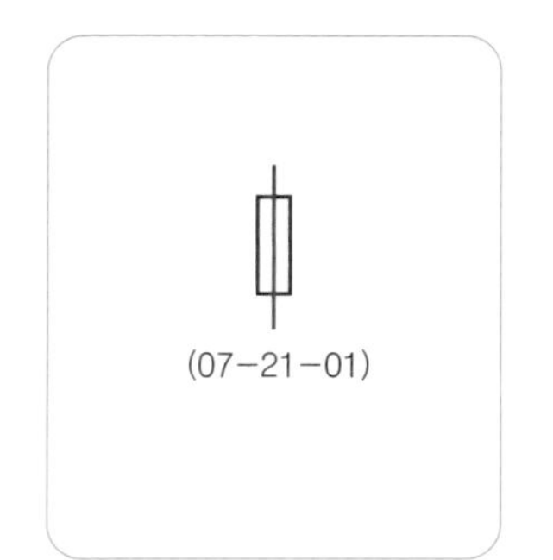

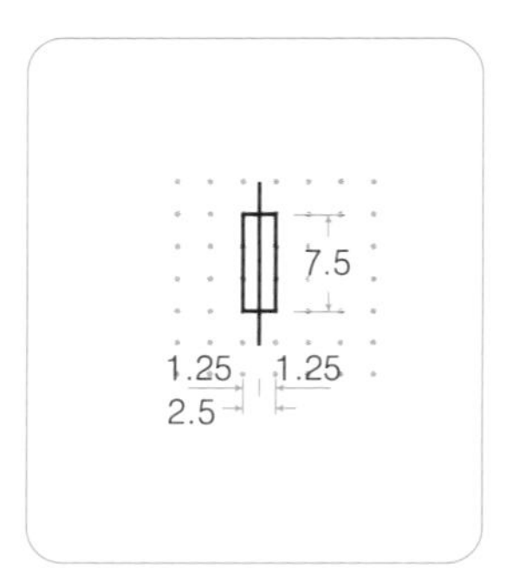

31 시퀀스 제어 기호

기기의 명칭을 기호로 나타낸다 -시퀀스 제어 기호-

- 일반적으로 시퀀스 제어계에 사용되는 기기를 시퀀스도에 표시하기 위해서는 전기용 그림기호가 이용되는데, 그 제어기기의 명칭을 일일이 한글이나 영어로 기술한다면 매우 번잡해지므로 시퀀스도에서는 이 제어기기들의 명칭을 약호화하여 문자기호로서 전기용 그림기호에 부기하고, 시퀀스 동작을 좀더 쉽게 이해할 수 있게 합니다.

- 일반 산업용 시퀀스 제어계에 이용되는 기기의 기호로는 시퀀스 제어 기호가 이용됩니다. **시퀀스 제어 기호**는 제어기기의 영문 이름의 머릿글자를 대문자로 열기하는 것을 원칙으로 합니다. 다른 기기와 혼동하기 쉬운 경우에는 제2문자, 제3문자까지 사용하도록 합니다.

시퀀스 제어 기호에는 기능 기호와 기기 기호가 있다

- 시퀀스 제어 기호의 문자기호에는 기기를 나타내는 "**기기 기호**"와 기기가 달성하는 기능을 표시하는 "**기능 기호**" 두 종류가 있습니다.

- 기능 기호와 기기 기호 양쪽을 조합하여 이용할 때에는 기능 기호, 기기 기호의 순서로 기술하고, 그 사이에 하이픈(-)을 넣습니다.

시퀀스제어 기호의 조합(예)

기능 기호 - 기기 기호

F - MC ········· 정회전용 전자접촉기

기기 기호 : **전자접촉기** (electromagnetic contactor)

기능 기호 : **정방향** (forward)

주요 기능기호 표기 예

명칭	문자기호	영문명
자동	AUT	Automatic
수동	MA	Manual
개로	OFF	Off
폐로	ON	On
시동	ST	Start
운전	RN	Run
정지	STP	Stop
복귀	RST	Reset
정방향	F	Forward
역방향	R	Reverse

명칭	문자기호	영문명
높다	H	High
낮다	L	Low
앞으로	FW	Forward
뒤로	BW	Backward
증가	INC	Increase
감소	DEC	Decrease
열다	OP	Open
닫다	CL	Close
오른쪽	R	Right
왼쪽	L	Left

전기용 그림기호에 기능기호 표기 예

명칭	시동 버튼 스위치
영문명	Start Button Switch
문자기호	ST－BS

E---
ST－BS

명칭	자동 · 수동 전환 스위치
영문명	Automatic Manual Change Over Switch
문자기호	COS

COS
AUT
자동
MA
수동

32 스위치 · 개폐기의 문자기호

명칭	문자기호	영문명
제어 스위치	CS	Control Switch
나이프 스위치	KS	Knife Switch
버튼 스위치	BS	Button Switch
풋 스위치	FTS	Foot Switch
텀블러 스위치	TS	Tumbler Switch
토글 스위치	TGS	Toggle Switch
로터리 스위치	RS	Rotary Switch
전환 스위치	COS	Change-over Switch
비상 스위치	EMS	Emergency Switch
리밋 스위치	LS	Limit Switch
플로트 스위치	FLTS	Float Switch
레벨 스위치	LVS	Level Switch
근접 스위치	PROS	Proximity Switch
광전 스위치	PHOS	Photoelectric Switch
압력 스위치	PRS	Pressure Switch
온도 스위치	THS	Thermo Switch
속도 스위치	SPS	Speed Switch
전자접촉기	MC	Electromagnetic Contactor
전자개폐기	MS	Electromagnetic Switch
차단기	CB	Circuit-breaker
배선용 차단기	MCCB	Molded-case Circuit-breaker
누전차단기	ELCB	Earth leakage Circuit-breaker

전기용 그림기호에 기기기호 표기 예

스위치 · 개폐기류 문자기호의 표기 예

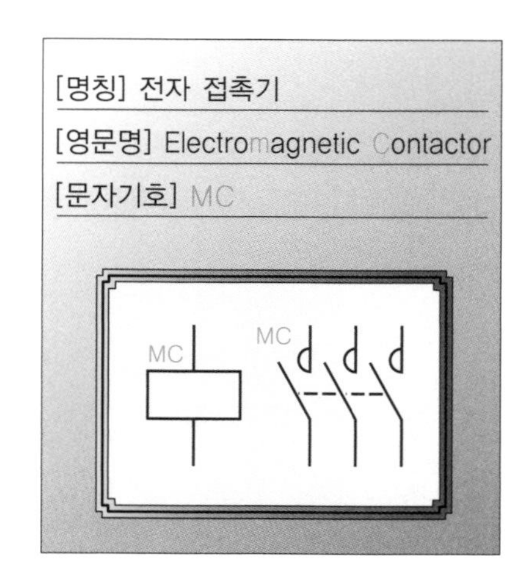

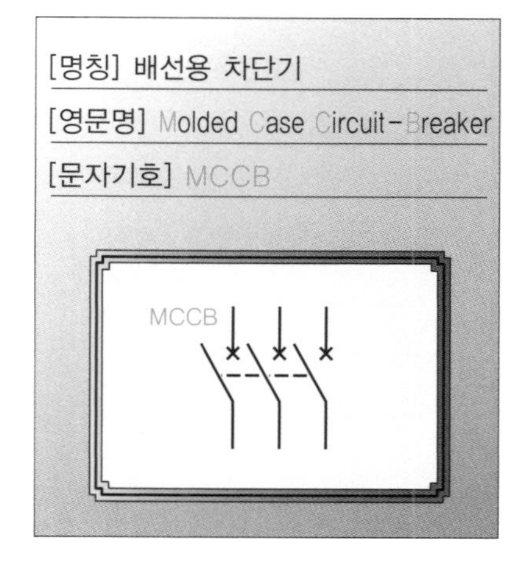

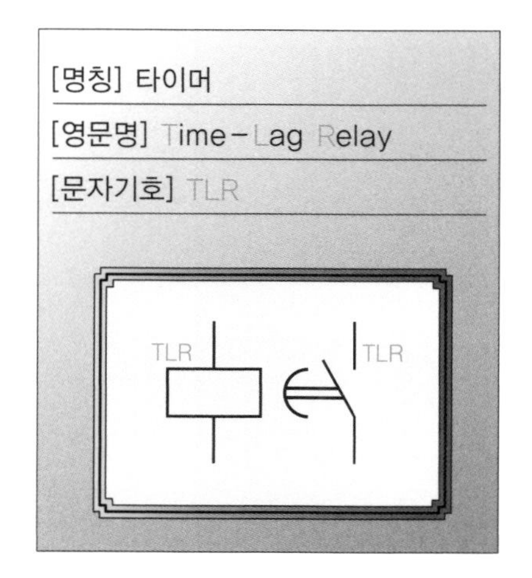

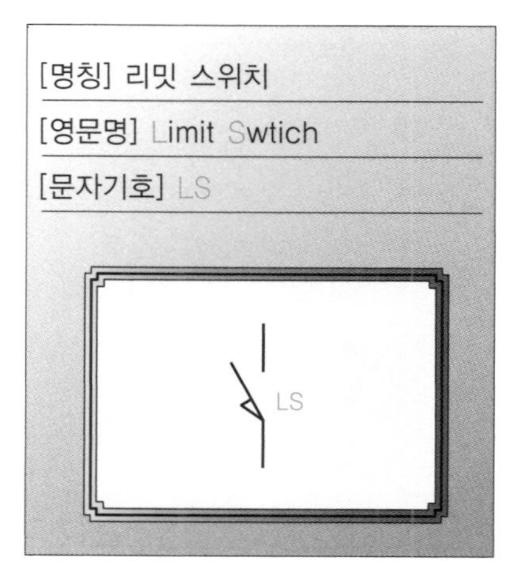

33 제어기기류의 문자기호

명칭	문자기호	영문명
저항기	R	Resister
가변저항기	VR	Variable Resister
시동저항기	STR	Starting Resister
코일	C	Coil
방전 코일	DC	Discharging Coil
인출 코일	TC	Tripping Coil
콘덴서	C	Capacitor
전자 릴레이	R	Relay
타이머	TLR	Time-Lag Relay
서멀 릴레이	THR	Thermal Relay
보조 릴레이	AXR	Auxiliary Relay
전압계	VM	Voltmeter
전류계	AM	Ammeter
전력계	WM	Wattmeter
벨	BL	Bell
버저	BZ	Buzzer
퓨즈	F	Fuse
적색표시등	RD-L	Signal Lamp Red
녹색표시등	GN-L	Signal Lamp Green
전동기	M	Motor
유도전동기	IM	Induction Motor
발전기	G	Generator

제5장

알아두어야 할 시퀀스도 작성법

34 시퀀스도란 무엇인가?

시퀀스도는 시퀀스 제어 회로를 표시하는 그림이다

- 시퀀스 제어 회로를 기재한 그림을 "**시퀀스도**"라고 하며, "**시퀀스 다이어그램**" 또는 "**전개접속도**"라고도 합니다.
- 시퀀스도는 전기설비의 장치, 배전반 및 이와 연관된 기기 · 기구의 동작 · 기능을 중심으로 전개하여 표시한 그림입니다.
- 시퀀스도는 시퀀스 제어 회로의 동작을 순서에 따라 정확하고 쉽게 이해할 수 있도록 만들어진 접속도입니다.
- 시퀀스도의 특징은 기기 · 기구의 기구적 관련을 생략하고 접점·코일 등으로 나타내며 기기 · 기구에 속하는 제어회로를 각각 단독으로 골라내서 동작 순서로 배열하고, 따로따로 떨어져 있는 부분이 어느 기기 · 기구에 속하는지 기호로 나타내는 것 등이 다른 것과 다릅니다.

시퀀스도에 기재할 사항들

- 시퀀스 제어 회로를 시퀀스도로 나타낼 때에는 필요에 따라 다음 사항을 기재하면 좋습니다.
- 시퀀스 제어 회로의 기기 · 기구 등의 기능 · 조작 메커니즘을 나타내기 위해 사용하는 그림기호는 일본공업규격 JIS C 0617 규격에 규정되어 있는 "**전기용 그림기호**"가 이용됩니다(4장 25항~30항 참조).
- 시퀀스 제어 회로의 기기 · 기구 등의 품목을 나타내는 기호는 "**시퀀스 제어 기호**"가 이용됩니다(4장 31항~33항 참조).
- 시퀀스 제어 회로의 기기 · 기구의 "**단자기호**"를 표시합니다.
- 시퀀스 제어 회로의 제어전류는 직류 또는 교류의 "**전원기호**"를 사용하여 표시합니다.

시퀀스도의 기재사항 표기 예

램프 점멸회로의 실체 배선도 -예-

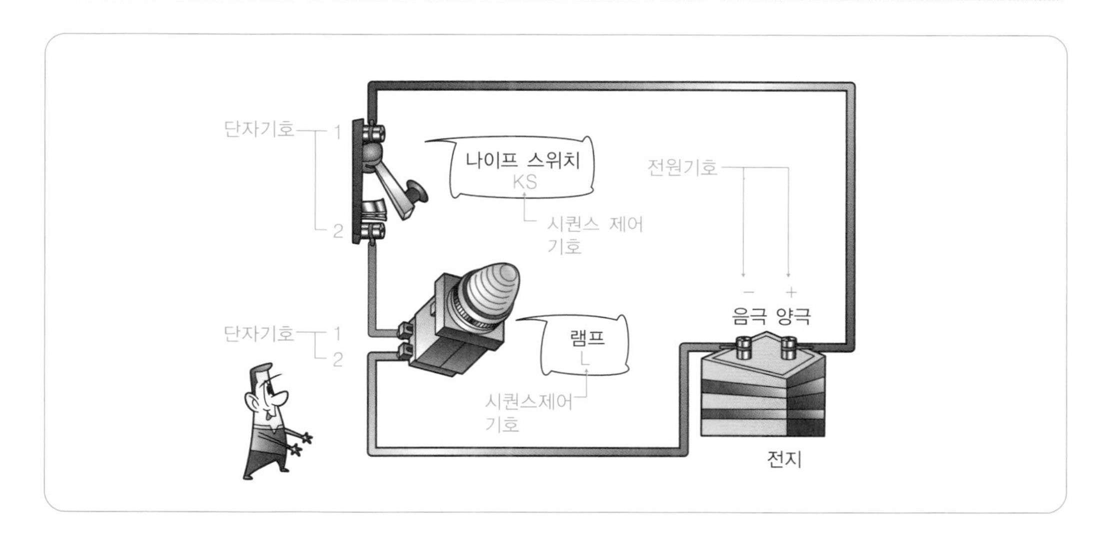

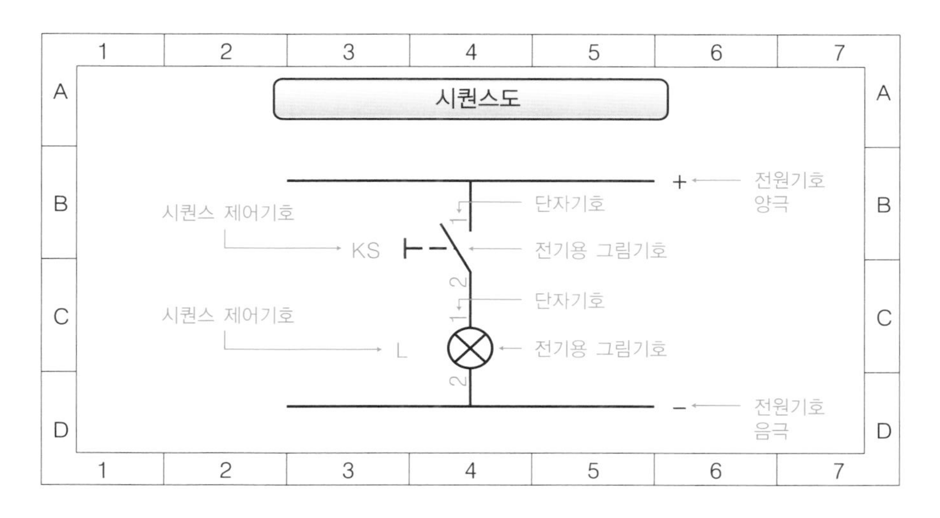

35 시퀀스도 작성법

시퀀스도의 작성 원칙

시퀀스 제어 회로를 표시하는 시퀀스도는 그 표현방법이 일반적인 접속도와는 크게 다르므로 시퀀스도를 작성하는 데 있어서 원칙적인 개념들을 충분히 이해하고 기본적인 작성법에 익숙해지지 않으면 아주 이해하기 어렵습니다. 그래서 시퀀스도를 작성하는 원칙들 즉, **"규칙"**을 아래에 나타냈습니다.

- 제어전원모선은 일일이 상세히 나타내지 않고, 전원도선으로 도면의 위아래에 횡선으로 나타내거나 혹은 좌우에 종선으로 나타냅니다.
- 제어기기를 연결하는 접속선은 위아래의 제어전원모선 사이에 곧은 종선으로 나타내거나 혹은 좌우의 제어전원모선 사이에 곧은 횡선으로 표시합니다.
- 접속선은 동작 순서대로 좌에서 우로 혹은 위에서 아래로 나열하여 적습니다.
- 제어기기는 휴지상태에 모든 전원이 끊어진 상태로 표시합니다.
- 개폐접점을 가지는 제어기기는 그 기계부분과 지지, 보호부분 등의 기구적 관련을 생략하여 접점, 코일 등으로 표현하고 각 접속선으로 분리해 표시합니다.
- 제어기기가 따로 떨어져 있는 각 부분에는 제어기기명을 나타내는 문자기호를 추가하여 그 소속과 관련을 명확히 합니다.

시퀀스도 작성의 예

전자 릴레이의 제어회로 실체배선도 -예-

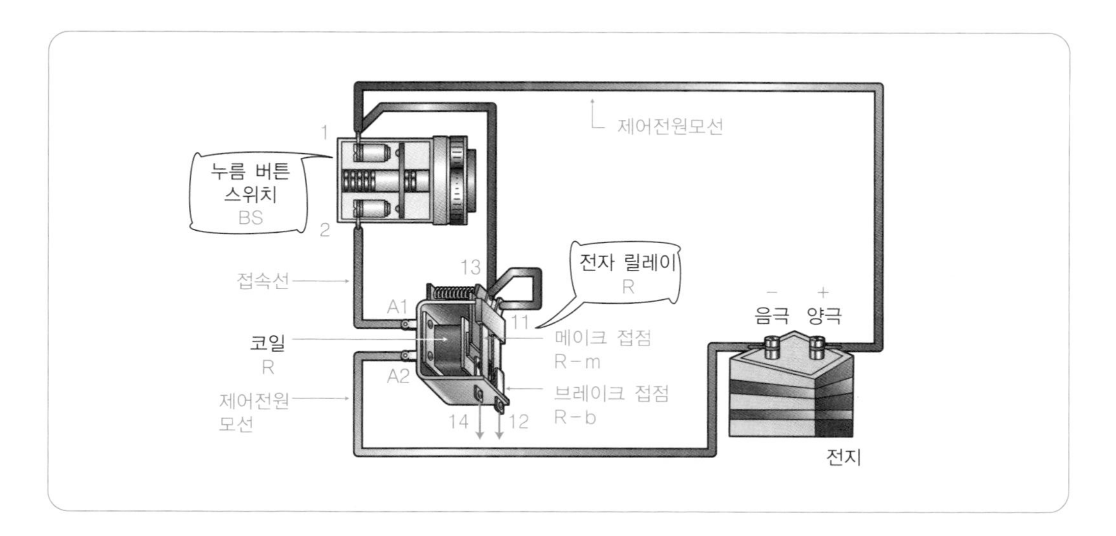

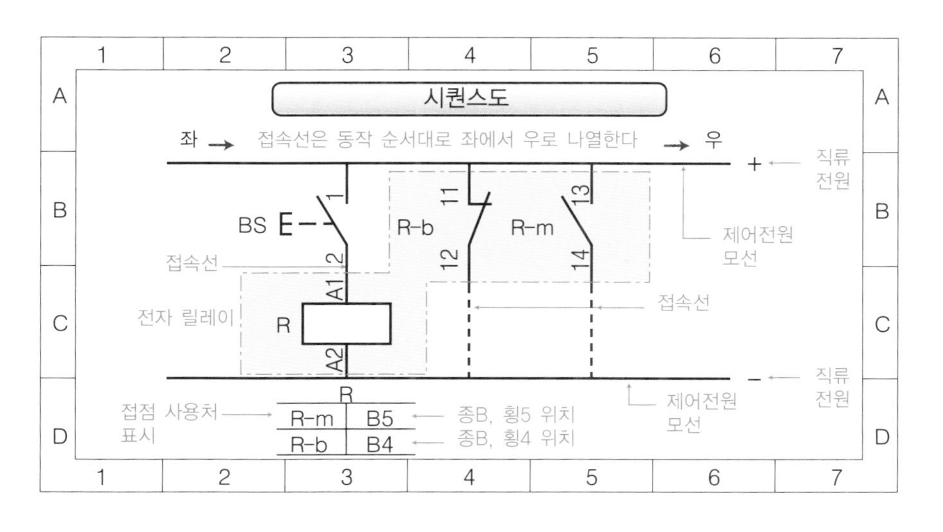

36 시퀀스도의 종서 · 횡서

신호가 흐르는 방향에 따라 종서 · 횡서를 구별한다

- 시퀀스도에서 신호가 흐르는 기본 방향은 **“좌에서 우”**이며, 또한 **“위에서 아래”**가 바람직하다고 할 수 있습니다.

- 시퀀스도에서 접속선의 신호가 흐르는 방향에 따라 **“종서 시퀀스도”**와 **“횡서 시퀀스도”**로 구별됩니다.

- 종서 시퀀스도란 접속선 내의 신호가 흐르는 방향이 대부분 상하 방향, 즉 세로 방향으로 도시(圖示)되는 것을 말합니다.
  - 제어전원모선은 시퀀스도의 아래 위에 가로선으로 나타냅니다.
  - 접속선은 제어전원모선 사이에 신호의 흐름에 따라 상하 방향의 세로선으로 나타냅니다.
  - 접속선은 동작의 순서에 따라 왼쪽에서 오른쪽으로 나열합니다.

횡서 시퀀스도는 신호가 좌우 방향으로 흐른다

- 횡서 시퀀스도란 접속선 내의 신호가 흐르는 방향이 대부분 좌우 방향으로 도시(圖示)되는 것을 말합니다.
  - 제어전원모선은 시퀀스도의 좌우에 세로선으로 나타냅니다.
  - 접속선은 제어전원모선 사이에 신호의 흐름에 따라 좌우 방향의 가로선으로 나타냅니다.
  - 접속선은 동작 순서에 따라 위에서 아래 순으로 나열합니다.
  - 접속선 내의 제어기기의 배열은 좌측 제어전원모선 쪽에 각종 전환 스위치, 조작 스위치, 전자 릴레이 등의 접점을 순차접속하고 타이머·전자 릴레이·전자접촉기 등의 코일은 원칙적으로 우측 제어전원모선에 접속합니다.

종서 시퀀스도 · 횡서 시퀀스도 기재 예

종서 시퀀스도 (예 : 전자 릴레이의 제어회로)

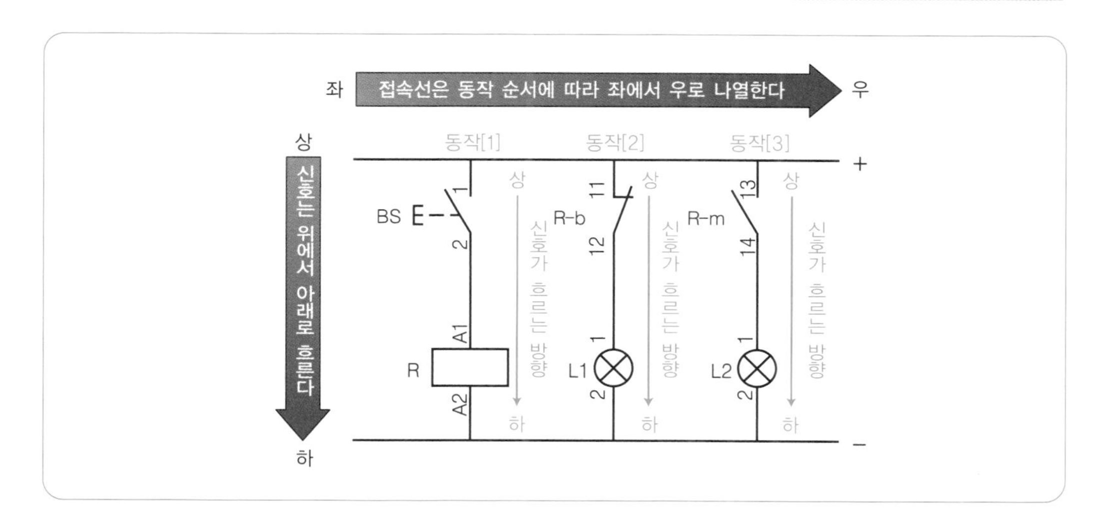

횡서 시퀀스도 (예 : 전자 릴레이의 제어회로)

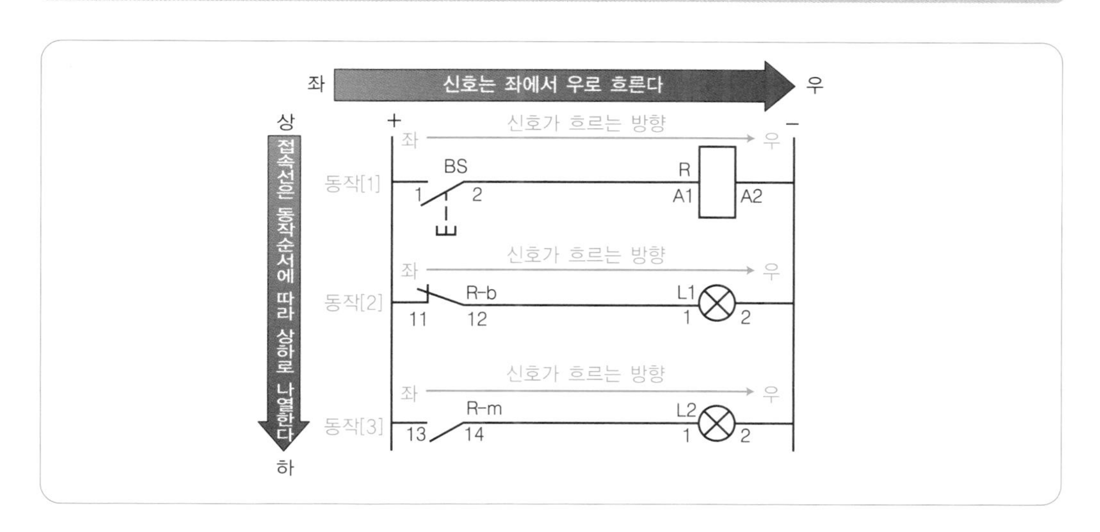

37 시퀀스도의 위치 표시법

"구분참조방식"에 의한 표시법 -매트릭스 표시-

- 시퀀스도는 전자 릴레이·전자접촉기·서멀 릴레이 같은 접점의 기호를 다른 접속선에 분할하여 표시하는데, 그 위치참조방식에 **"구분참조방식"**이 있습니다.

- 구분참조방식이란 시퀀스도면 상의 위치를 문자(알파벳 대문자)로 구분한 **"세로 행"**과 숫자로 구분한 **"가로 열"**을 조합한 영역에 의해 표시하는 방식으로, 번호를 붙이는 방향은 표제란 반대쪽 시트의 코너에서 시작합니다.

- 구분하는 수는 2로 나눈 값(짝수)으로 하지만 해당 제도의 복잡성을 고려하여 선택합니다. 구분을 구성하는 사각형의 측면 길이는 25mm 이상, 75mm 미만으로 합니다.

접점위치는 "문자표현-숫자표현"으로 표시한다

- 시퀀스도에 기재되어 있는 전자 릴레이, 전자접촉기의 접점 기호를 구분참조방식으로 표시하는 방법에서는 **"문자표현-숫자표현"**으로 그 위치를 가리킬 수 있습니다.

- 다음 페이지 하단의 시퀀스도를 예로 들어 그 표현방법을 설명하겠습니다.
  - 전자 릴레이 R1의 R1-m 접점은 문자표현 : 세로 행의 "B"와 숫자표현 : 열행의 "4"의 위치에 기재되어 있으므로 "B4"로 표시합니다.
  - 전자 릴레이 R2의 R2-b 접점은 문자표현 : 세로 행의 "B"와 숫자표현 : 열행의 "5"의 위치에 기재되어 있으므로 "B5"로 표시합니다.
  - 전자 릴레이 R1의 코일 아래 난에 접점 R1-m을 "B4", 전자 릴레이 R2의 코일 아래 난에 접점 R2-b를 "B5"로 위치를 기재합니다.

시퀀스도의 "구분참조방식"

"구분참조방식" 시스템 -양식 예-

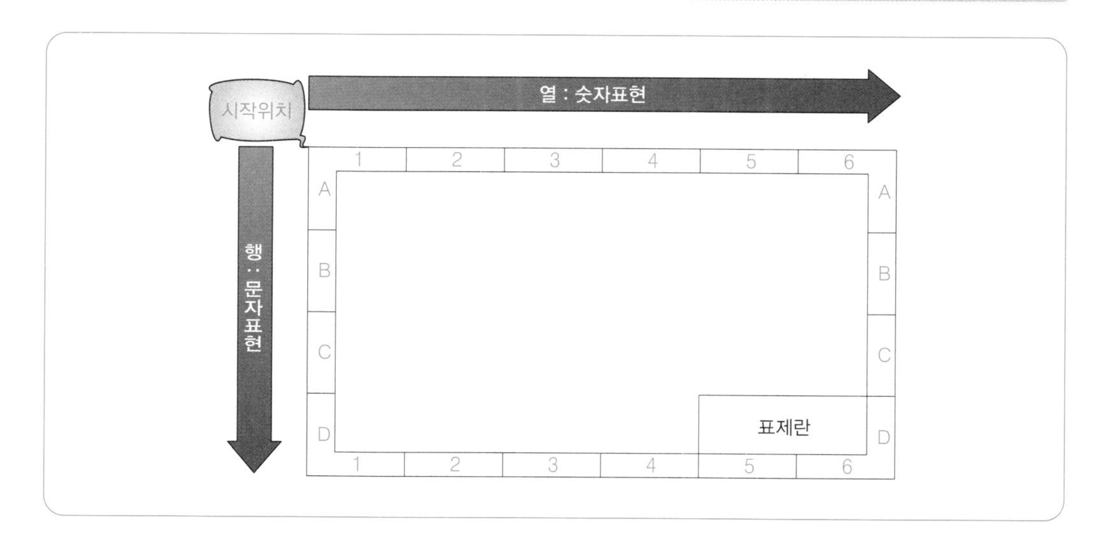

"구분참조방식"에 의한 접점위치 표시 예

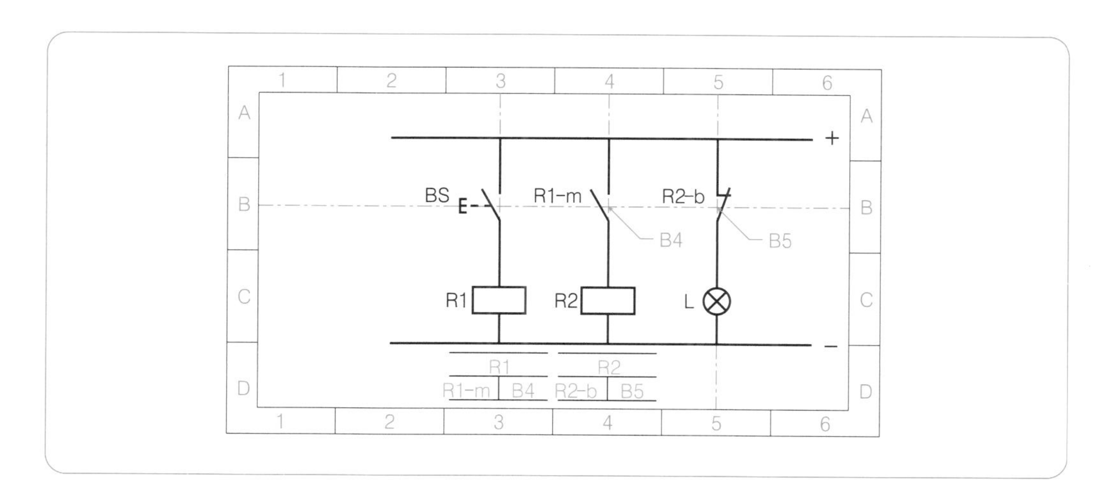

38 시퀀스도의 제어전원모선 표시법

제어전원에는 "직류전원"과 "교류전원"이 있다

시퀀스 제어 회로의 제어 기구를 가동하기 위한 전기 에너지의 공급원을 **"제어전원"**이라 하며 **"직류전원"**과 **"교류전원"**이 있습니다.

일반적으로 직류전원으로는 **전지**가 이용됩니다.

- 전지에는 망간 전지, 알칼리 전지, 리튬 전지 같은 건전지와 납축전지, 니켈 · 카드뮴 축전지 등의 **축전지**가 있습니다.
- 최근에는 태양광으로 발전하는 **태양전지**, 연료를 연소시키면서 전기를 추출하는 **연료전지**가 있습니다.

일본에서는 교류전원은 전력회사가 공급하는 상용전원인 100V, 200V가 사용됩니다.

- 100V는 실내 전등배선의 콘센트에서 얻을 수 있습니다.

직류제어전원모선 · 교류제어전원모선의 표시

시퀀스도에서는 제어전원을 일일이 전원의 전기용 그림기호를 사용하여 나타내지 않고, 적당한 간격을 가진 상하 가로선(종서 시퀀스도) 또는 좌우 세로선(횡서 시퀀스도)으로 나타내는 **"제어전원모선"**으로 표시하고 전원기호는 회로분기와는 반대쪽에 표시합니다.

직류제어전원모선은 종서에서는 양극(+)을 위에, 음극(−)을 아래에 가로선으로 나타내고, 횡서에서는 양극(+)을 왼쪽에, 음극(−)을 오른쪽에 세로선으로 나타내고 전원기호를 표시합니다.

교류제어전원모선은 종서에서는 R, S 또는 T상을 나타내는 2선을 위쪽과 아래쪽에 가로선으로 표시하고, 횡서에서는 R, S 또는 T상을 나타내는 2선을 왼쪽과 오른쪽에 세로선으로 나타내고 전원기호를 표시합니다.

시퀀스도의 제어전원모선의 표기 예

직류제어전원모선의 표기(예 : 램프 점멸회로)

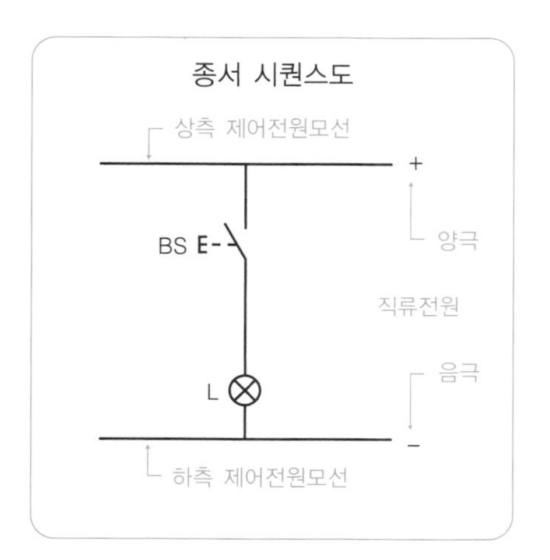

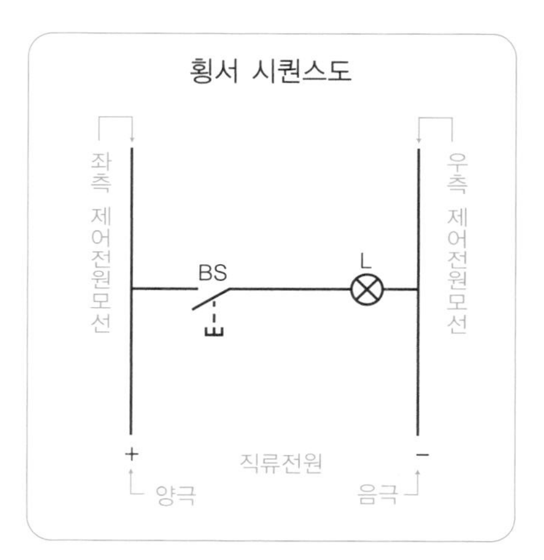

교류제어전원모선의 표기(예 : 램프 점멸회로)

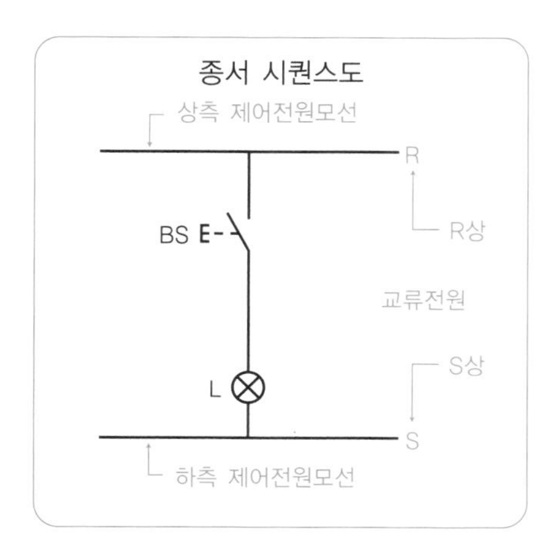

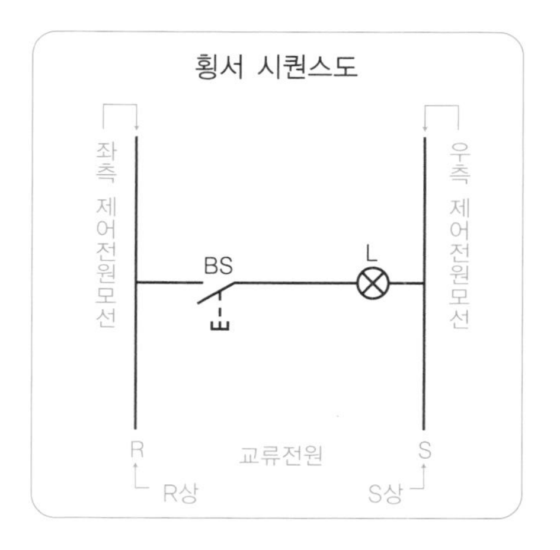

39 시퀀스도의 접속선 표시법

접속선은 수평 · 수직으로 표시한다

- 시퀀스도에서 접속선은 "**직선**"으로 교차를 가능한 한 적게 하고, "**수평**" 또는 "**수직**"으로 표시합니다.

- 종서 시퀀스도에서 접속선은 제어전원모선 사이에 수직인 "**세로선**"으로 표시하고, 횡서 시퀀스도에서는 제어전원모선 사이에 수평인 "**가로선**"으로 표시합니다.
  - 접속선은 종서에서는 상하로 왕복하지 않도록 하고, 횡서에서는 좌우로 왕복하지 않도록 똑바른 선으로 표시합니다.

- 시퀀스도에서 접속선의 접속은 "T-**접속**"으로 표시합니다. 또한, T-접속에서의 접속점 기호(┬)는 JIS C 1082(전기기술문서)에서 사용하고 있지 않기 때문에 본서에서도 기재하지 않았습니다.

접속선 내의 기기(접점 · 코일)의 배열위치

- 접속선 내에서 조작 스위치, 전자 릴레이 등의 접점 기호를 기재하는 위치는 종서 시퀀스도에서는 상측 제어전원모선에, 횡서 시퀀스도에서는 좌측 제어전원모선에 연결되도록 합니다.

- 접속선 내에서 전자 릴레이·전자접촉기·타이머 같은 코일의 기호를 기재하는 위치는 종서 시퀀스도에서는 하측 제어전원모선에, 횡서 시퀀스도에서는 우측 제어전원모선에 직접 연결합니다.

- 접속선 내의 기기 · 기구의 품목을 나타내는 문자기호의 위치는 가로 접속선(횡서 시퀀스도)에서는 전기용 그림기호 위에, 세로 접속선(종서 시퀀스도)에서는 전기용 그림기호 왼쪽에 기재합니다. 이렇게 할 수 없을 경우는 전기용 그림기호와 인접한 어딘가에 기재합니다.

시퀀스도의 접속선 표기 예

벨 소리 제어회로 －접속선 : 세로선 · 가로선 예－

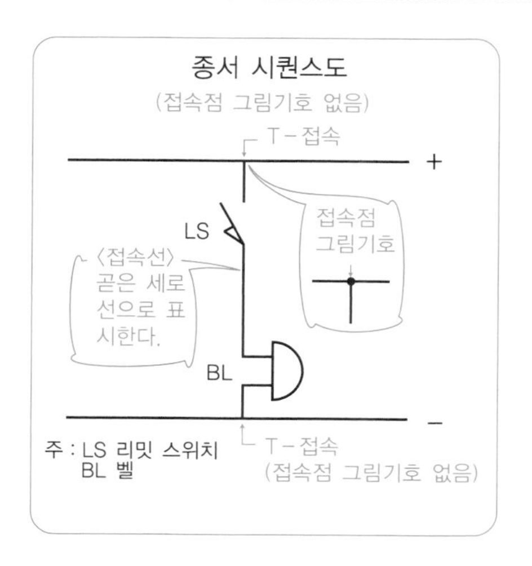

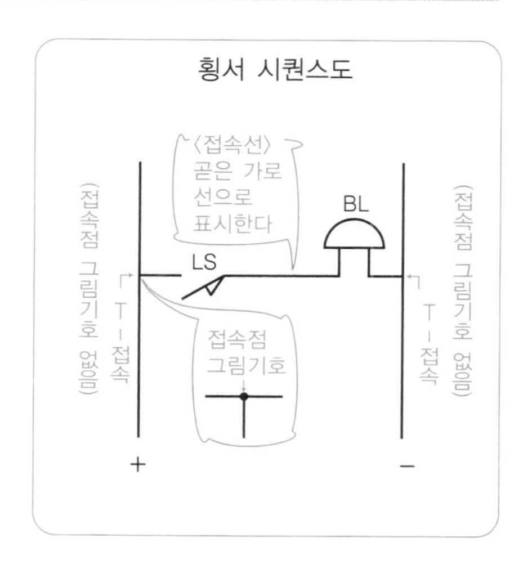

접속선 내의 접점 · 코일의 배열 위치 예

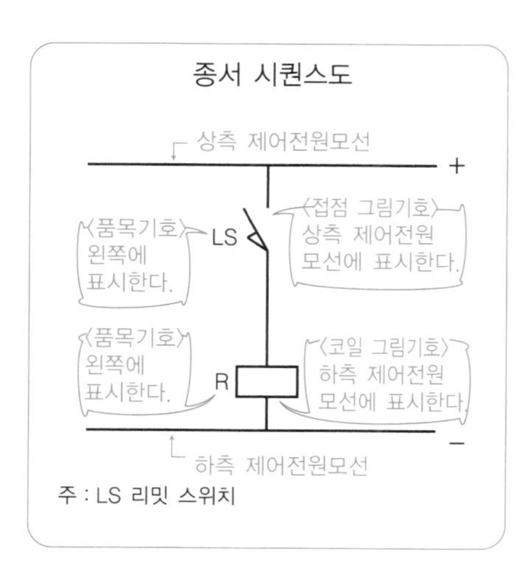

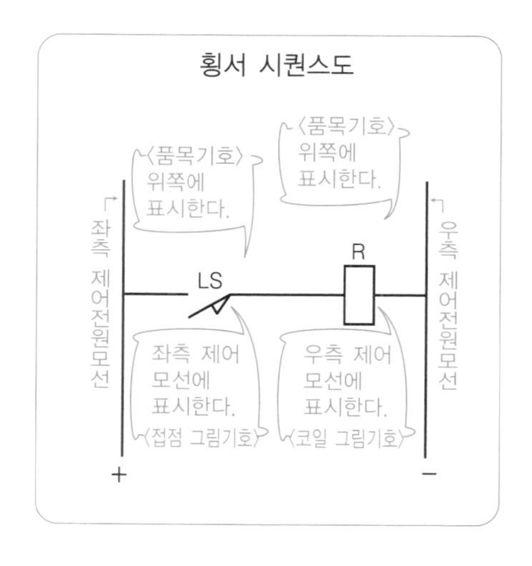

40 시퀀스도의 기기상태 표시법

시퀀스도에서 개폐접점 그림기호의 상태표시

- 버튼 스위치처럼 손으로 조작하여 개폐하는 것이나 전자 릴레이, 전자접촉기처럼 전자력으로 개폐하는 것 등 개폐접점을 가지는 기기는 조작 혹은 전원과의 접속 유무에 따라 접점의 개폐상태가 변합니다.

- 따라서 개폐접점을 가지는 기기를 시퀀스도에서 표시할 경우 그림기호는 기기가 휴지상태이고 모든 전원을 끊은 상태로 나타냅니다.
  - 수동조작인 것은 손을 뗀 상태로 나타냅니다.
  - 전원은 모두 끊은 상태로 나타냅니다.
  - 복귀를 요하는 것은 복귀한 상태로 나타냅니다.
  - 제어해야 하는 기기, 전기회로는 휴지 상태로 나타냅니다.

시퀀스도에서 가동부분이 있는 부품 그림기호의 상태표시

- 가동부분이 있는 부분, 예를 들어 접점의 그림기호는 그 위치 또는 상태를 다음과 같이 시퀀스도에 나타냅니다.
  - 단안정(하나의 상태밖에 되지 않는 것) 수동부품 또는 전기부품, 예를 들어 전자 릴레이, 전자접촉기, 전기 브레이크, 전자 클러치는 비구동 또는 비통전상태로 나타냅니다.
  - 다음 페이지의 하단 그림과 같이 전자 릴레이의 코일에 전원이 접속되어 있는 것처럼 그려져 있어도 전원을 끊은 상태 즉, 메이크 접점은 열린 상태로, 브레이크 접점은 닫힌 상태의 그림기호로 나타냅니다.
  - 동작설명 등 이들 부품을 구동 또는 통전상태로 나타내야 도면을 더욱 잘 이해할 수 있는 경우에는 도면 중에 이 상태라는 것을 나타냅니다.

시퀀스도의 기기상태 표기 예

수동조작인 것은 손을 뗀 상태로 나타낸다

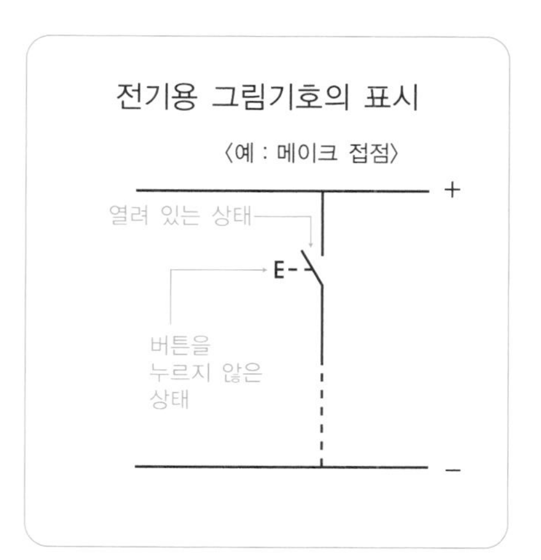

전원은 모두 끊은 상태로 나타낸다

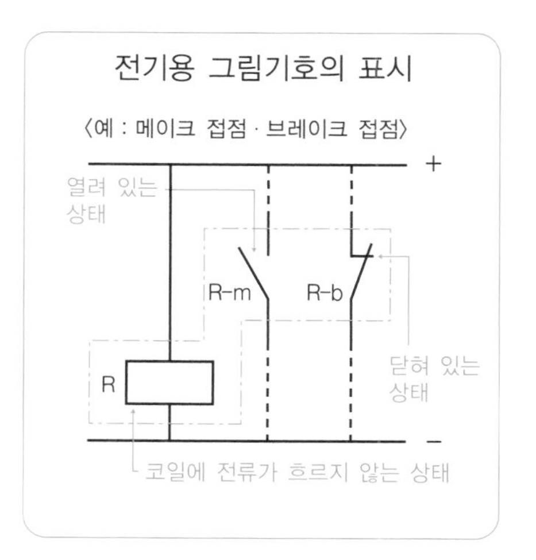

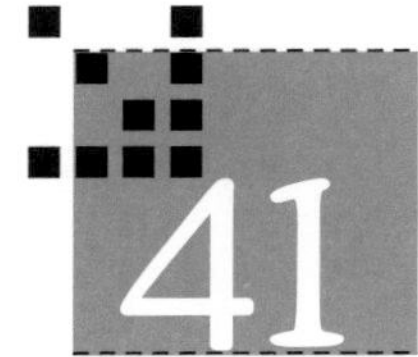

41 시퀀스도의 양식

시퀀스도 도면의 크기와 표제란 기재내용

- 시퀀스도 도면의 크기는 설계내용의 복잡성, CAD(설계 프로그램 시스템)의 요구사항, 취급, 복사의 편의성 등을 고려하여 적절한 사이즈를 A0, A1, A2, A3, A4 중 골라서 사용하는 것이 바람직합니다.

- 시퀀스도의 표제란은 각 용지의 우측 하단에 만듭니다. 표제란에는 도면명칭·도면번호·시트 번호·변경기록·작성일자·작성자·승인자 등을 표시하는 것이 좋습니다.
  - 도면명칭은 제어대상기기 · 설비명을 표시합니다.
  - 도면번호는 원도의 보관관리를 목적으로 발번 체계(發番體系)에 기초하여 번호를 매깁니다.
  - 시트 번호는 동일 도면번호에 복수의 도면이 있는 경우에 표시합니다.

도면의 종류와 치수

종류	치수(mm)
A0	841 × 1189
A1	594 × 841
A2	420 × 594
A3	297 × 420
A4	210 × 297

표제의 위치

제6장

ON 신호·OFF 신호를 만드는 개폐접점

42 "ON 신호"·"OFF 신호"로 제어한다

"ON신호"·"OFF신호"란 무엇일까?

- 시퀀스제어 회로는 "ON"과 "OFF"라는 두 개의 신호(이것을 2가신호라고 한다)에 의해 제어되고 있습니다.
  - "ON신호"란 시퀀스 제어 회로상의 두 단자 사이를 전기적으로 "폐로(ON)"하고 있는 상태, 즉 연결되어 있는 상태를 말합니다.
  - "OFF신호"란 시퀀스 제어 회로상의 두 단자 사이를 전기적으로 "개로(OFF)"하고 있는 상태, 즉 떨어져 있는 상태를 말합니다.

- 시퀀스 제어 회로에서는 닫혀 있는지(ON), 열려 있는지(OFF)에 의해 신호를 전달하고 제어를 수행합니다.

스위치는 "ON 신호"·"OFF 신호"를 만든다

- 다음 페이지 위쪽에 나타낸 것처럼, 하나의 램프를 직류전원인 전지의 단자에 직접 접속하면 램프가 빨갛게 점등합니다.
  - 이 경우, 램프를 소등하기 위해서는 램프의 단자 배선을 제거해야만 합니다.

- 하지만 이런 방식은 불편하기 때문에 다음 페이지의 아래와 같이 배선을 연결하거나 제거하는 대신에 시퀀스제어 회로를 닫거나(ON), 여는(OFF) 제어를 위한 전문 기구로 만들어진 것이 바로 **스위치**입니다.
  - 스위치를 닫으면(ON) 램프가 점등하고, 스위치를 열면(OFF) 램프는 소등합니다. 다시 말해, 스위치의 "ON 신호"·"OFF 신호"에 의해 램프를 제어할 수 있다는 것입니다.

램프를 "ON 신호"·"OFF 신호"로 제어한다

램프를 전지에 직접 연결한 회로 −실체배선도−

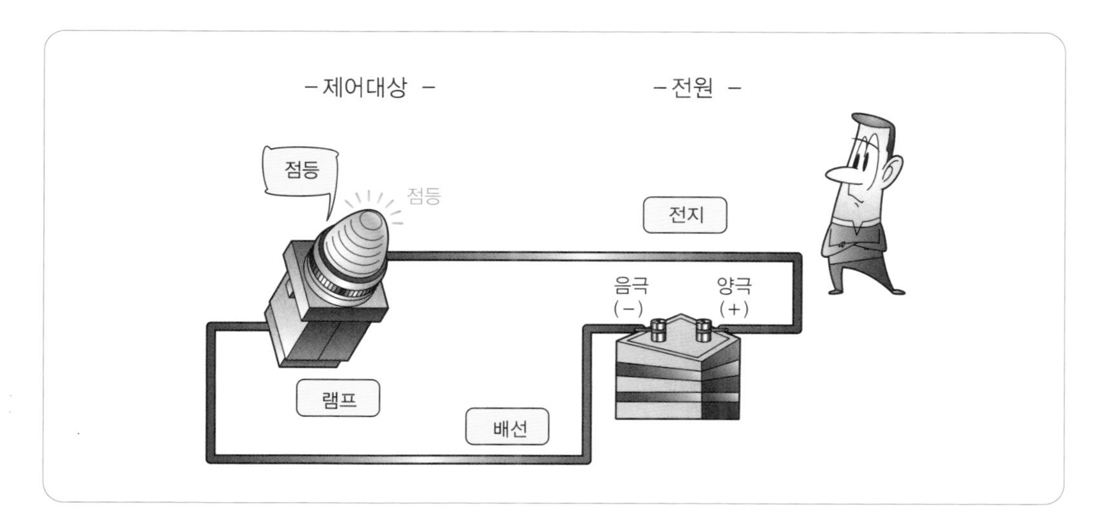

램프와 전지 사이에 스위치를 설치한 회로 −실체배선도−

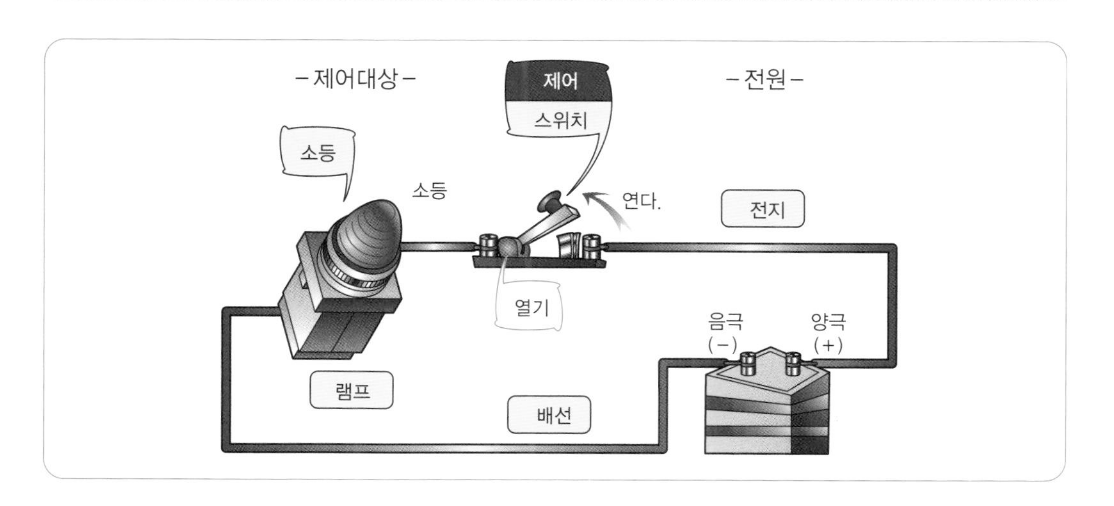

43 누름 버튼 스위치의 메이크 접점 동작

"ON 신호"·"OFF 신호"를 만드는 개폐접점의 종류

- "ON신호", "OFF신호"를 만들어 내는 대표적인 제어기기로는 누름 버튼 스위치, 전자 릴레이가 있습니다.
  - 누름 버튼 스위치는 사람의 힘(손가락으로 누름)에 의해 동작하고, 전자 릴레이는 코일에 전류를 흘려보낼 때 발생하는 전자력으로 동작합니다.

- 누름 버튼 스위치나 전자 릴레이 등이 동작했을 때 접점이 "ON신호"·"OFF신호"를 보내는 방법으로는 **"메이크 접점"·"브레이크 접점"·"전환 접점"** 세 가지가 있습니다.
  - 일본에서는 이 접점들을 관용적으로 **"a접점", "b접점", "c접점"**으로 부릅니다.
  - 접점이란 실제로 회로를 닫거나 여는 부분을 말합니다.

메이크 접점이 있는 누름 버튼 스위치의 "ON"·"OFF" 동작

- **누름 버튼 스위치**는 직접 손가락으로 조작되는 버튼 기구부와, 버튼 기구부에서 힘을 받아 시퀀스 제어 회로를 "ON(폐)" "OFF(개)"하는 접점 기구부로 구성되어 있습니다.

- 메이크 접점이 있는 누름 버튼 스위치의 버튼을 손끝으로 누르면, 그 힘에 의해 접점 기구부의 가동접점이 아래쪽으로 이동하고, 고정접점과 접촉하여 폐로(ON동작)하게 되는데 이것을 메이크 접점이 **"동작한다"**라고 합니다.

- 버튼을 누르는 손을 떼면 접점 기구부에 있는 접점 복귀 스프링의 힘에 의해 자동적으로 가동접점이 위쪽으로 이동하고, 고정접점과 떨어져서 개로(OFF동작)하게 되는데 이것을 메이크 접점이 **"복귀한다"**고 합니다.

동작도 · 복귀도 - 누름 버튼 스위치의 메이크 접점

주요 개폐접점의 종류와 명칭

접점의 종류(JIS C 0617)		다른 명칭
메이크 접점	• make contact 동작하면 회로를 만드는 접점	• a 접점 arbeit contact • 상개접점 (no 접점) normally open contact 항상 열려 있는 접점
브레이크 접점	• break contact 동작하면 회로를 차단하는 접점	• b 접점 break contact • 상폐접점 (nc 접점) normally closed contact 항상 닫혀 있는 접점
전환 접점	• change-over contact 동작하면 회로를 전환하는 접점	• c 접점 change-over contact • 브레이크 · 메이크 접점 break make contact • 트랜스퍼 접점 transfer contact

메이크 접점의 동작도

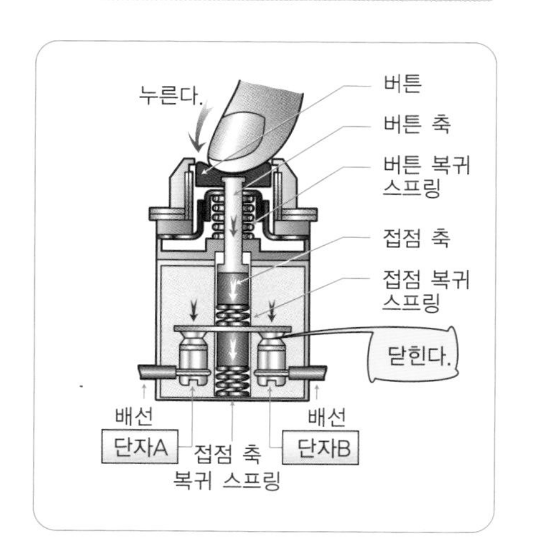

메이크 접점의 복귀도

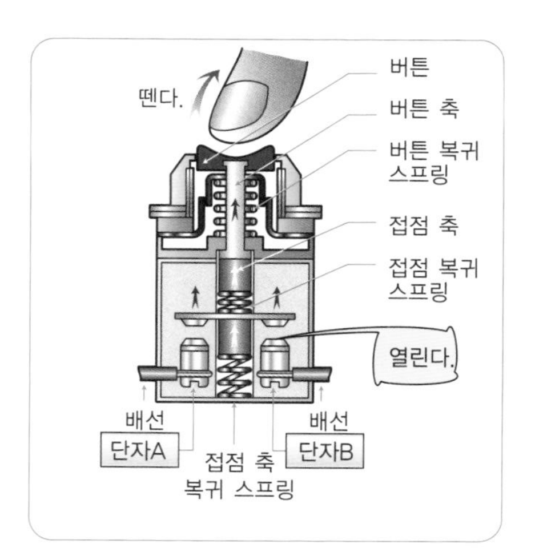

누름 버튼 스위치의 메이크 접점 회로

누름 버튼 스위치의 메이크 접점 회로의 "ON 동작"

- 전지를 전원으로 하고, 메이크 접점을 가지는 누름 버튼 스위치 BS와 램프 L을 직렬로 하여 전선으로 연결합니다(실체배선도 참조).

- 이 회로에서 입력신호로 버튼 스위치 BS를 누르면 메이크 접점이 닫히고 출력신호인 램프 L이 점등합니다.

순서 ① 버튼을 누르면 메이크 접점 BS가 닫힙니다.
② 메이크 접점 BS가 닫히면 이 부분이 연결되고 전지의 양극(+)에서 음극(−)을 향해 전류가 흐릅니다.
③ 램프 L에 전류가 흐르기 때문에 점등합니다.

- 이것을 메이크 접점의 "**ON 동작**"이라고 하고, 기기·설비 등의 "**시동신호**"로 자주 이용됩니다.

누름 버튼 스위치의 메이크 접점 회로의 "OFF 동작"

- 메이크 접점 회로에서 입력신호인 버튼 스위치 BS를 누르는 손을 떼면 메이크 접점이 열리고 출력신호인 램프 L이 소등합니다.

순서 ① 버튼을 누르는 손을 떼면 메이크 접점 BS가 열립니다.
② 메이크 접점 BS가 열리면 이 부분이 떨어지고 전지의 양극(+)에서 음극(−)을 향해 전류가 흐르지 않습니다.
③ 램프 L에 전류가 흐르지 않기 때문에 소등합니다.

- 이것을 메이크 접점의 "**OFF 동작**"이라고 합니다.

- 누름 버튼 스위치처럼 손으로 동작시키고 스프링의 힘으로 자동으로 복귀시키는 접점을 "**수동조작 자동복귀 접점**"이라고 합니다.

누름 버튼 스위치의 메이크 접점 회로 실제 예

실체배선도 -누름 버튼 스위치의 메이크 접점 램프 회로-

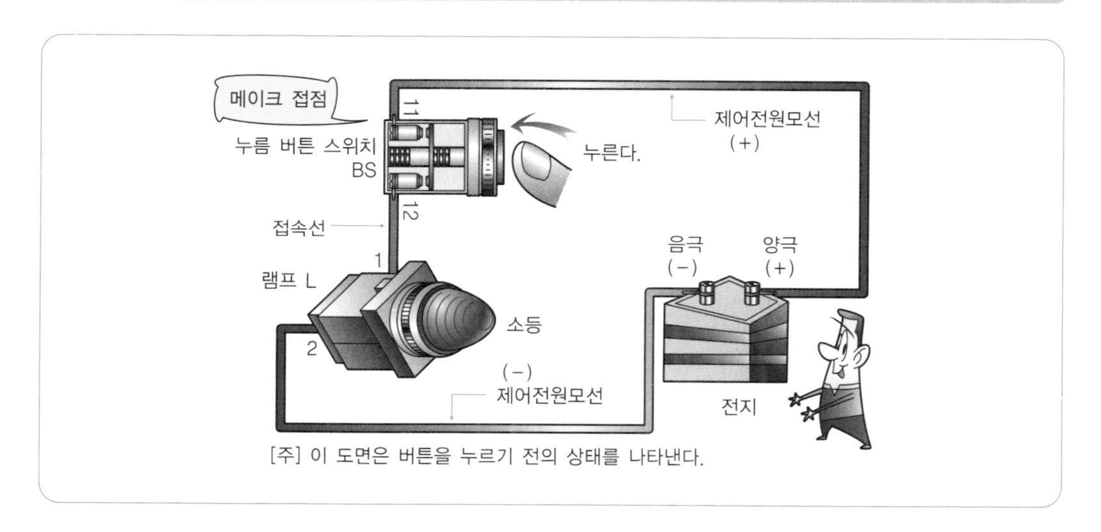

[주] 이 도면은 버튼을 누르기 전의 상태를 나타낸다.

메이크 접점의 "ON 동작"

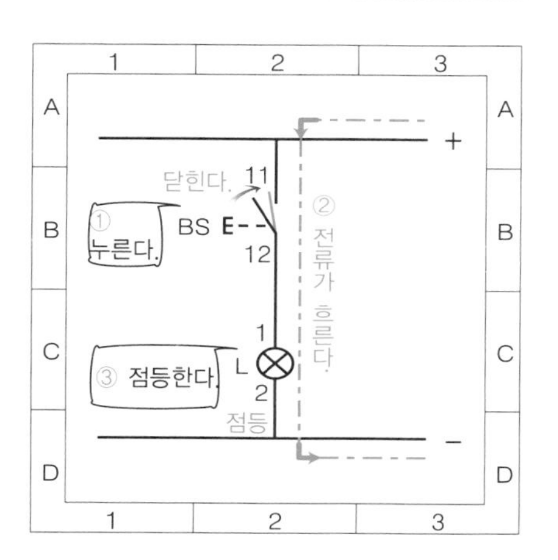

메이크 접점의 "OFF 동작"

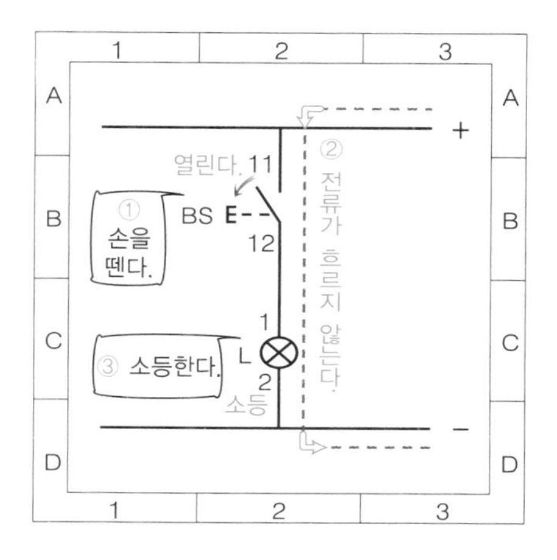

45 누름 버튼 스위치의 브레이크 접점 동작

누름 버튼 스위치의 브레이크 접점을 누르면 "열린다(OFF)"

- **누름 버튼 스위치의 브레이크 접점**이란 버튼에 손가락을 접촉하지 않고 누르지 않은 상태(이것을 "복귀상태"라고 한다)에서 접점기구부의 가동접점과 고정접점이 접촉하여 폐로(ON) 상태에 있는 접점을 말합니다.

- 브레이크 접점을 가지는 누름 버튼 스위치의 버튼을 손끝으로 누르면, 그 힘에 의해 접점기구부의 가동접점이 아래쪽으로 이동하여 접점과 떨어져 개로(OFF)가 됩니다.
  - 이것을 브레이크 접점이 "**동작한다**"라고 합니다.

- 이와 같이 이 접점은 입력신호가 없을(누르지 않을) 때 닫혀 있고, 입력신호가 있으면(누르면) 회로를 차단하기 때문에 break contact(회로를 차단하는 접점)라고 부르는 것입니다.

누름 버튼 스위치의 브레이크 접점은 손을 떼면 "닫힌다(ON)"

- 브레이크 접점을 가지는 누름 버튼 스위치에서 버튼을 누르고 있는 손을 떼면 접점기구부의 접점 복귀 스프링의 힘에 의해 자동적으로 가동접점이 위로 이동하여 고정접점과 접촉해 회로를 폐로(ON 동작)합니다.
  - 이것을 브레이크 접점이 "**복귀한다**"라고 합니다.

- 누름 버튼 스위치의 브레이크 접점은 입력신호를 넣으면 회로가 열리고 "OFF 동작"을 하기 때문에 기기·설비 등의 "**정지신호**"로 자주 사용됩니다.

- 브레이크 접점의 그림기호(⊥⟍)는 고정접점을 나타내는 ⊥ (갈고리 모양) 기호와 가동접점을 나타내는 비스듬한 선분을 교차시켜 양 접점이 닫혀(ON) 있음을 나타냅니다.

내부구조도 · 동작도 · 복귀도 – 브레이크 접점

누름 버튼 스위치의 브레이크 접점 –내부구조도 [예]–

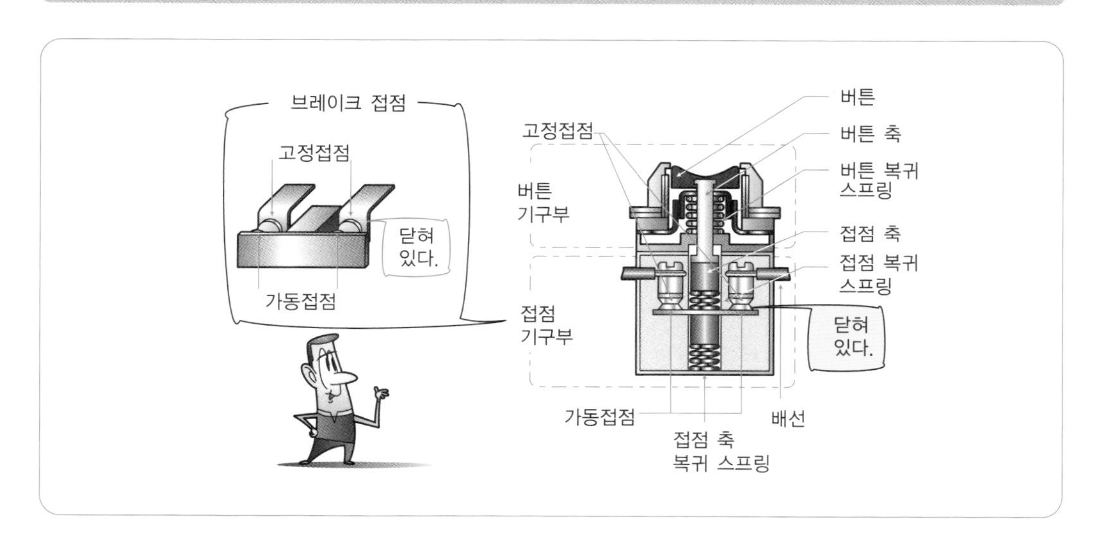

브레이크 접점의 동작도

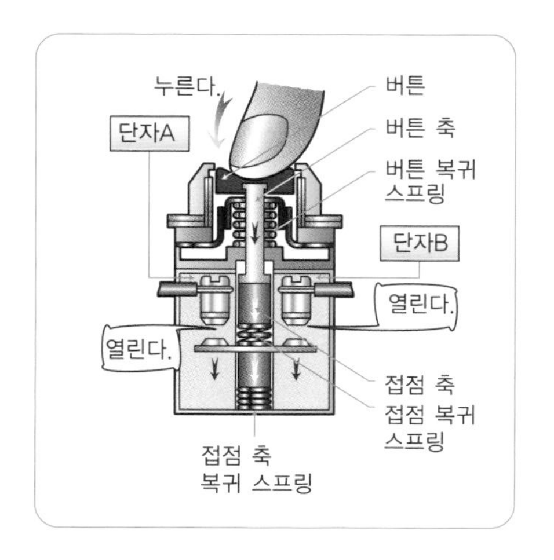

브레이크 접점의 복귀도

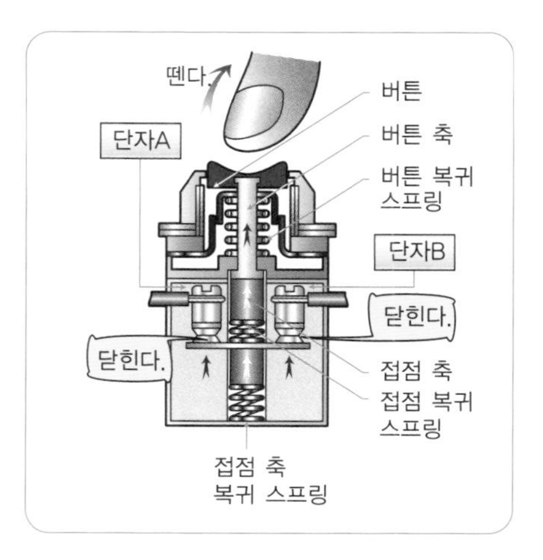

46 누름 버튼 스위치의 브레이크 접점 회로

누름 버튼 스위치의 브레이크 접점 회로의 "OFF 동작"

- 전지를 전원으로 하고, 브레이크 접점을 가지는 누름 버튼 스위치 BS와 램프 L을 직렬로 하여 전선으로 연결합니다(실체배선도 참조).

- 이 회로에서 입력신호로 버튼 스위치 BS를 누르면 브레이크 접점이 열리고 출력신호인 램프 L을 소등합니다.

순서 ① 버튼을 누르면 브레이크 접점 BS가 열립니다.

② 브레이크 접점 BS가 열리면 이 부분이 떨어지고, 전지의 양극(+)에서 음극(−)을 향해 흐르고 있던 전류가 이 부분에서 끊어져 흐르지 않게 됩니다.

③ 램프 L에 전류가 흐르지 않기 때문에 소등합니다.

● 이것을 브레이크 접점의 **"OFF 동작"**이라고 합니다.

누름 버튼 스위치의 브레이크 접점 회로의 "ON 동작"

- 브레이크 접점 회로에서 입력신호로 누른 버튼 스위치 BS에서 손을 떼면, 브레이크 접점이 접점 복귀 스프링의 힘에 의해 복귀되어 회로가 닫히고, 출력신호인 램프 L이 점등합니다.

순서 ① 버튼을 누르는 손을 떼면 브레이크 접점 BS가 닫힙니다.

② 브레이크 접점 BS가 닫히면 이 부분이 연결되고, 전지의 양극(+)에서 음극(−)을 향해 전류가 흐릅니다.

③ 램프 L에 전류가 흐르기 때문에 점등합니다.

● 이것을 브레이크 접점의 **"ON 동작"**이라고 합니다.

- 브레이크 접점은 입력신호가 있으면 출력신호가 없어지고, 입력신호가 없으면 출력신호가 생기기 때문에 **"논리부정(NOT) 회로"**라고 합니다.

누름 버튼 스위치의 브레이크 접점 회로의 실제 예

실체배선도 −누름 버튼 스위치의 브레이크 접점 램프 회로−

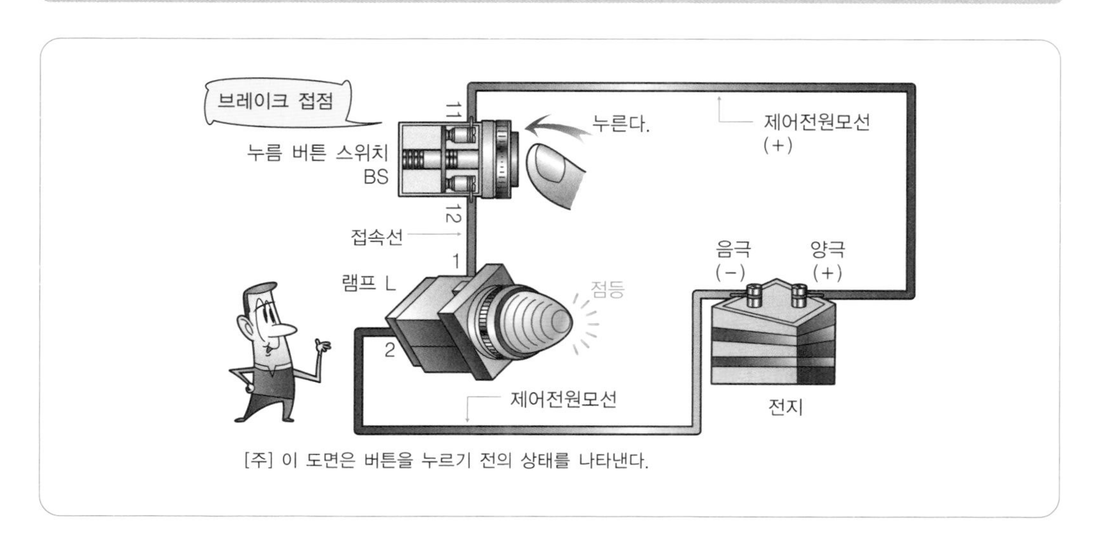

[주] 이 도면은 버튼을 누르기 전의 상태를 나타낸다.

브레이크 접점의 "OFF 동작"

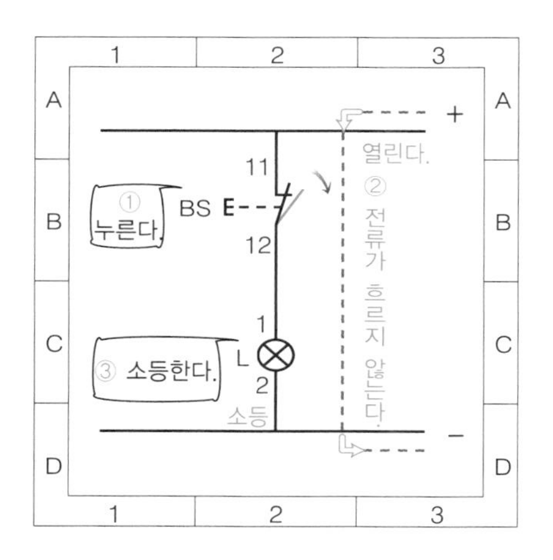

브레이크 접점의 "ON 동작"

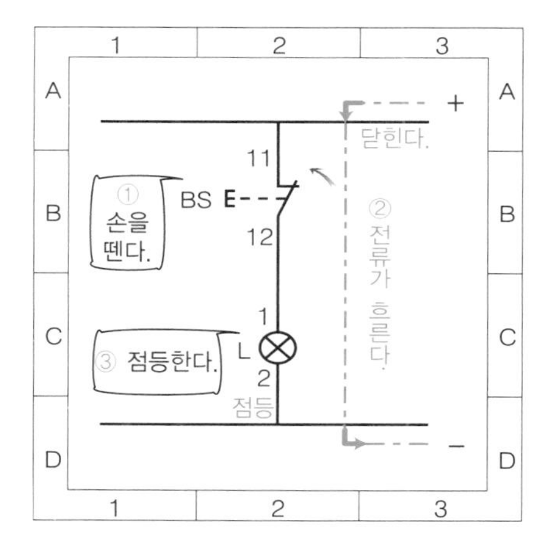

47 누름 버튼 스위치의 전환접점 동작

누름 버튼 스위치의 전환접점을 누르면 출력신호가 전환된다

- **누름 버튼 스위치의 전환접점**이란 접속기구부가 가동접점을 공통으로 하는 메이크 접점과 브레이크 접점이 조합되어 있고, 버튼을 누르지 않은 상태(복귀상태)에서 메이크 접점부를 열리고 브레이크 접점부는 닫혀 있는 접점을 말합니다.
- 전환접점을 가지는 누름 버튼 스위치의 버튼을 누르면(동작 상태), 그 힘에 의해 접점기구부의 가동접점이 아래로 이동하여 브레이크 접점부의 고정접점과 떨어져 개로(OFF 동작)하고, 메이크 접점부의 고정접점과 접촉하여 폐로(ON동작)합니다.
  - 이와 같이 전환접점은 입력신호가 있으면(버튼을 누르면) 출력신호인 브레이크 접점, 메이크 접점이 함께 전환됩니다.

누름 버튼 스위치의 전환접점에서 손을 떼면 원상태로 돌아간다

- 전환접점을 가지는 누름 버튼 스위치에서 버튼을 누르고 있던 손을 떼면, 접점기구부의 접점 복귀 스프링의 힘에 의해 자동적으로 가동접점이 위로 이동하여 메이크 접점부의 고정접점과 떨어져 개로(OFF 동작)하고, 브레이크 접점부의 고정접점과 접촉하여 폐로(ON 동작)합니다.
  - 이것으로 각각의 접점이 입력신호가 없는 원상태로 돌아가기 때문에 이것을 전환접점이 **"복귀한다"**라고 합니다.
- 전환접점을 다른 이름으로 **"c접점"**이라고도 합니다. 이것은 change-over contact, 다시 말해 **"전환하는 접점"**의 머릿글자를 소문자인 "c"로 표현한 것입니다.

내부구조도 · 동작도 · 복귀도 - 전환접점

누름 버튼 스위치의 전환접점 -내부구조도 [예]-

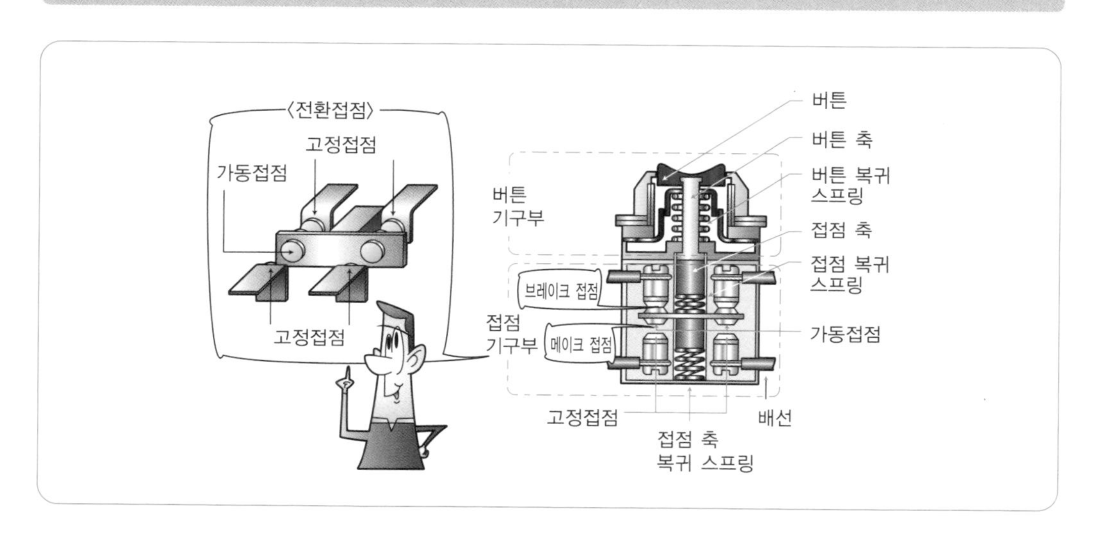

전환접점의 동작도

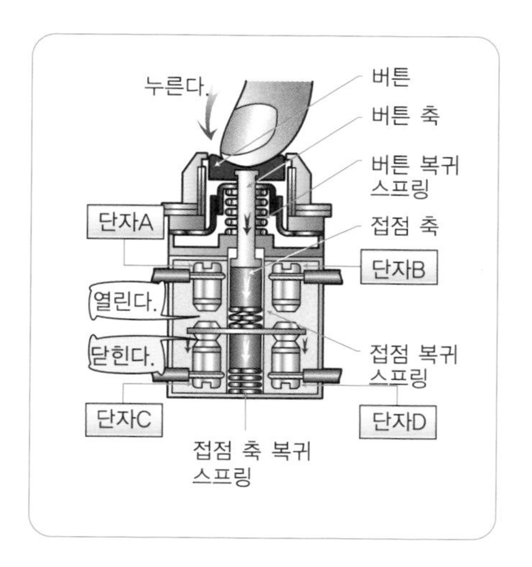

전환접점의 복귀도

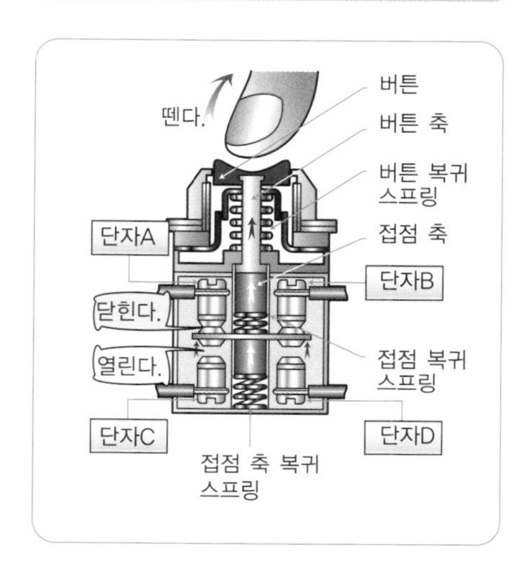

48 누름 버튼 스위치의 전환접점 회로

누름 버튼 스위치의 전환접점 회로의 "동작"

전지를 전원으로 하고 전환접점을 가지는 누름 버튼 스위치 BS의 메이크 접점부에 적색 램프 RD−L을, 브레이크 접점부에 녹색 램프 GN-L을 각각 직렬로 하여 전선으로 연결합니다(실체배선도 참조).

이 누름 버튼 스위치의 전환접점 회로의 동작은 다음과 같습니다.

순서 ① 버튼 스위치 BS를 누르면, 브레이크 접점 BS-b가 열리고, 메이크 접점 BS-m이 닫힙니다.

② BS-b가 열리면 녹색 램프 GN-L에 전류가 흐르지 않아 소등합니다.

③ BS-m이 닫히면 적색 램프 RD-L에 전류가 흘러 점등합니다.

- 이처럼 입력신호로서 버튼을 누르면 녹색 램프가 점등에서 소등으로, 적색 램프가 소등에서 점등으로 출력신호가 전환됩니다.

누름 버튼 스위치의 전환접점 회로의 "복귀"

전환접점 회로에서 입력신호인 버튼을 누르는 손을 떼면, 브레이크 접점 BS-b가 닫히고 녹색 램프 GN−L이 점등하고, 메이크 접점 BS-m이 열리고 적색 램프 RD-L이 소등하여 원상태로 돌아갑니다.

순서 ① 버튼을 누르는 손을 떼면 브레이크 접점 BS-b가 닫히고, 메이크 접점 BS-m이 열립니다.

② BS-b가 닫히면, 녹색 램프 GN-L에 전류가 흘러 점등합니다.

③ BS-m이 열리면, 적색 램프 RD-L에 전류가 흐르지 않아 소등합니다.

- 이처럼 전환접점이 복귀하면 출력신호가 전환되어 입력신호를 넣기 전의 상태, 즉 녹색 램프 점등, 적색 램프 소등인 상태로 돌아갑니다.

누름 버튼 스위치의 전환접점 회로의 실제 예

실체배선도 -누름 버튼 스위치의 전환접점 램프 회로-

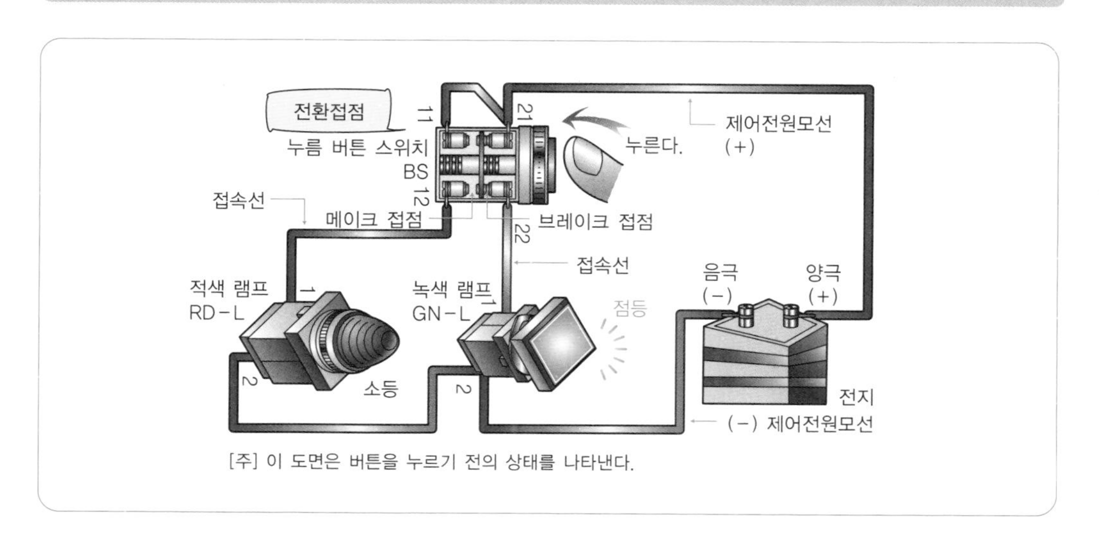

[주] 이 도면은 버튼을 누르기 전의 상태를 나타낸다.

전환접점의 "동작"

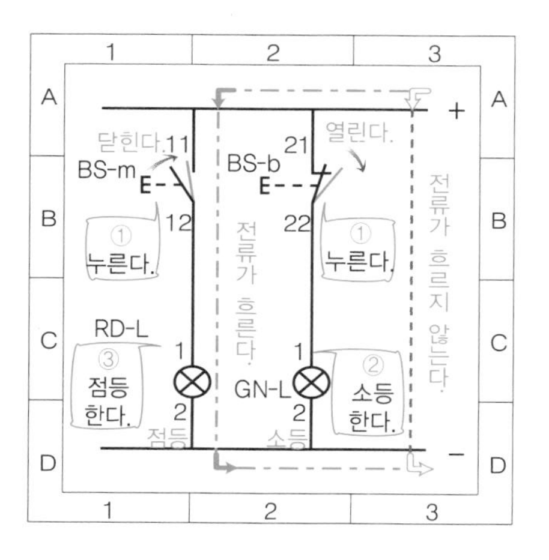

전환접점의 "복귀"

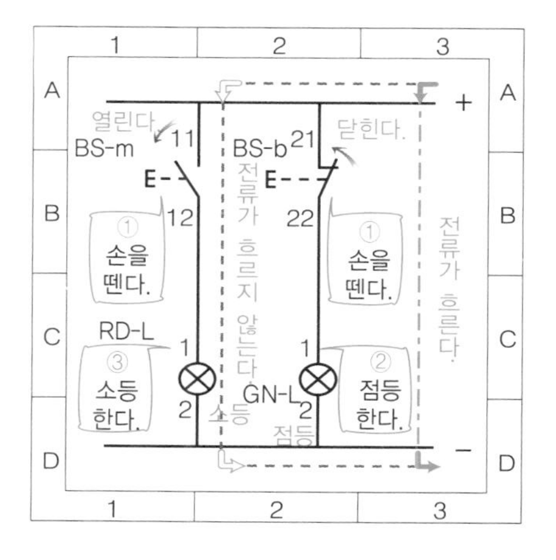

49 전자 릴레이의 메이크 접점 동작

전자 릴레이의 동작원리

□ 막대 모양의 철심에 전선을 둘둘 감아 코일을 만듭니다. 그리고 철편에 가동접점을 부착하여 고정접점과 조합해 접점(메이크 접점)을 구성하고 복귀 스프링을 부착합니다(동작원리도 참조).

□ 철심 감은 코일에 나이프 스위치를 사이에 두고 전지를 연결합니다.

- 나이프 스위치 KS를 닫으면 전류가 전지에서 코일로 흐르고 막대 모양의 철심(코일)은 전자석이 됩니다.
- 막대 모양의 철심이 전자석이 되면 철편을 끌어당기고, 철편은 그 힘에 의해 아래쪽으로 이동합니다.
- 철편과 함께 가동접점도 아래로 움직여 고정접점과 접촉하여 폐로합니다.
- 이것이 "**전자 릴레이의 동작원리**"입니다.

전자 릴레이의 메이크 접점은 동작하면 "닫힌다(ON)"

□ 전자 릴레이란 코일에 전류를 흘리거나 흐르지 않게 하여 전자석의 힘(**전자력**이라고 한다)에 의해 가동철편을 움직이고 그와 연동하여 접점 기구를 개폐하는 것을 말합니다.

- 전자석이 되는 코일부는 철심과 틀에 감은 코일로 구성됩니다.
- 회로를 여닫는 접점 기구부는 가동접점과 고정접점으로 이루어집니다.

□ **전자 릴레이의 메이크 접점**이란 코일에 전류가 흐르지 않는 상태(복귀상태)로 가동접점과 고정접점이 떨어져 개로(OFF 상태)하고, 코일에 전류를 흘리면 전자력에 의해 가동접점이 고정접점과 접촉하여 폐로(ON 상태)하는 접점을 말합니다.

- 이것을 전자 릴레이의 메이크 접점이 "동작한다"라고 합니다.

동작원리도 · 동작도 · 복귀도 – 메이크 접점

전자 릴레이의 동작원리도 –메이크 접점–

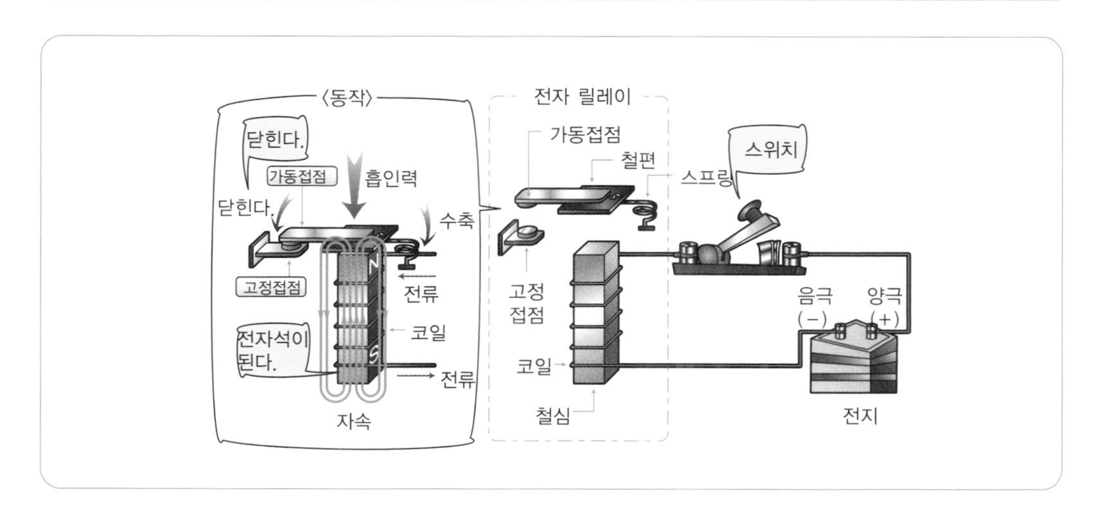

메이크 접점의 동작도

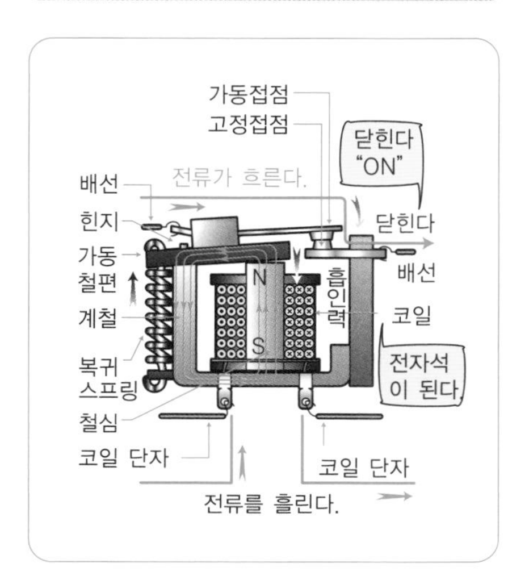

메이크 접점의 복귀도

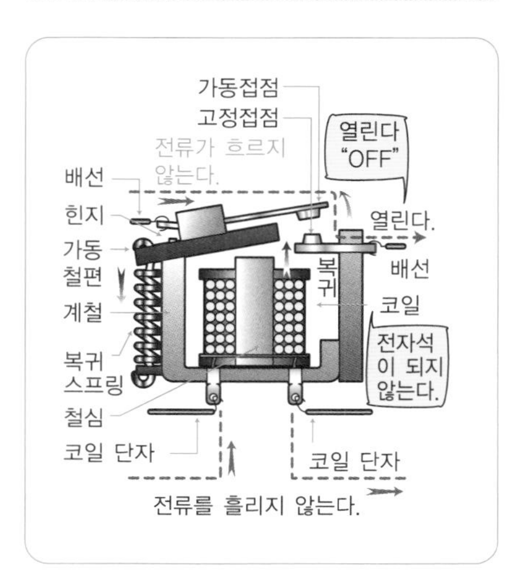

50 전자 릴레이의 메이크 접점 회로

전자 릴레이의 메이크 접점 회로의 "ON 동작"

- 전지를 전원으로 하고, 전자 릴레이의 메이크 접점 R-m에 램프 L을, 전자 릴레이의 코일 R에 누름 버튼 스위치 BS를 각각 직렬로 하여 전선으로 연결합니다(실체배선도 참조).

- 이 전자 릴레이의 메이크 접점 회로의 동작은 다음과 같습니다.

순서 ① 버튼 스위치를 누르면 메이크 접점 BS가 닫힙니다.
② 메이크 접점 BS가 닫히면 코일에 전류가 흘러 전자 릴레이 R이 동작합니다.
③ 전자 릴레이 R이 동작하면 메이크 접점 R-m이 닫힙니다.
④ 메이크 접점 R-m이 닫히면 램프 L에 전류가 흘러 점등합니다.

● 이것을 전자 릴레이 메이크 접점의 "ON 동작"이라고 합니다.

전자 릴레이의 메이크 접점 회로의 "OFF 동작"

- 메이크 접점 회로의 복귀는 다음과 같습니다.

순서 ① 버튼을 누르는 손을 떼면 메이크 접점 BS가 열립니다.
② 메이크 접점 BS가 열리면 코일에 전류가 흐르지 않아 전자 릴레이 R이 복귀합니다.
③ 전자 릴레이 R이 복귀하면 메이크 접점 R-m이 열립니다.
④ 메이크 접점 R-m이 열리면 램프 L에 전류가 흐르지 않아 소등합니다.

● 이것을 전자 릴레이 메이크 접점의 "OFF 동작"이라고 합니다.

- 전자 릴레이의 메이크 접점 회로는 입력신호(버튼을 누름)일 때 "ON 동작"이므로 출력신호를 얻을 수 있기 때문에(램프가 점등) 기기·설비의 **"시동신호"**로 자주 사용됩니다.

전자 릴레이의 메이크 접점 회로의 실제 예

실체배선도 -전자 릴레이의 메이크 접점 램프 회로-

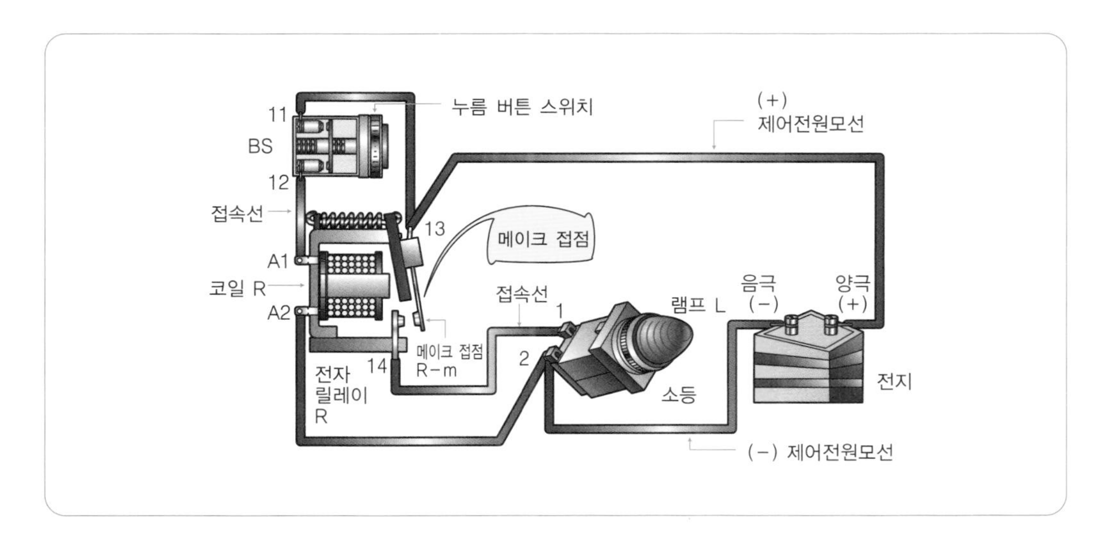

메이크 접점의 "ON 동작"

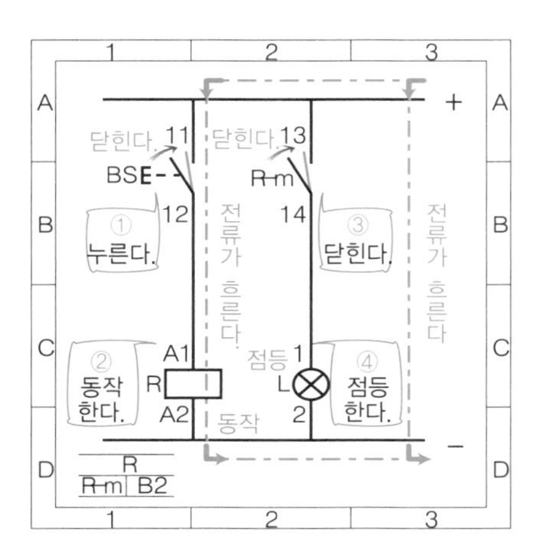

메이크 접점의 "OFF 동작"

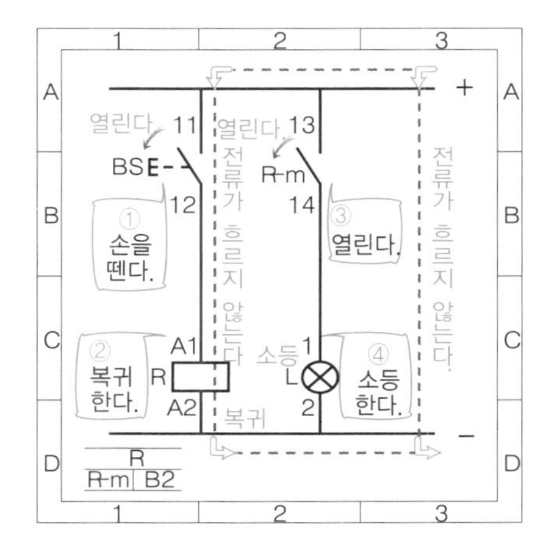

51 전자 릴레이의 브레이크 접점 동작

전자 릴레이의 브레이크 접점은 동작하면 "열린다(OFF)"

- **전자 릴레이의 브레이크 접점**은 전자 릴레이의 코일에 전류가 흐르고 있지 않은 상태(복귀상태)에서 가동접점과 고정접점이 접촉하고 있고 폐로(ON 상태)되어 있습니다.

- 브레이크 접점을 가지는 전자 릴레이의 코일에 전류를 흘리면 철심과 계철, 가동철편이 자기회로를 형성하고 자속이 통하여 전자석이 됩니다.
  - 철심이 전자석이 되면 가동철편이 끌어당겨져 아래 방향으로 힘을 받습니다.
  - 가동철편과 일체 되어 있는 가동접점도 아래쪽으로 움직이고, 고정접점과 떨어져 개로(OFF 동작)합니다.
  - 이것을 전자 릴레이의 브레이크 접점이 **"동작한다"**라고 합니다.

전자 릴레이의 브레이크 접점은 복귀하면 "닫힌다(ON)"

- 브레이크 접점을 가지는 전자 릴레이에서 코일에 흐르는 전류를 차단하면 철심은 전자석의 성질을 잃게 되어 가동철편을 끌어당기지 못합니다.
  - 흡인력이 없어지면 가동철편은 힌지를 지지점으로 복귀 스프링이 수축하고, 원래대로 돌아가려는 힘에 의해 위쪽으로 움직입니다.
  - 가동철편과 일체가 되어 있는 가동접점도 위쪽으로 움직이고, 고정접점과 접촉하여 폐로(ON동작)합니다.
  - 이것을 전자 릴레이의 브레이크 접점이 **"복귀한다"**라고 합니다.

- 전자 릴레이의 접점과 같이 전자석의 힘(전자력)으로 동작하고, 스프링의 힘으로 자동으로 복귀하는 접점을 **"전자조작 자동복귀 접점"**이라고 합니다. 시퀀스 제어에서 전자 릴레이가 중요한 역할을 하는 것은 바로 이 기능 때문입니다.

구조도 · 동작도 · 복귀도 – 브레이크 접점

전자 릴레이의 브레이크 접점 구조도 –예–

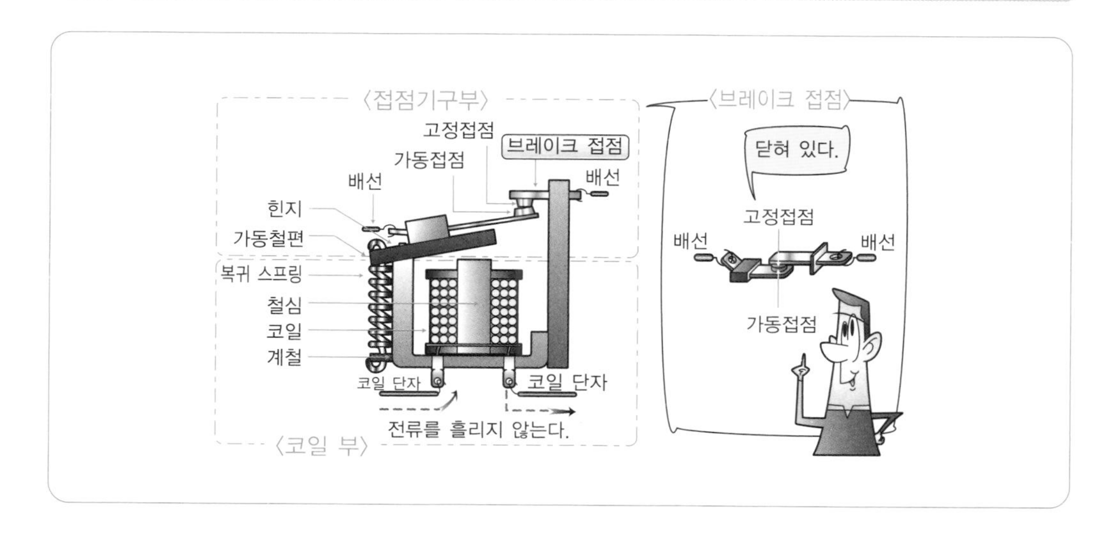

브레이크 접점의 동작도

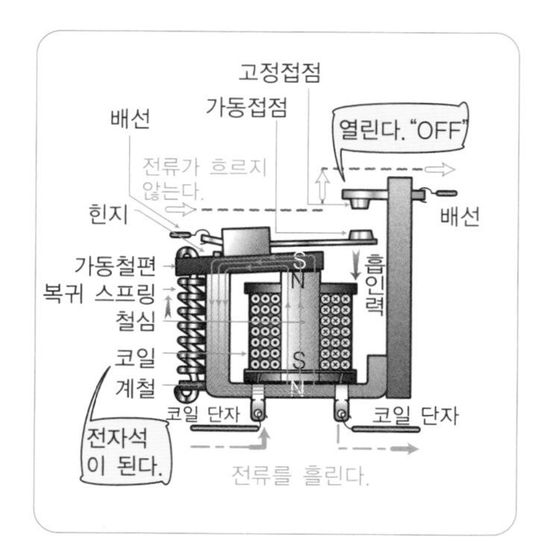

브레이크 접점의 복귀도

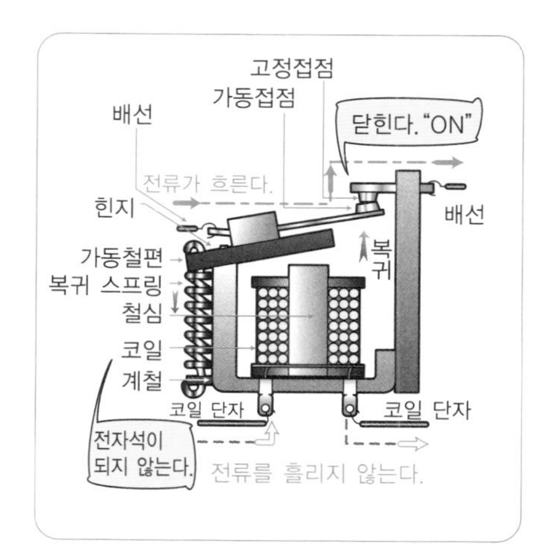

52 전자 릴레이의 브레이크 접점 회로

전자 릴레이의 브레이크 접점의 "OFF 동작"

- 전지를 전원으로 하고, 전자 릴레이의 브레이크 접점 R-b에 램프 L을, 전자 릴레이의 코일 R에 누름 버튼 스위치 BS를 각각 직렬로 하여 전선으로 연결합니다(실체배선도 참조).

- 이 전자 릴레이의 브레이크 접점 회로의 동작은 다음과 같습니다.

  순서 ① 버튼 스위치를 누르면 메이크 접점 BS가 닫힙니다.
  ② 메이크 접점 BS가 닫히면 코일에 전류가 흐르고, 전자 릴레이 R이 동작합니다.
  ③ 전자 릴레이 R이 동작하면 브레이크 접점 R-b가 열립니다.
  ④ 브레이크 접점 R-b가 열리면 램프 L에 전류가 흐르지 않아 소등합니다.

  ● 이것을 전자 릴레이 브레이크 접점의 **"OFF 동작"**이라고 합니다.

전자 릴레이의 브레이크 접점의 "ON 동작"

- 브레이크 접점 회로의 복귀는 다음과 같습니다.

  순서 ① 버튼을 누르는 손을 떼면 메이크 접점 BS가 열립니다.
  ② 메이크 접점 BS가 열리면 코일에 전류가 흐르지 않아 전자 릴레이 R이 복귀합니다.
  ③ 전자 릴레이 R이 복귀하면 브레이크 접점 R-b가 닫힙니다.
  ④ 브레이크 접점 R-b가 닫히면 램프 L에 전류가 흘러 점등합니다.

  ● 이것을 전자 릴레이 브레이크 접점의 **"ON 동작"**이라고 합니다.

- 전자 릴레이의 브레이크 접점은 입력신호가 있으면(버튼을 누름) "OFF 동작"의 출력신호를 얻을 수 있으므로(램프가 소등한다) 기기 · 설비의 **"정지신호"**로 자주 사용됩니다.

전자 릴레이의 브레이크 접점 램프 회로 예

실체배선도 –전자 릴레이의 브레이크 접점 램프 회로–

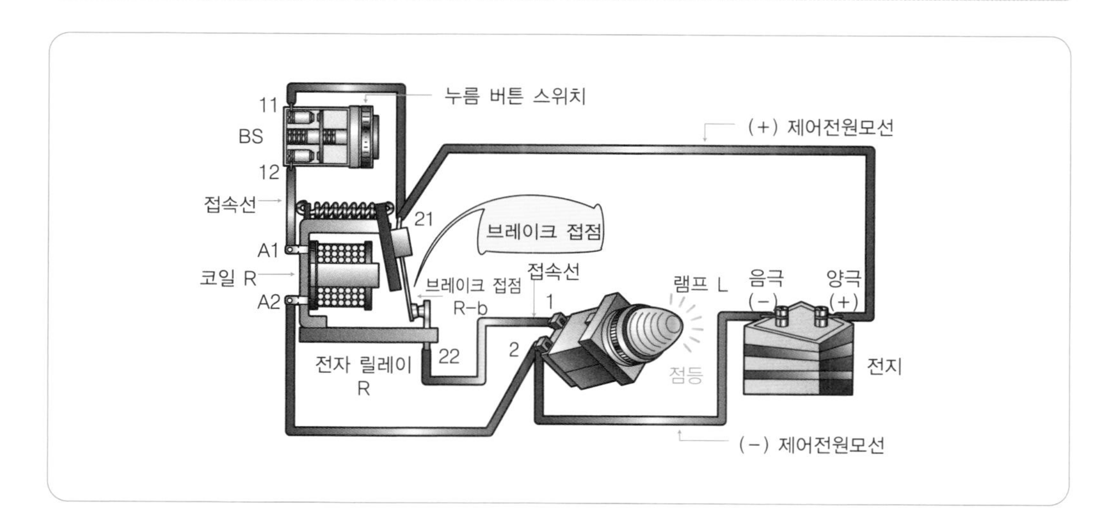

브레이크 접점의 "OFF 동작"

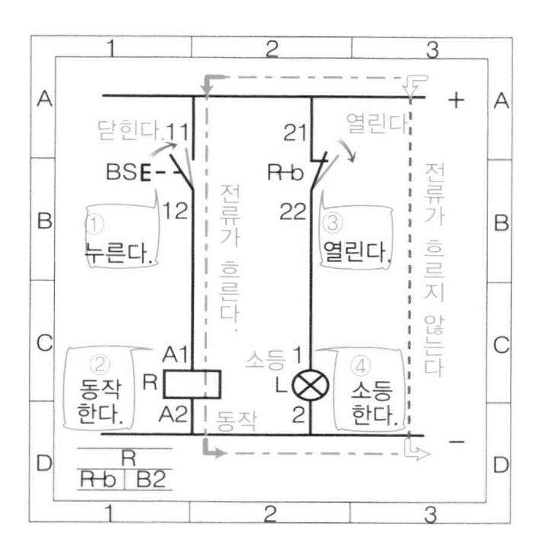

브레이크 접점의 "ON 동작"

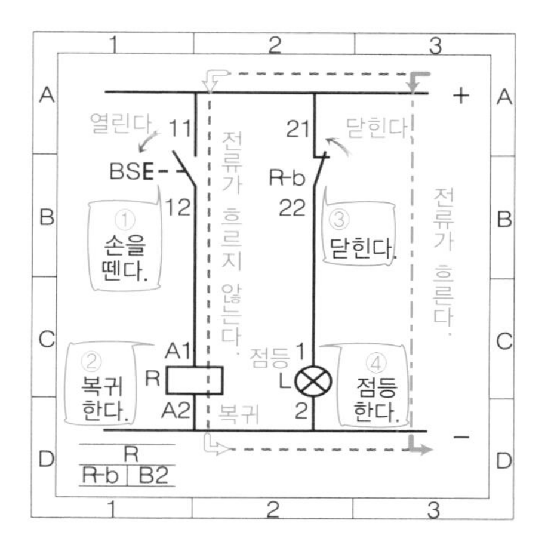

53 전자 릴레이의 전환접점 동작

전자릴레이의 전환접점이 동작하면 출력신호가 전환된다

- **전자 릴레이의 전환접점**이란 메이크 접점과 브레이크 접점이 하나의 가동접점을 공유하도록 조합한 구조의 접점을 말합니다.
  - 전자 릴레이의 코일에 전류가 흐르지 않는 상태(복귀상태)에서는 메이크 접점은 개로(OFF)하고, 브레이크 접점은 폐로(ON)합니다.

- 전환접점을 가지는 전자 릴레이의 코일에 전류를 흘리면 철심과 계철, 가동철편이 자기회로를 형성하고 자속이 통하여 전자석이 됩니다.
  - 철심이 전자석이 되면 흡인력에 의해 가동철편과 일체가 되어 있는 가동접점이 아래쪽으로 힘을 받아 브레이크 접점 R-b는 개로(OFF 동작)하고, 메이크 접점 R-m은 폐로(ON동작)하여 출력신호가 전환됩니다.

전자 릴레이의 전환접점은 복귀하면 원래대로 돌아온다

- 전환접점을 가지는 전자 릴레이에서 코일에 흐르고 있는 전류를 차단하면 철심은 전자석의 성질을 잃게 되고 더 이상 가동철편을 끌어당기지 못합니다.
  - 흡인력이 없어지면 가동철편과 일체가 되어 있는 가동접점의 복귀 스프링이 수축하고 원래대로 돌아가려는 힘에 의해 자동으로 위쪽으로 힘을 받아 메이크 접점 R-m은 개로(OFF 동작)하고, 브레이크 접점 R-b는 폐로(ON 동작)하여 원래 상태로 돌아갑니다.

- 전환접점을 가지는 전자 릴레이의 메이크 접점 회로에 적색 램프 RD-L을 접속하고, 브레이크 접점 회로에 녹색 램프 GN-L을 접속합니다. 코일 회로에 누름 버튼 스위치(메이크 접점) BS를 접속하고, 각각의 램프 회로와 병렬로 전지와 연결합니다(실체배선도 참조).

동작도 · 복귀도 · 실체배선도

전환접점의 동작도

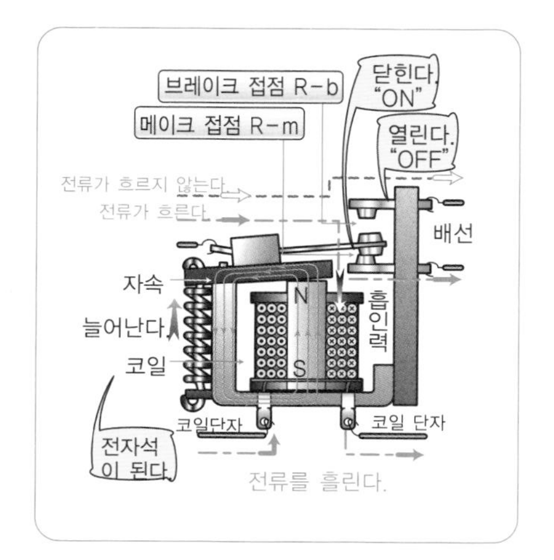

전환접점의 복귀도

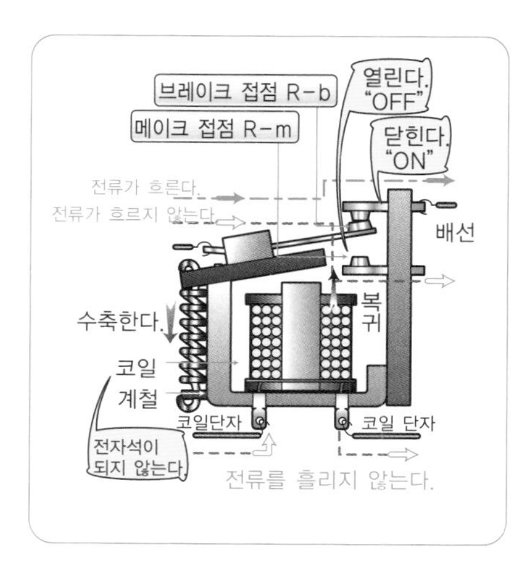

실체배선도 －전자 릴레이의 전환접점에 의한 램프 회로－

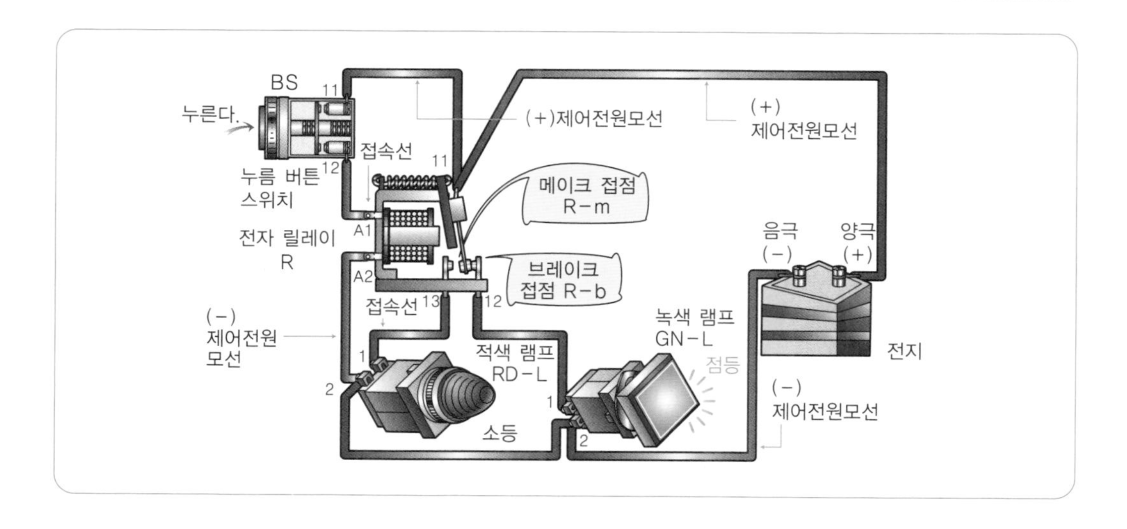

전자 릴레이의 전환접점 회로

전자 릴레이의 전환접점 회로의 "동작"

전환접점을 가지는 전자 릴레이의 동작은 다음과 같습니다.

순서 ① 버튼을 누르면 메이크 접점 BS가 닫힙니다.

② 메이크 접점 BS가 닫히면 코일에 전류가 흐르고 전자 릴레이 R이 동작합니다.

③ 전자 릴레이 R이 동작하면 메이크 접점 R-m이 닫힙니다.

④ 전자 릴레이 R이 동작하면 브레이크 접점 R-b가 열립니다.

⑤ 메이크 접점 R-m이 닫히면 적색 램프 RD-L에 전류가 흐르고 점등합니다.

⑥ 브레이크 접점 R-b가 열리면 녹색 램프 GN-L에 전류가 흐르지 않아 소등합니다.

-각 램프의 출력신호가 전환됩니다.-

전자 릴레이의 전환접점 회로의 "복귀"

전환접점 회로의 복귀는 다음과 같습니다.

순서 ① 버튼을 누르는 손을 떼면 메이크 접점 BS가 열립니다.

② 메이크 접점 BS가 열리면 코일에 전류가 흐르지 않아 전자 릴레이 R이 복귀합니다.

③ 전자 릴레이 R이 복귀하면 메이크 접점 R-m이 열립니다.

④ 전자 릴레이 R이 복귀하면 브레이크 접점 R-b가 닫힙니다.

⑤ 메이크 접점 R-m이 열리면 적색 램프 RD-L에 전류가 흐르지 않아 적색 램프가 소등합니다.

⑥ 브레이크 접점 R-b가 닫히면 녹색 램프 GN-L에 전류가 흘러 점등합니다.

-각 램프의 출력신호가 원래대로 돌아갑니다.-

전자 릴레이의 전환접점 회로의 실제 예

전자 릴레이의 전환접점 회로의 동작도 －동작순서－

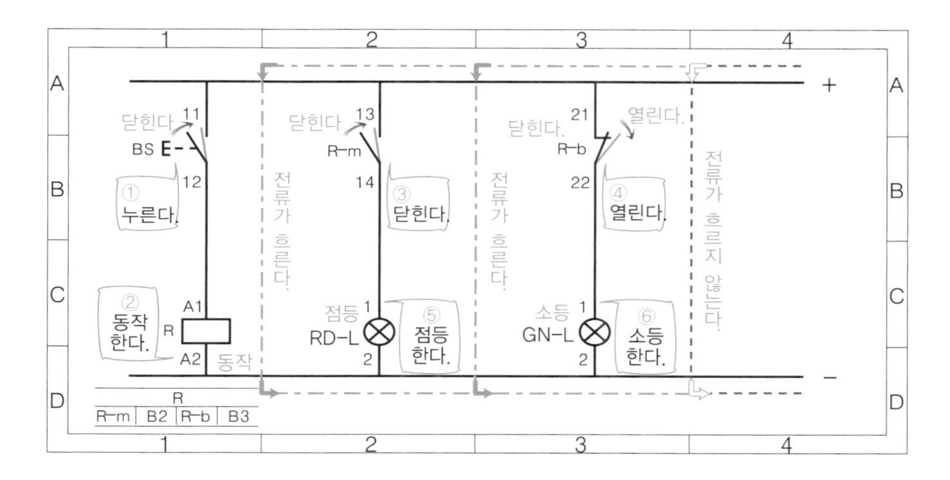

전자 릴레이의 전환접점 회로의 복귀도 －동작순서－

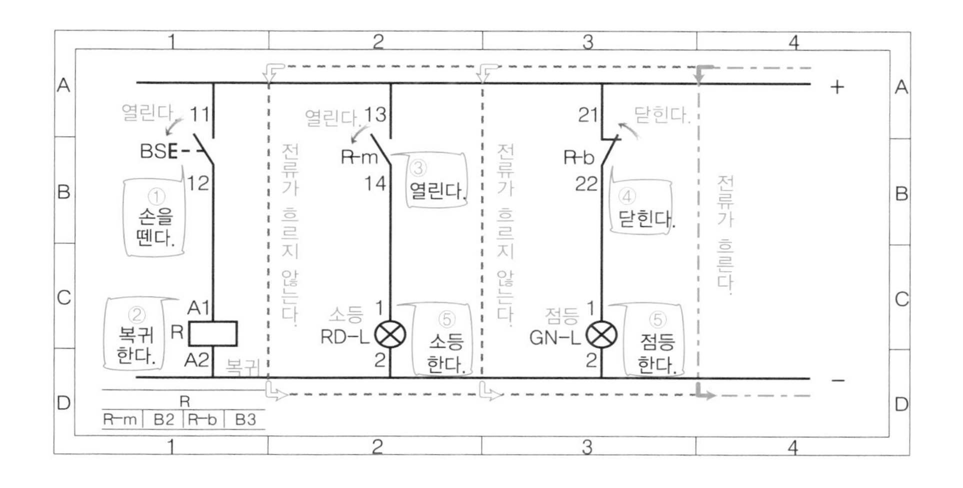

전자 릴레이의 제어 기능

신호의 분기

■ 전자 릴레이의 입력에 대한 출력접점을 늘리면 출력신호가 분기되어 동시에 여러 기기를 제어할 수 있습니다.

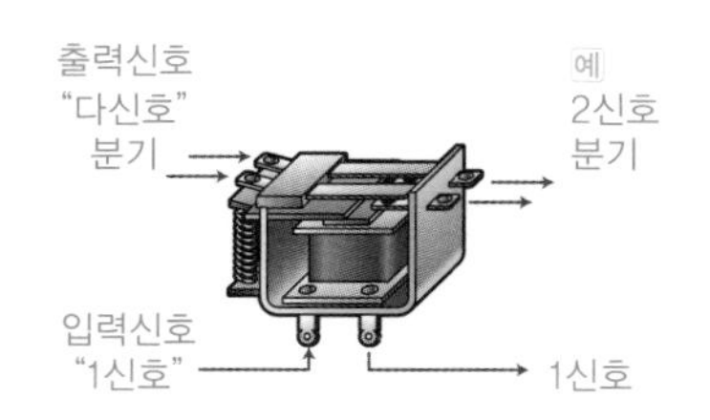

신호의 증폭

■ 전자 릴레이의 코일에 흐르는 작은 전류를 ON · OFF함에 따라 출력접점 회로에서 큰 전류를 개폐할 수 있습니다.

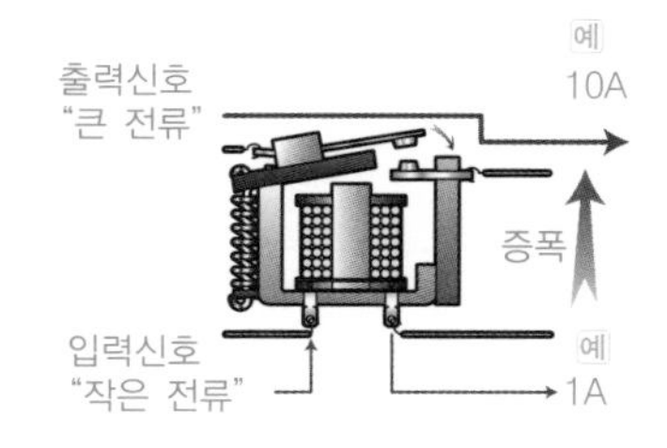

신호의 변환

■ 전자 릴레이의 코일부와 접점부는 전기적으로 절연되어 있기 때문에 각각 다른 성질의 신호를 다룰 수 있습니다.

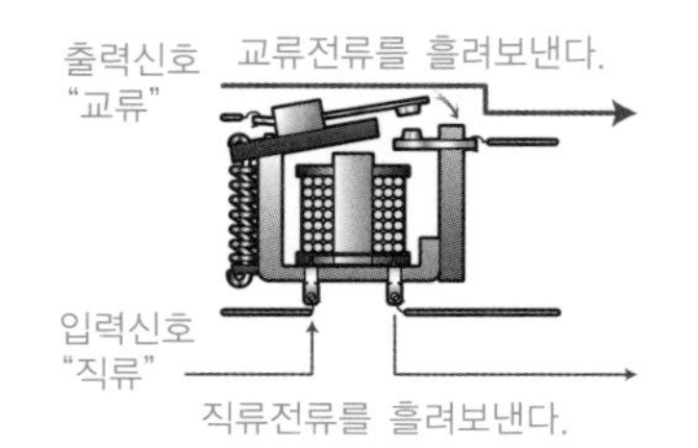

신호의 반전

■ 전자 릴레이의 브레이크 접점을 이용하여 입력 "OFF"에서 출력 "ON", 입력 "ON"에서 출력 "OFF"로 입력신호와 출력신호를 반전시킬 수 있습니다.

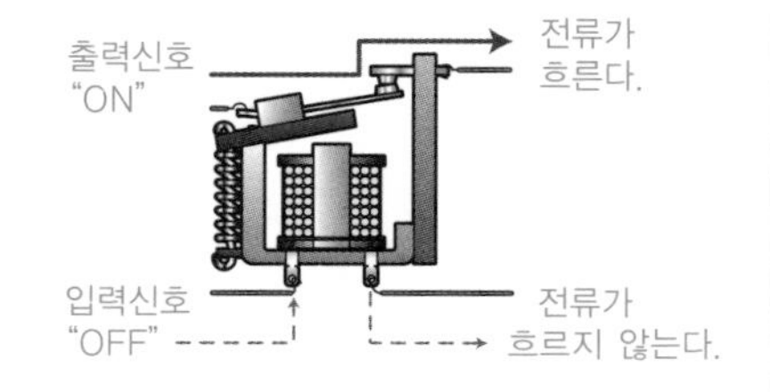

제 7 장

제어의 기본이 되는 논리회로

56 "0"신호 · "1"신호로 제어하는 논리회로

논리회로란 어떤 것일까?

- "논리"란 인간의 사고 과정과 그 결론이 올바른지 결정하는 데 필요한 논리학으로부터 일반화된 것입니다.
  - 논리학이라고 하면 어렵게 느껴지지만 하나하나의 사항을 "Yes"나 "No"로 판단하면서 결론에 도달하는 방법이라고 생각하면 좋습니다.

- 논리학과 시퀀스 제어 사이에는 다음과 같은 관계가 있습니다.
  - 시퀀스 제어에서는 접점이 "닫혀 있는(ON)"지 "열려 있는(OFF)"지의 두 가지 신호(이것을 **2가신호**라고 한다)의 제어를 기본으로 하고 있습니다.
  - 논리학의 "Yes", "No"를 접점의 "**폐(閉)**", "**개(開)**"에 대응시켜 논리적인 개념을 시퀀스 제어에 적용한 것이 "**논리회로**"입니다.

접점의 "개(開)"를 "0", "폐(閉)"를 "1"로 한다

- 누름 버튼 스위치, 전자 릴레이 등의 개폐접점에 의한 시퀀스 제어에서는 접점의 "개(OFF)"를 "0"**신호**로 하고, "폐(ON)"를 "1"**신호**로 하고 있습니다.
  - 여기서 말하는 "0"과 "1"은 어디까지나 서로 다른 두 가지 상태를 의미하는 기호이며, 일반적인 대수에서 말하는 숫자 0이나 1과는 다른 의미를 가지고 있음에 주의하십시오.

- 기본이 되는 논리회로에는 **AND회로**, **OR회로**, **NOT회로**, **NAND회로**, **NOR회로** 등이 있습니다.
  - 논리기호에는 JIS C 0617(전기용 그림기호)과 미국표준협회(ANSI)가 제정한 ANSI Y 32.14가 있습니다.

"0"신호 · "1"신호의 실제 예

누름 버튼 스위치의 "0"신호 · "1"신호

"0"신호····접점 "개(OFF)"

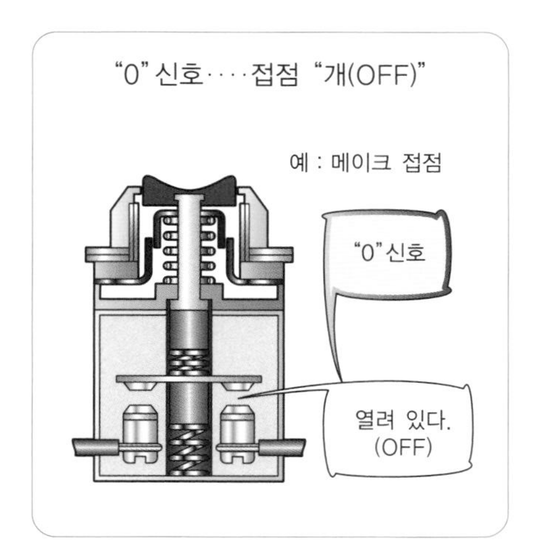

"1"신호····접점 "폐(ON)"

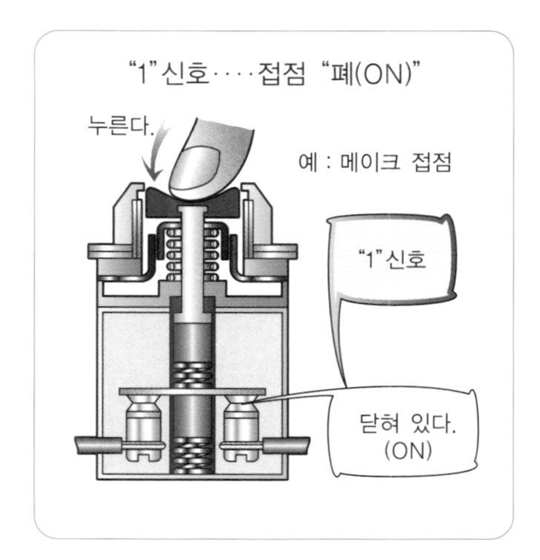

전자 릴레이의 "0"신호 · "1"신호

"0"신호····접점 "개(OFF)"

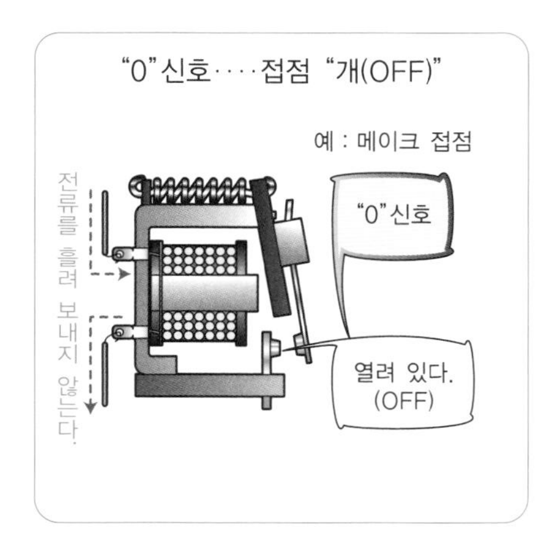

"1"신호····접점 "폐(ON)"

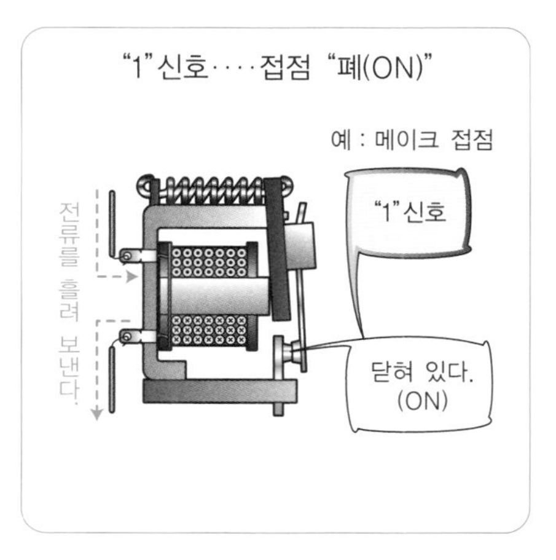

57 AND 회로 - 논리곱 회로-

모든 입력신호가 "1"일 때 출력신호가 "1"이 된다

- AND회로란, 예를 들어 두 가지 입력신호 X1, X2가 있을 경우 X1 그리고 X2가 모두 "1"일 때 출력신호가 "1"이 되는 회로를 말합니다.
  - 이 "X1 그리고 X2"에서 "그리고"를 영어로 "AND"라고 하는 것에서 이 회로를 "AND(앤드)회로"라고 합니다.
  - 두 개의 입력신호 X1·X2와 출력신호 A의 관계를 나타낸 표를 **"동작표"**라고 하며, 입력신호 X1과 X2의 값을 곱하면 출력신호 A의 값이 되므로 AND회로를 **"논리곱 회로"**라고도 합니다.

- 입력접점으로 전자 릴레이 R1 및 R2의 메이크 접점을 직렬로 연결한 회로를 **"전자 릴레이에 의한 AND회로"**라고 합니다.

AND회로의 동작표와 타임 차트 | 논리기호

AND회로의 동작표

입력신호	X1	0	1	0	1
	X2	0	0	1	1
출력신호	A	0	0	0	1

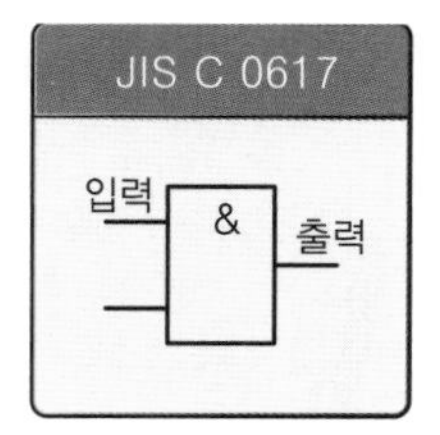

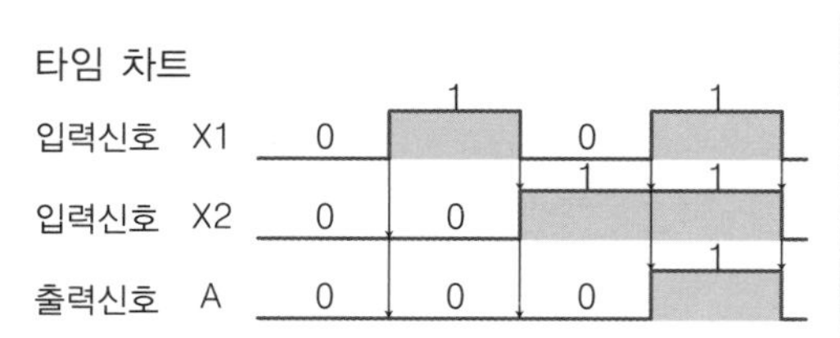

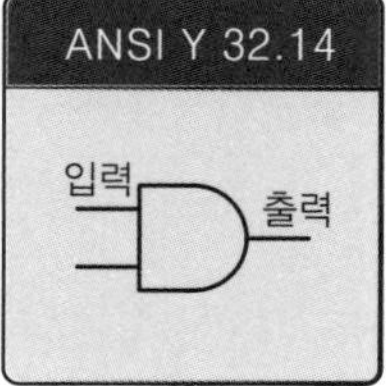

AND 회로의 실체배선도 · 시퀀스도

AND 회로의 실체배선도 -예-

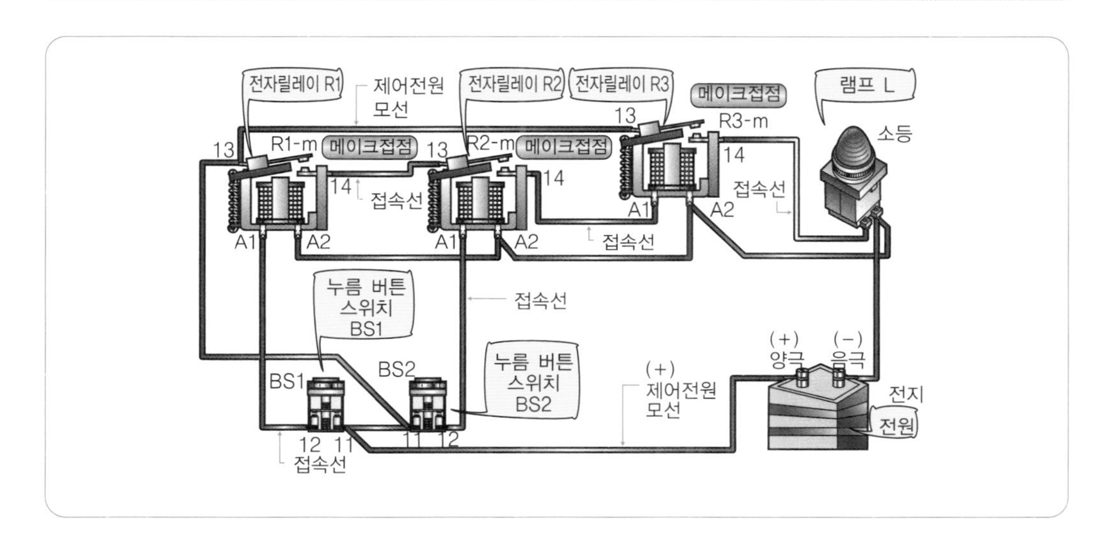

AND회로의 시퀀스도 -예-

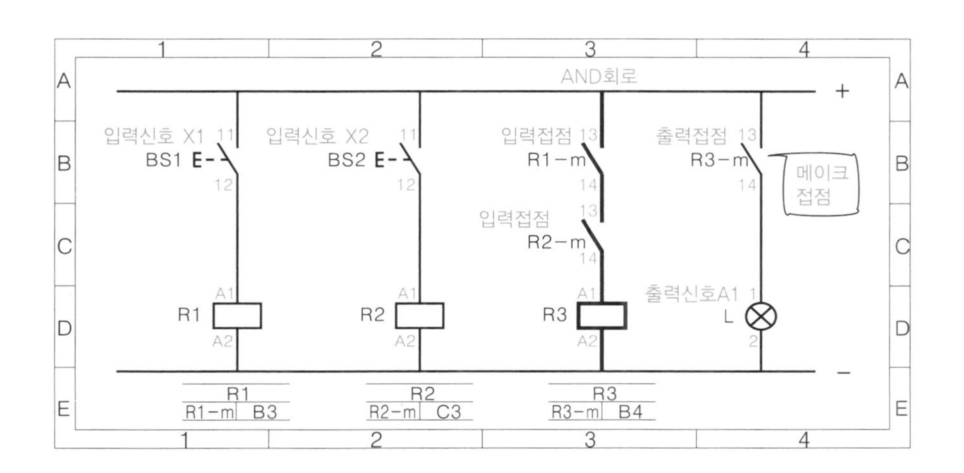

58 AND회로의 동작

입력신호 X1 "1"·X2 "0" … 출력신호 A "0"

- 두 개의 입력신호로 누름 버튼 스위치 BS1 (X1)·BS2 (X2)를 가진 전자 릴레이에 의한 AND회로에 신호를 입력하는 방식에는 4가지가 있지만, 그 중 두 가지를 예로 들어 설명하겠습니다.

- 누름 버튼 스위치 BS1만 누른 (X1 "1") 경우
  - 누름버튼 스위치 BS1을 누르면(입력신호 X1 "1"), 전자 릴레이 R1의 코일에 전류가 흘러 동작하고, 메이크 접점 R1-m이 닫힙니다.
  - 누름 버튼 스위치 BS2를 누르지 않으면(입력신호 X2 "0"), 전자 릴레이 R2의 코일에 전류가 흐르지 않아 복귀한 상태이며, 메이크 접점 R2-m이 열려 있기 때문에 전자 릴레이 R3도 복귀해 있습니다.
  - 메이크 접점 R3-m이 열린 상태이므로 램프 L은 소등(출력신호 A "0")합니다.

입력신호 X1 "1"·X2 "1"…출력신호 A "1"

- 누름 버튼 스위치 BS1 (X1)·BS2 (X2)를 모두 누른("1") 경우

순서
① BS1을 누르면(입력신호 X1 "1") 메이크 접점 BS1이 닫힙니다.
② 메이크 접점 BS1이 닫히면 전자 릴레이 R1이 동작합니다.
③ BS2를 누르면(입력신호 X2 "1") 메이크 접점 BS2가 닫힙니다.
④ 메이크 접점 BS2가 닫히면 전자 릴레이 R2가 동작합니다.
⑤ 전자 릴레이 R1이 동작하면 메이크 접점 R1-m이 닫힙니다.
⑥ 전자 릴레이 R2가 동작하면 메이크 접점 R2-m이 닫힙니다.
⑦ 메이크 접점 R1-m, R2-m이 닫힌 상태이므로 전자 릴레이 R3이 동작합니다.
⑧ 전자 릴레이 R3이 동작하면 메이크 접점 R3-m이 닫힙니다.
⑨ 메이크 접점 R3-m이 닫히므로 램프 L은 점등(출력신호 A "1")합니다.

AND 회로의 동작도 실제 예

입력신호 X1 "1"· X2 "0", 출력신호 A "0"의 동작도

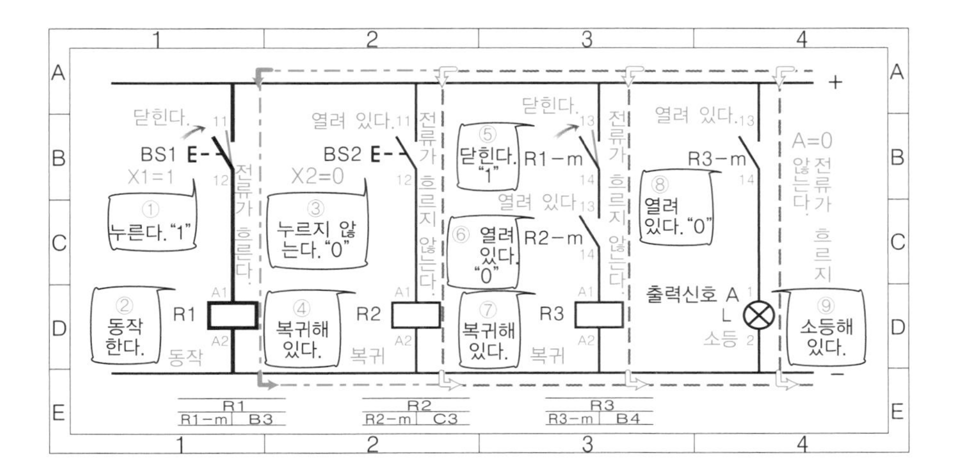

입력신호 X1 "1"· X2 "1", 출력신호 A "1"의 동작도

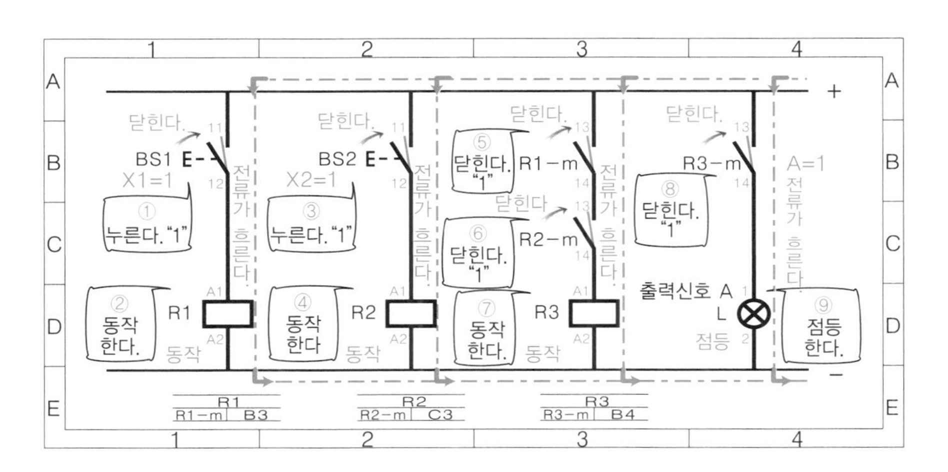

OR 회로 - 논리합 회로 -

입력신호가 하나라도 "1"이면 출력신호는 "1"이 된다

- OR 회로는 예를 들면, 두 개의 입력신호 X1, X2가 있을 때, X1 또는 X2 중 한쪽이 혹은 양쪽 모두가 "1"일 때 출력신호 A가 "1"이 되는 회로를 말합니다.
  - 이 "X1 또는 X2"에서 "또는"을 영어로 "OR"이라고 하므로 이 회로를 "OR 회로"라고 합니다.
  - 두 신호 X1 · X2와 출력신호 A의 관계를 나타낸 동작표에서 입력신호 X1과 X2 값의 합이 출력신호 A의 값(예 : 1+0=1)이 되므로, OR 회로를 "논리합회로"라고도 합니다.

- 입력접점으로 전자 릴레이 R1 및 R2의 메이크 접점을 병렬로 연결한 회로를 "전자 릴레이에 의한 OR 회로"라고 합니다.

OR 회로의 동작표와 타임 차트 | 논리기호

OR회로의 동작표					
입력신호	X1	0	1	0	1
	X2	0	0	1	1
출력신호	A	0	1	1	1

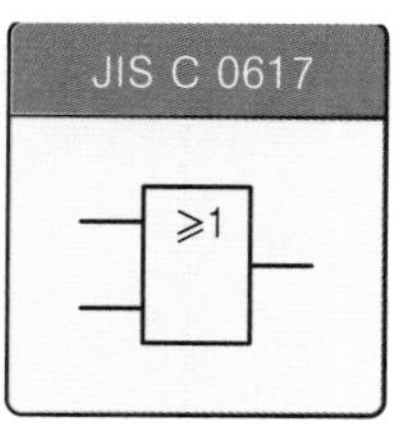

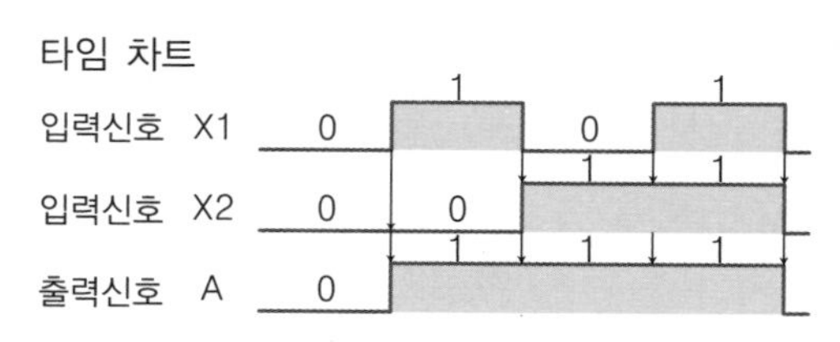

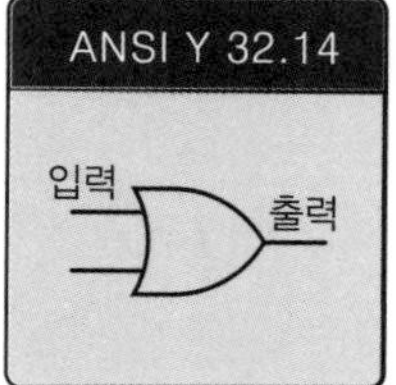

OR 회로의 실체배선도 · 시퀀스도

OR 회로의 실체배선도 -예-

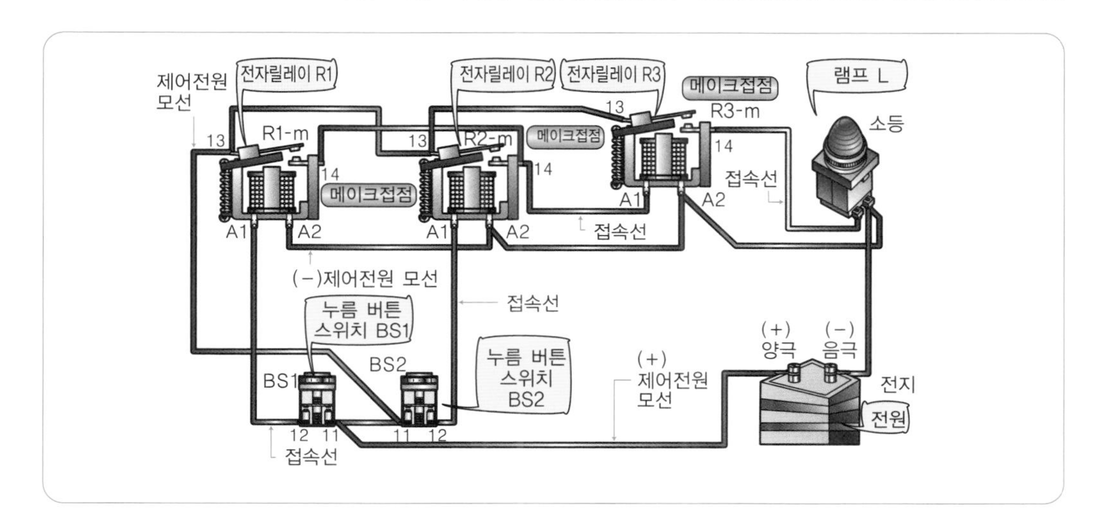

OR 회로의 시퀀스도 -예-

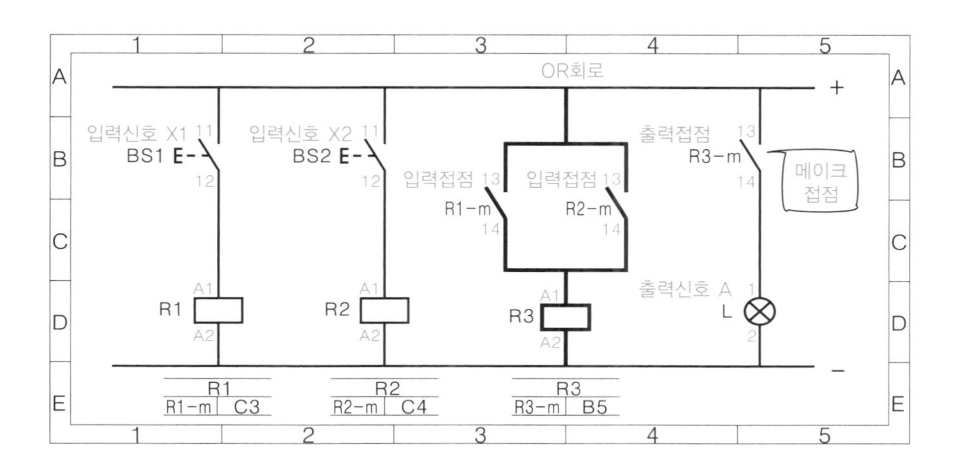

60 OR 회로의 동작

입력신호 X1 "1"· X2 "0" ···· 출력신호 A "1"

- 두 개의 입력신호로 누름 버튼 스위치 BS1 (X1) · BS2 (X2)를 가지는 전자 릴레이에 의한 OR 회로는 신호를 입력하는 방법이 4가지가 있지만, 그 중 두 가지만 예로 들겠습니다.

- 누름 버튼 스위치 BS1만을 누른 경우 (X1 "1")의 동작
  - 누름 버튼 스위치 BS1을 누르면(입력신호 X1 "1"), 전자 릴레이 R1의 코일에 전류가 흘러 동작하고, 메이크 접점 R1－m은 닫힙니다.
  - 누름 버튼 스위치 BS2를 누르지 않으면(입력신호 X2 "0"), 전자 릴레이 R2는 복귀한 상태이며 메이크 접점 R2-m은 열려 있습니다.
  - 메이크 접점 R1-m이 닫혀 있으면, 전자 릴레이 R3이 동작하고 메이크 접점 R3-m이 닫혀, 램프 L은 점등(출력신호 A "1")합니다.

입력신호 X1 "0"· X2 "1" ···· 출력신호 A "1"

- 누름 버튼 스위치 BS2만을 누른 경우 (X2 "1")의 동작

순서
① BS1을 누르지 않으면(X1 "0") 메이크 접점 BS1은 열려 있습니다.
② 메이크 접점 BS1이 열려 있으면 전자 릴레이 R1은 복귀해 있습니다.
③ BS2를 누르면(입력신호 X2 "1") 메이크 접점 BS1이 닫힙니다.
④ 메이크 접점 BS1이 닫히면 전자 릴레이 R2가 동작합니다.
⑤ 전자 릴레이 R1이 복귀해 있으므로 메이크 접점 R1-m이 열려 있습니다.
⑥ 전자 릴레이 R2가 동작하면 메이크 접점 R2-m이 닫힙니다.
⑦ 메이크 접점 R2-m이 닫혀 있으므로 전자 릴레이 R3이 동작합니다.
⑧ 전자 릴레이 R3이 동작하면 메이크 접점 R3-m이 닫힙니다.
⑨ 메이크 접점 R3-m이 닫혀 있으므로 램프 L은 점등(출력신호 A "1")합니다.

OR회로의 동작도 실제 예

입력신호 X1 "1" · X2 "0", 출력신호 A "1"의 동작도

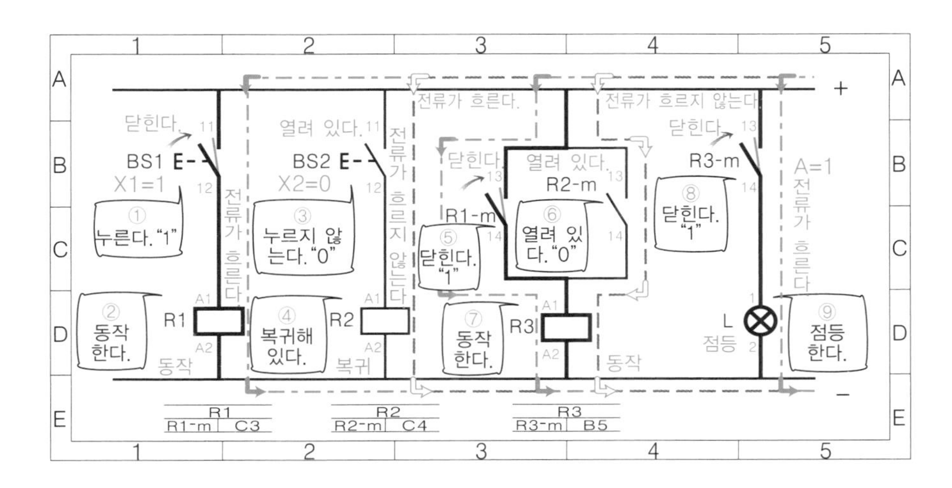

입력신호 X1 "0" · X2 "1", 출력신호 A "1"의 동작도

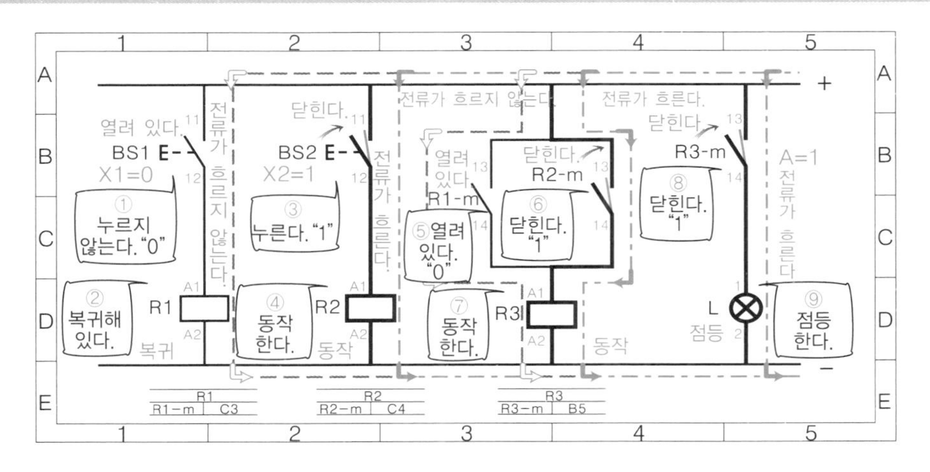

61 NOT 회로 -논리부정 회로-

입력신호를 반전하여 출력한다

- NOT 회로란 입력신호 X가 "0"일 때 출력신호 A가 "1"이 되고, 역으로 입력신호 X가 "1"일 때 출력신호 A가 "0"이 되는 회로를 말합니다.
  - 이 회로는 입력신호에 대해 반전된 신호가 얻어지므로, 입력에 대해 출력이 부정된 형태가 됩니다. 이 **"부정"**을 영어로 **"NOT"**이라고 하므로 **"NOT회로"** 또는 **"논리부정 회로"**라고도 합니다.

- **전자 릴레이에 의한 NOT 회로**는 전자 릴레이의 브레이크 접점을 출력접점으로 하는 회로를 말합니다. 따라서 NOT 회로의 동작은 52항에서 설명한 전자 릴레이의 브레이크 접점회로와 동일하므로 설명은 생략합니다.

NOT 회로의 동작표와 타임 차트 | 논리기호

NOT회로의 동작표			
입력신호	X	0	1
출력신호	A	1	0

신호를 반전 하는 거예요.

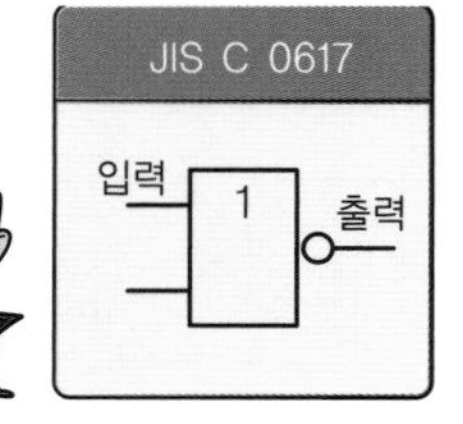

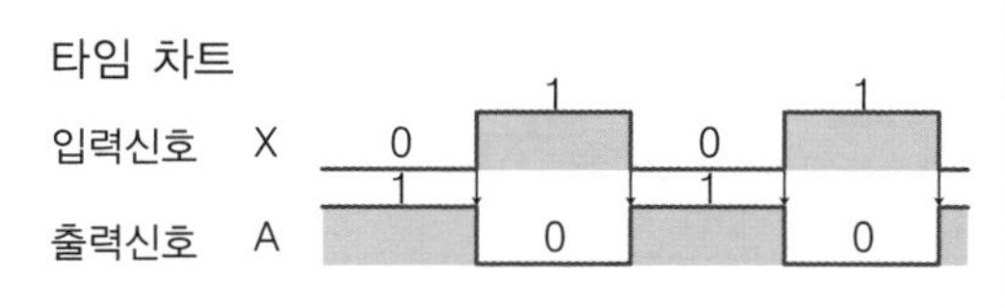

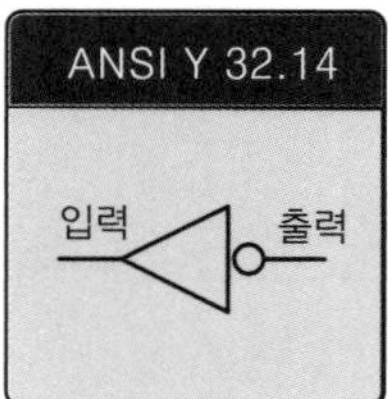

NOT 회로의 실체배선도 · 시퀀스도

NOT 회로의 실체배선도 –예–

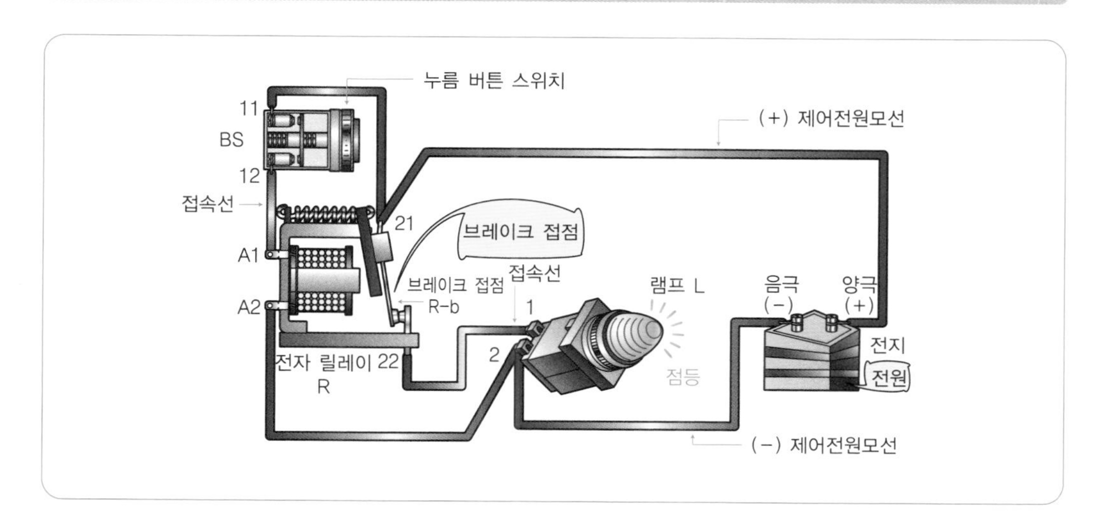

NOT 회로의 시퀀스도 –예–

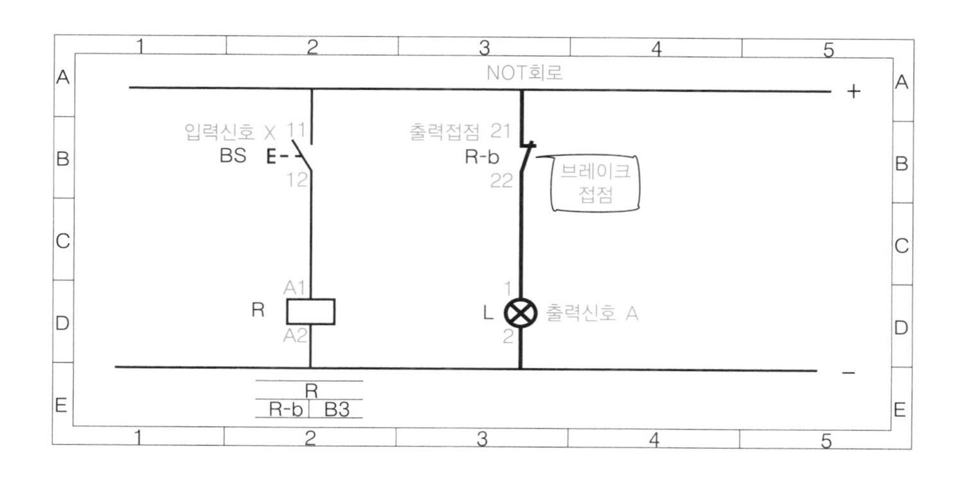

62 NAND 회로 -논리곱부정 회로-

모든 입력신호가 "1"일 때 출력신호가 "0"이 된다

NAND회로란 AND회로의 출력을 반전시킨 논리회로입니다. 예를 들어 두 입력신호 X1, X2가 존재할 때, X1과 X2 모두 "1"일 때에만 출력신호 A가 "0"이 되는 회로를 말합니다.

- AND와 NOT을 조합한 회로에서 AND를 부정하는 기능을 가지고 있으므로 AND 앞에 N을 붙여서 "NAND회로" 또는 "논리곱부정 회로"라고도 합니다.

전자 릴레이에 의한 NAND회로는 전자 릴레이 R1의 메이크 접점 R1-m과 전자 릴레이 R2의 메이크 접점 R2-m을 입력접점으로 하여 직렬(AND회로)로 연결하여, 전자 릴레이 R3의 코일에 접속합니다. 그리고 전자 릴레이 R3의 브레이크 접점(NOT회로)을 출력접점으로 합니다.

NAND회로의 동작표와 타임 차트 | 논리기호

NAND회로의 동작표

입력신호	X1	0	1	0	1
	X2	0	0	1	1
출력신호	A	1	1	1	0

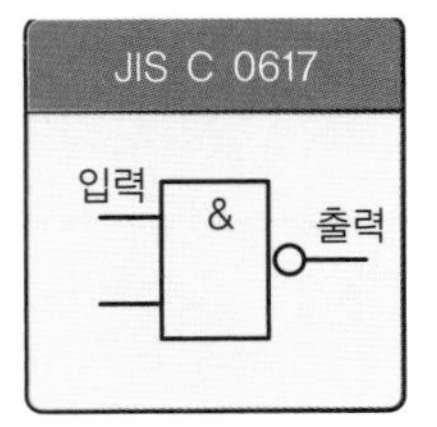

타임 차트

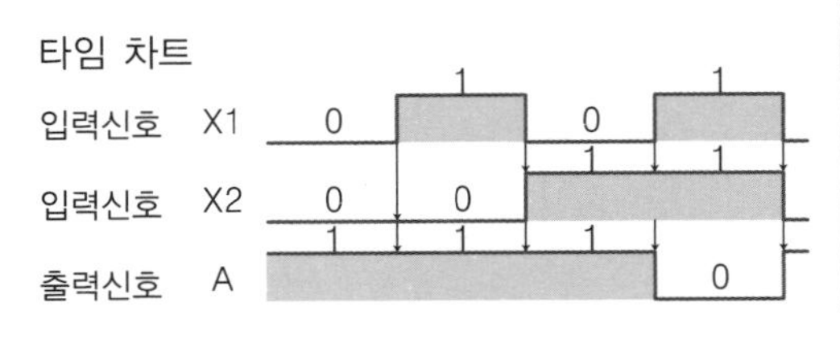

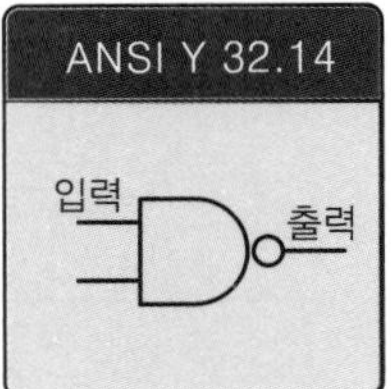

NAND 회로의 실체배선도 · 시퀀스도

NAND회로의 실체배선도 -예-

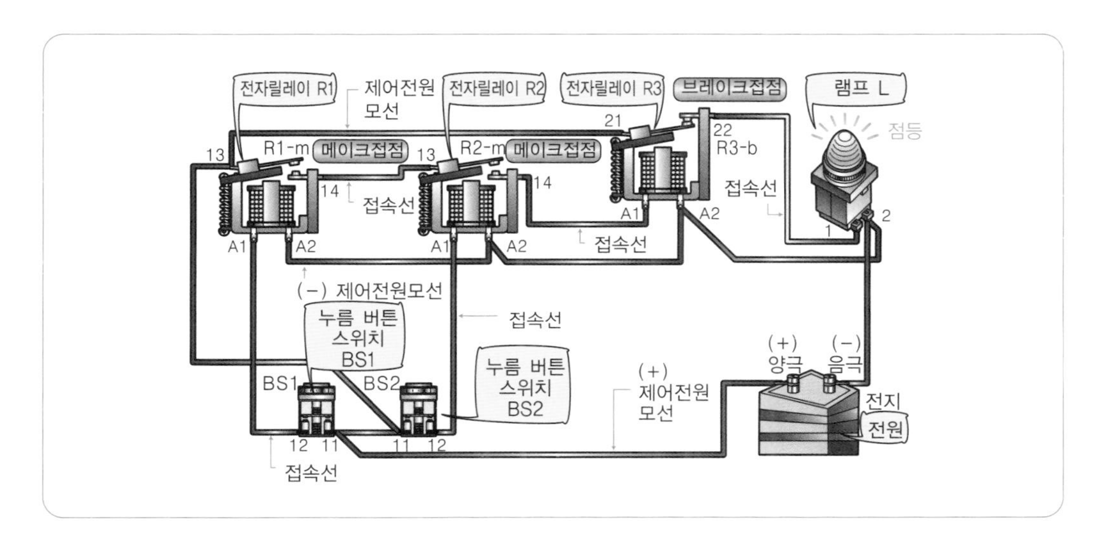

NAND회로의 시퀀스도 -예-

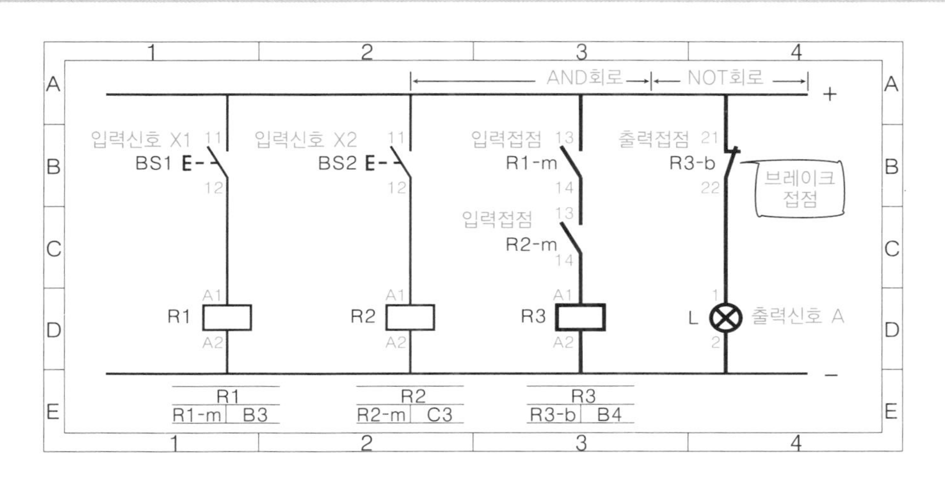

63 NAND 회로의 동작

입력신호 X1 "0" · X2 "1" ···· 출력신호 A "1"

두 개의 입력신호로 누름 버튼 스위치 BS1 (X1) · BS2 (X2)를 가지는 전자 릴레이에 의한 NAND회로에는 신호를 입력하는 방법이 4가지가 있지만, 그 중 두 가지만 예를 들어 설명하겠습니다.

누름 버튼 스위치 BS2만을 눌렀을 경우(X2 "1")

- 누름버튼 스위치 BS1을 누르지 않으면(입력신호 X1 "0"), 전자 릴레이 R1의 코일에 전류가 흐르지 않아 복귀하며, 메이크 접점 R1-m은 열려 있게 됩니다.
- 누름버튼 스위치 BS2를 누르면(입력신호 X2 "1"), 전자 릴레이 R2의 코일에 전류가 흘러 동작하고, 메이크 접점 R2-m이 닫힙니다.
- 메이크 접점 R1-m이 열려 있기 때문에, 전자 릴레이 R3은 복귀상태이고, 브레이크 접점 R3-m이 닫히므로 램프 L은 점등(출력신호 A "1")합니다.

입력신호 X1 "1" · X2 "1".... 출력신호 A "0"

버튼 스위치 BS1 (X1) · BS2 (X2)를 모두 누르는("1") 경우

순서
① BS1을 누르면(입력신호 X1 "1") 메이크 접점 BS1이 닫힙니다.
② 메이크 접점 BS1이 닫히면 전자 릴레이 R1이 동작합니다.
③ BS2를 누르면(입력신호 X2 "1") 메이크 접점 BS2가 닫힙니다.
④ 메이크 접점 BS2가 닫히면 전자 릴레이 R2가 동작합니다.
⑤ 전자 릴레이 R1이 동작하면 메이크 접점 R1-m이 닫힙니다.
⑥ 전자 릴레이 R2가 동작하면 메이크 접점 R2-m이 닫힙니다.
⑦ 메이크 접점 R1-m, R2-m이 닫히기 때문에 전자 릴레이 R3이 동작합니다.
⑧ 전자 릴레이 R3이 동작하면 브레이크 접점 R3-b가 열립니다.
⑨ 브레이크 접점 R3-b가 열리므로 램프 L은 소등(출력신호 A "0")합니다.

NAND 회로의 동작도 실제 예

입력신호 X1 "0"· X2 "1", 출력신호 A "1"의 동작도

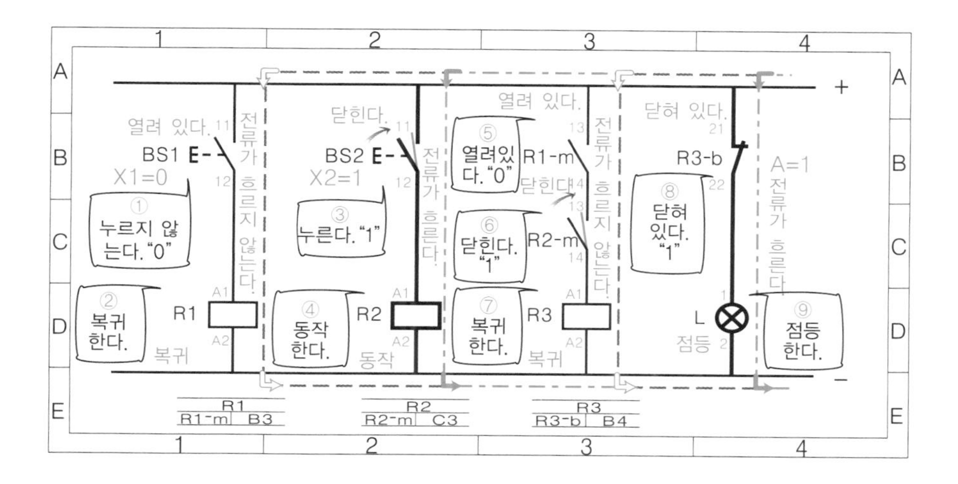

입력신호 X1 "1" · X2 "1", 출력신호 A "0"의 동작도

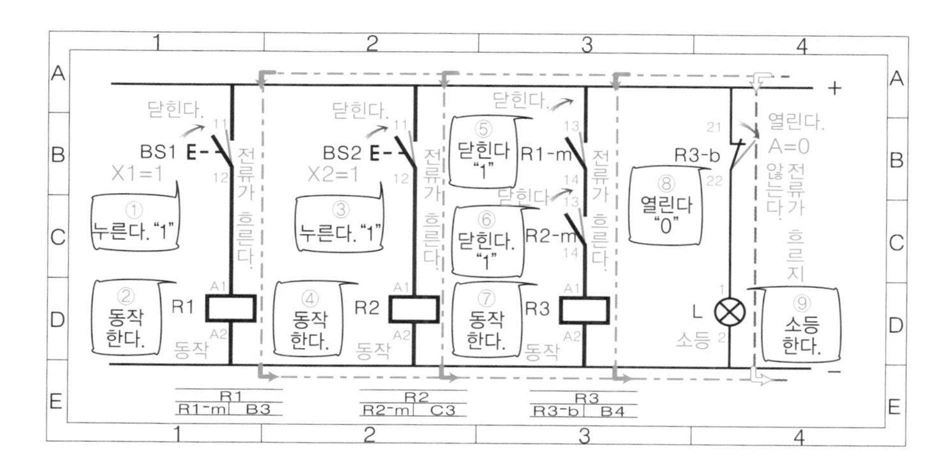

NOR 회로 -논리합부정 회로-

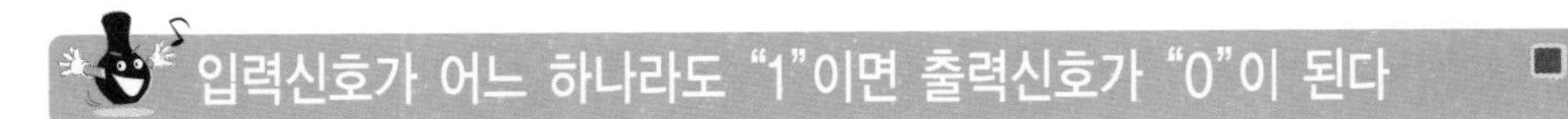

입력신호가 어느 하나라도 "1"이면 출력신호가 "0"이 된다

□ NOR 회로란 OR 회로의 출력을 반전시키는 것으로, 예를 들면 두 개의 입력신호 X1, X2가 존재할 때 X1 또는 X2 중 어느 한쪽 혹은 양쪽 모두가 "1"일 때 출력신호 A가 "0"이 되는 회로를 말합니다.

- OR와 NOT를 조합한 회로로 OR를 부정하는 기능을 가지고 있으므로 OR 앞에 N을 붙여 "NOR 회로" 또는 "논리합부정 회로"라고도 합니다.

□ **전자 릴레이에 의한 NOR회로는** 입력접점으로서 전자 릴레이 R1의 메이크 접점 R1-m과 전자 릴레이 R2의 메이크 접점 R2-m을 병렬(OR 회로)로 하여 전자 릴레이 R3의 코일에 접속합니다. 그리고 전자 릴레이 R3의 브레이크 접점(NOT 회로)을 출력접점으로 합니다.

NOR 회로의 동작표와 타임 차트 | 논리기호

NOR회로의 동작표					
입력신호	X1	0	1	0	1
	X2	0	0	1	1
출력신호	A	1	0	0	0

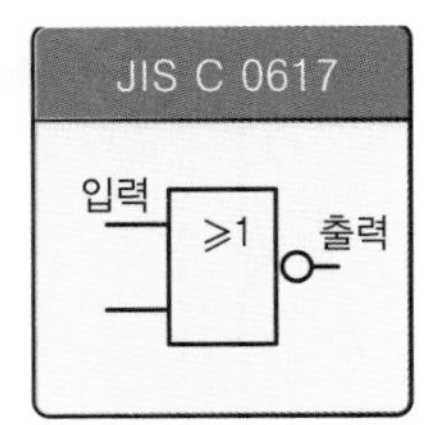

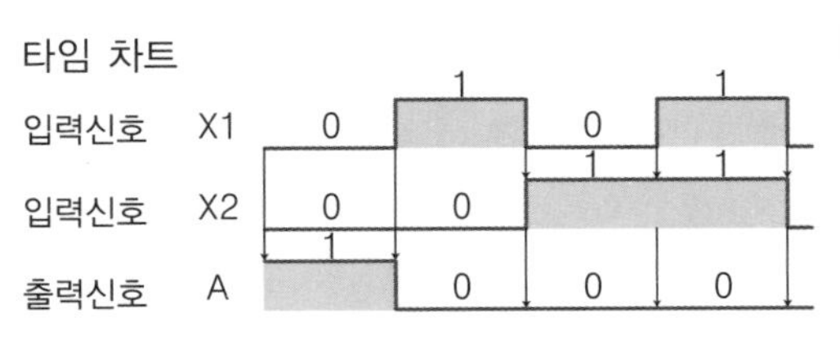

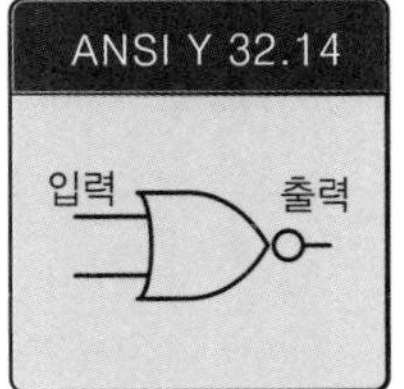

NOR 회로의 실체배선도 · 시퀀스도

NOR 회로의 실체배선도 -예-

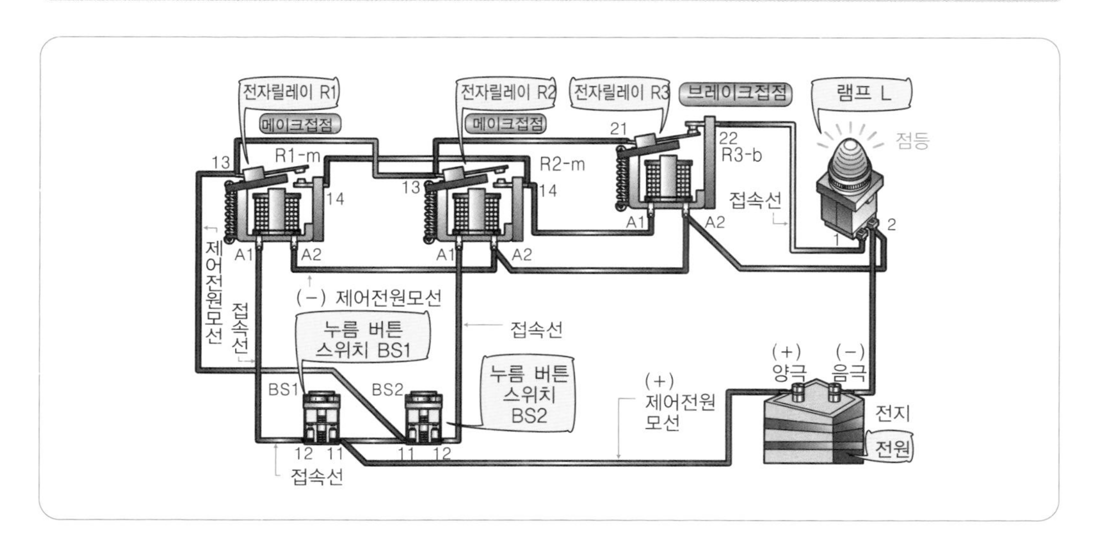

NOR 회로의 시퀀스도 -예-

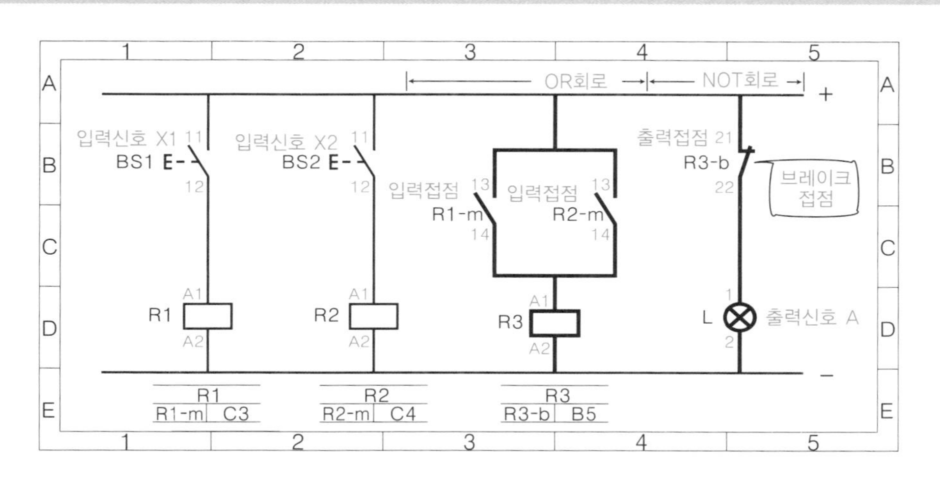

65 NOR 회로의 동작

입력신호 X1 "0"· X2 "1" ···· 출력신호 A "0"

- 두 개의 입력신호로 누름 버튼 스위치 BS1 (X1)·BS2 (X2)를 가지는 전자 릴레이에 의한 NOR 회로에는 신호를 입력하는 방법이 4가지가 있으나, 그 중 두 가지만 예로 들어 설명하겠습니다.

- 누름 버튼 스위치 BS2만 누른 경우(X2 "1")의 동작
  - 누름 버튼 스위치 BS1을 누르지 않으면(입력신호 X1 "0"), 전자 릴레이 R1은 복귀한 상태로, 메이크 접점 R1-m은 열려 있습니다.
  - 누름 버튼 스위치 BS2를 누르면(입력신호 X2 "1"), 전자 릴레이 R2의 코일에 전류가 흘러 동작하고, 메이크 접점 R2-m은 닫힙니다.
  - 메이크 접점 R2-m이 닫혀 있으면, 전자 릴레이 R3가 동작하고, 브레이크 접점 R3-b가 열려 램프 L은 소등(출력신호 A "0")합니다.

입력신호 X1 "1"· X2 "0" ···· 출력신호 A "0"

- 누름버튼 스위치 BS1만 누른 경우(X1 "1")의 동작

순서
① BS1을 누르면(입력신호 X1 "1") 메이크 접점 BS1이 닫힙니다.
② 메이크 접점 BS1이 닫히면 전자 릴레이 R1이 동작합니다.
③ BS2를 누르지 않으면(입력신호 X2 "0") 메이크 접점이 열립니다.
④ 메이크 접점 BS2가 열려 있으면 전자 릴레이 R2가 복귀합니다.
⑤ 전자 릴레이 R1이 동작하고 있으면 메이크 접점 R1-m이 닫힙니다.
⑥ 전자 릴레이 R2가 복귀해 있으면 메이크 접점 R2-m은 열려 있습니다.
⑦ 메이크 접점 R1-m이 닫혀 있으므로 전자 릴레이 R3이 동작합니다.
⑧ 전자 릴레이 R3이 동작하면 브레이크 접점 R3-b가 열립니다.
⑨ 브레이크 접점 R3-b가 열린 상태이므로 램프 L은 소등(출력신호 A "0")합니다.

NOR 회로의 동작도 실제 예

입력신호 X1 "0"· X2 "1", 출력신호 A "0"의 동작도

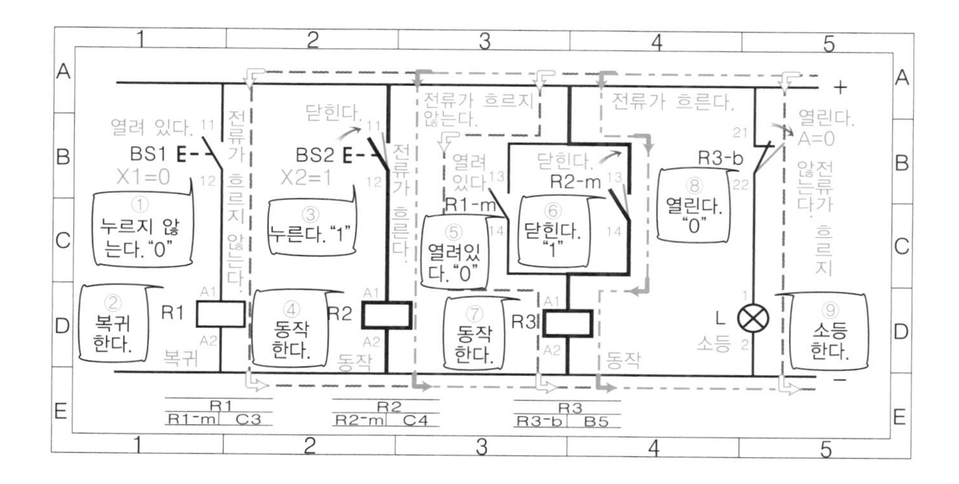

입력신호 X1 "1" · X2 "0", 출력신호 A "0"의 동작도

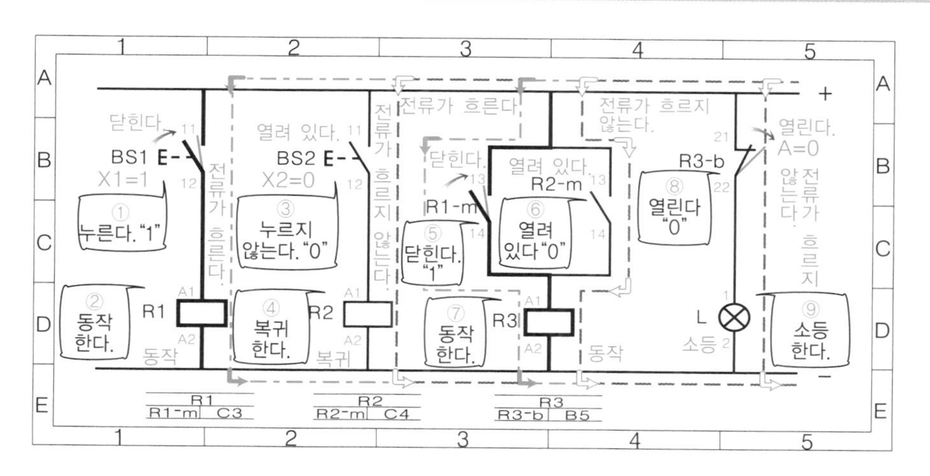

66 논리기호의 표기법

	기 능	JIS C 0617-12	ANSI Y 32.14	
1	AND 논리곱	X1, X2, &, A	X1, X2, A	1.0, 0.4R, 0.8, 0.6
2	OR 논리합	X1, X2, ≥1, A	X1, X2, A	1.0, 0.8R, 0.8R, 0.8, 0.3
3	NOT 논리부정	X, 1, A	X, A	0.7, 0.7, 0.7, 0.15
4	NAND 논리곱부정	X1, X2, &, A	X1, X2, A	1.0, 0.4R, 0.8, 0.6, 0.15
5	NOR 논리합부정	X1, X2, ≥1, A	X1, X2, A	1.0, 0.8R, 0.8R, 0.8, 0.3, 0.15
6	지연	X, t_1, t_2, A	X, A	1.0, 0.17R

제 8 장

기억해 두면 편리한 기본회로

67 금지회로

금지입력신호가 "1"일 때 출력신호는 "0" 이 된다

- **금지회로**란 AND회로의 한 입력에 금지입력으로 NOT 회로를 조합하여, 이 금지입력이 "1"일 때 다른 입력이 "1"이더라도 출력이 "0"이 되는 회로를 말합니다.

- 금지회로는 전자 릴레이 X1의 메이크 접점 X1-m과 전자 릴레이 X2의 브레이크 접점 X2-b를 직렬로 하여 전자 릴레이 A의 코일에 접속하고, 그 메이크 접점 A-m을 출력접점으로 합니다.

금지회로의 동작표					
입력신호	X1	0	1	0	1
금지입력신호	X2	0	0	1	1
출력신호	A	0	1	0	0

금지회로의 시퀀스도 -예-

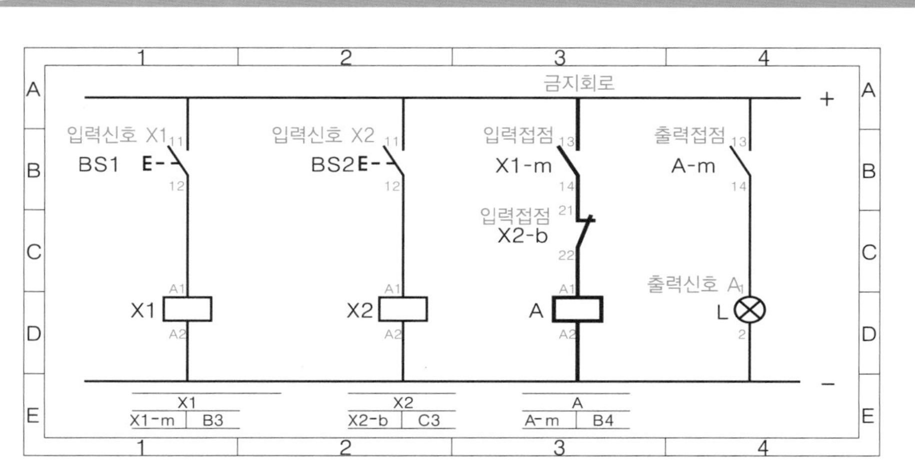

금지회로의 실체배선도

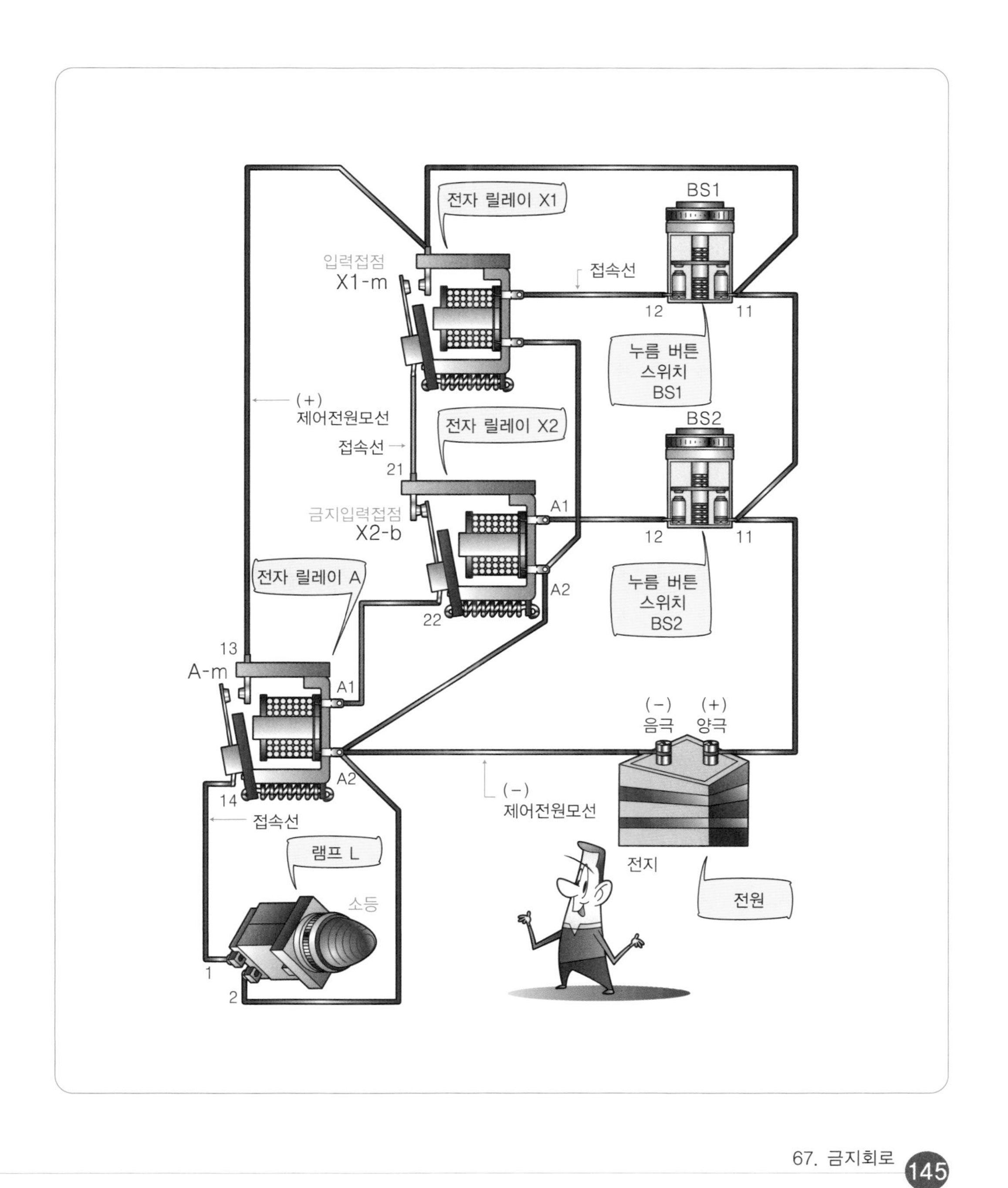

전자 릴레이 X1
BS1
입력접점
X1-m
접속선
12
11
누름 버튼
스위치
BS1
(+)
제어전원모선
전자 릴레이 X2
BS2
접속선
21
금지입력접점
X2-b
A1
12
11
A2
전자 릴레이 A
22
누름 버튼
스위치
BS2
13
A-m
A1
(−)
음극
(+)
양극
A2
14
(−)
제어전원모선
접속선
램프 L
소등
전지
전원
1
2

68 금지회로의 동작

입력신호 X1 "1" · 금지입력신호 X2 "0" ··· 출력신호 A "1"

- 입력신호 X1이 "1"이고, 금지입력신호 X2가 "0"일 때만 출력신호 A가 "1"이 됩니다.
  - 누름 버튼 스위치 BS1을 누르면(입력신호 X1 "1"), 전자 릴레이 X1의 코일에 전류가 흘러 동작하고, 메이크 접점 X1-m이 닫힙니다.
  - 누름 버튼 스위치 BS2를 누르지 않으면(금지입력신호 X2 "0"), 전자 릴레이 X2의 코일에 전류가 흐르지 않아 브레이크 접점 X2-b가 복귀한 상태로 닫혀 있습니다.
  - 메이크 접점 X1-m과 브레이크 접점 X2-b가 모두 닫혀 있으므로, 전자 릴레이 A의 코일에 전류가 흘러 동작하고, 메이크 접점 A-m이 닫힙니다.
  - 메이크 접점 A-m이 닫혀 램프 L이 점등(출력신호 A "1")합니다.

입력신호 X1 "1" · 금지입력신호 X2 "1" ··· 출력신호 A "0"

- 입력신호 X1이 "1"이더라도 금지입력신호 X2가 "1"일 때 출력신호 A가 "0"이 됩니다(금지입력신호 X2가 우선).
  - 누름 버튼 스위치 BS1을 누르면(입력신호 X1 "1"), 전자 릴레이 X1의 코일에 전류가 흘러 동작하고, 메이크 접점 X1-m이 닫힙니다.
  - 누름 버튼 스위치 BS2를 누르면(금지입력신호 X2 "1"), 전자 릴레이 X2의 코일에 전류가 흘러 동작하고 브레이크 접점 X2-b가 열립니다.
  - 메이크 접점 X1-m이 닫혀 있더라도 브레이크 접점 X2-b가 열려 있기 때문에 전자 릴레이 A의 코일에 전류가 흐르지 못해 복귀하고, 메이크 접점 A-m이 열립니다.
  - 메이크 접점 A-m의 열림으로써 램프 L은 소등(출력신호 A "0")합니다.

금지회로의 동작도 실제 예

입력신호 X1 "1" · 금지입력신호 X2 "0", 출력신호 A "1"의 동작도

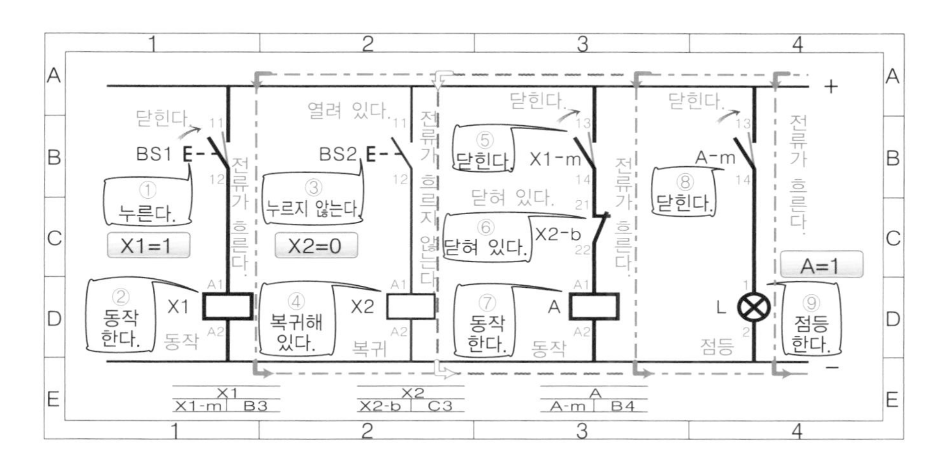

입력신호 X1 "1" · 금지입력신호 X2 "1", 출력신호 A "0"의 동작도

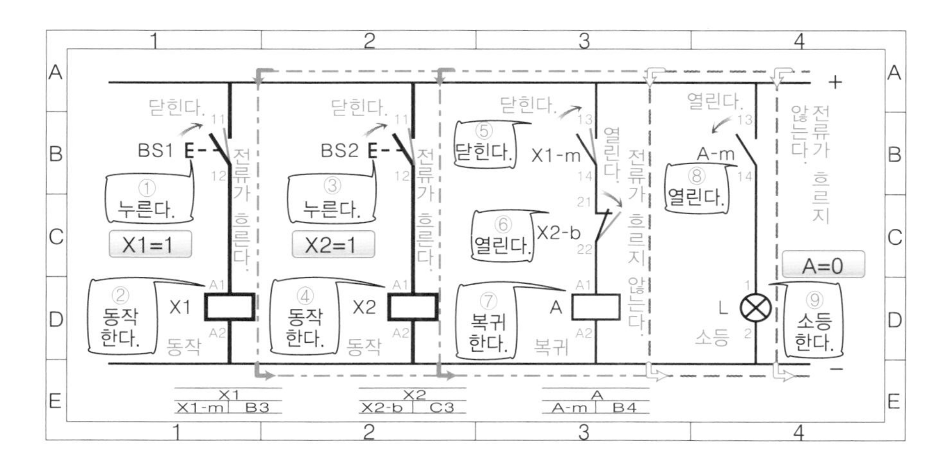

69 자기유지회로

세트(시동) 신호를 제거해도 동작을 유지한다

- **자기유지회로**란 세트(시동) 신호로 얻어진 출력신호 자신에 의해 동작회로를 만든 후에 세트(시동) 신호를 제거해도 동작을 계속 지속시켜 리셋(정지) 신호를 부여해 복귀하는 회로를 말합니다.

- 자기유지회로는 브레이크 접점을 가지는 리셋(정지)용 누름 버튼 스위치 BS2와 메이크 접점을 가지는 세트(시동)용 누름 버튼 스위치 BS1을 직렬로 하여 전자 릴레이 X의 코일에 접속합니다. 그리고 BS1과 병렬로 하여 전자 릴레이 자신의 메이크 접점 X-m_1을 접속합니다.
  - 자기유지회로에서는 누른 손을 떼면 버튼 스위치가 열려 버리기 때문에 전자 릴레이를 자신의 접점으로 동작을 유지하기 위해 사용합니다.

자기유지회로의 시퀀스도 -예-

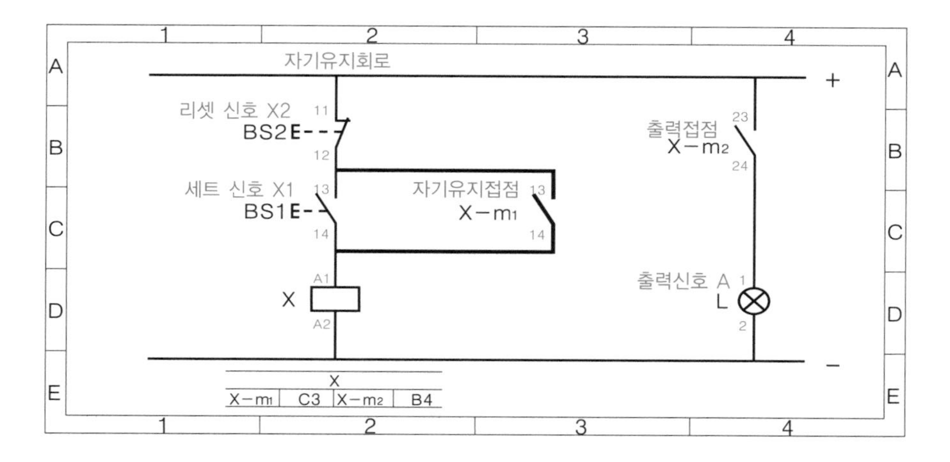

자기유지회로의 실체배선도

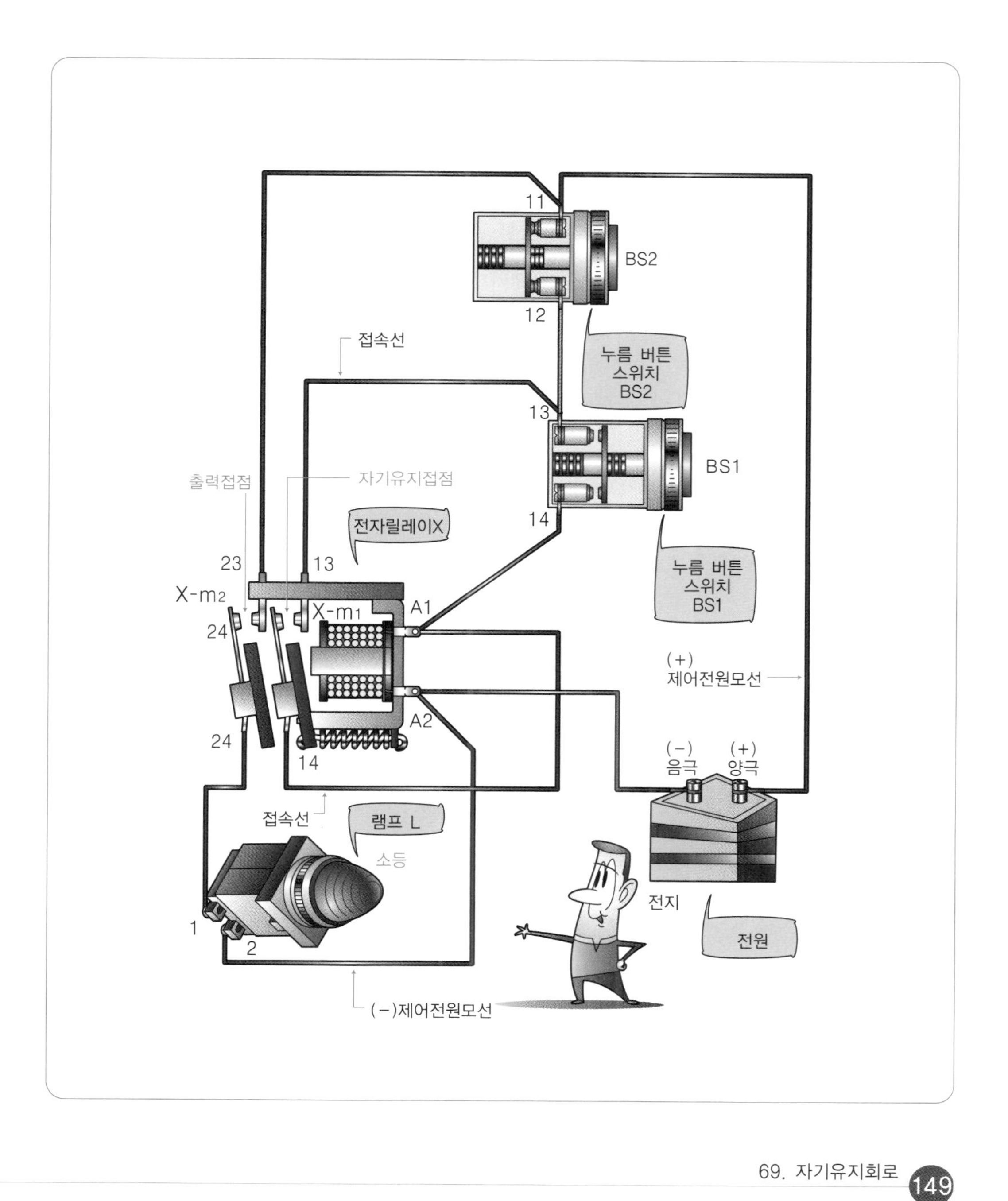

70 자기유지회로의 동작

세트신호 X1 "1"· 리셋신호 X2 "0" ···· 출력신호 A "1"

- 세트신호 X1이 "1"일 때 출력신호 A가 "1"이 되고, 세트신호 X1을 "0"으로 하더라도 출력신호 A는 "1"을 유지합니다.
  - 누름 버튼 스위치 BS1을 누르면(세트신호 X1 "1") 메이크 접점 BS1이 닫히고, 전자 릴레이 X의 코일에 전류가 흘러 동작합니다.
  - 전자 릴레이 X가 동작하면, 자기유지접점 X-m_1이 닫히고 코일 X에 전류를 흘려보냅니다.
  - 전자 릴레이 X가 동작하면, 출력접점 X-m_2가 닫히고 램프 L에 전류가 흘러 점등(출력신호 A "1")합니다.
  - 버튼 BS1을 누른 손을 떼어도(세트신호 X1 "0"), 자기유지접점 X-m_1에 의한 전류에 의해 동작을 유지합니다("자기 유지한다"고 한다).

세트신호 X1 "0"· 리셋신호 X2 "1" ···· 출력신호 A "0"

- 리셋신호 X2를 "1"로 하면 출력신호A는 "0"이 되고, 리셋신호 X2를 "0"으로 하더라도 출력신호 A는 "0"을 유지합니다.
  - 누름 버튼 스위치 BS2를 누르면(리셋신호 X2 "1") 브레이크 접점 BS2가 열리고, 전자 릴레이 X의 코일에 전류가 흐르지 못해 복귀합니다.
  - 전자 릴레이 X가 복귀하면 자기유지접점 X-m_1과 출력접점 X-m_2가 열리기 때문에 램프 L에 전류가 흐르지 못하고 소등(출력신호 A "0")합니다.
  - 버튼 BS2를 누른 손을 떼면(리셋신호 X2 "0"), 전자 릴레이 X는 복귀를 유지합니다("자기유지를 해제한다"고 한다).

자기유지회로의 동작도 실제 예

세트신호 X1 "1" · 리셋신호 X2 "0", 출력신호 A "1"의 동작도

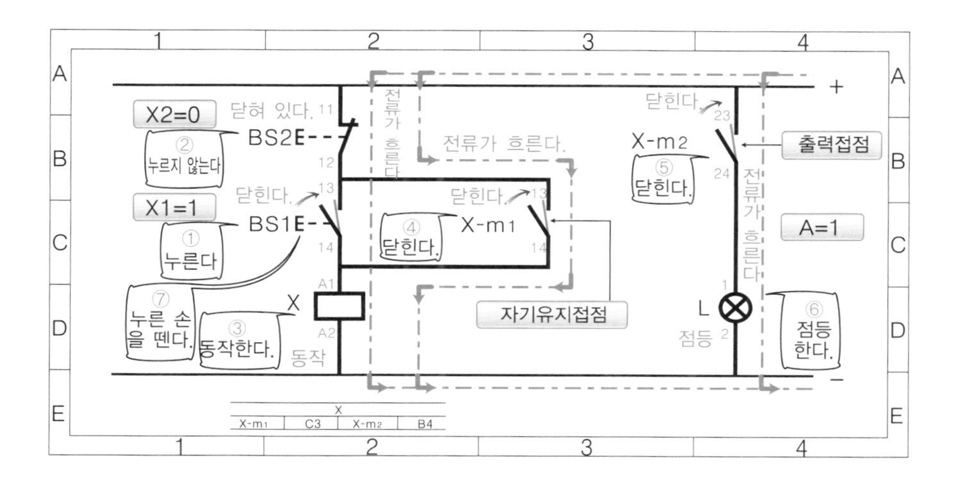

세트신호 X1 "0" · 리셋신호 X2 "1", 출력신호 A "0"의 동작도

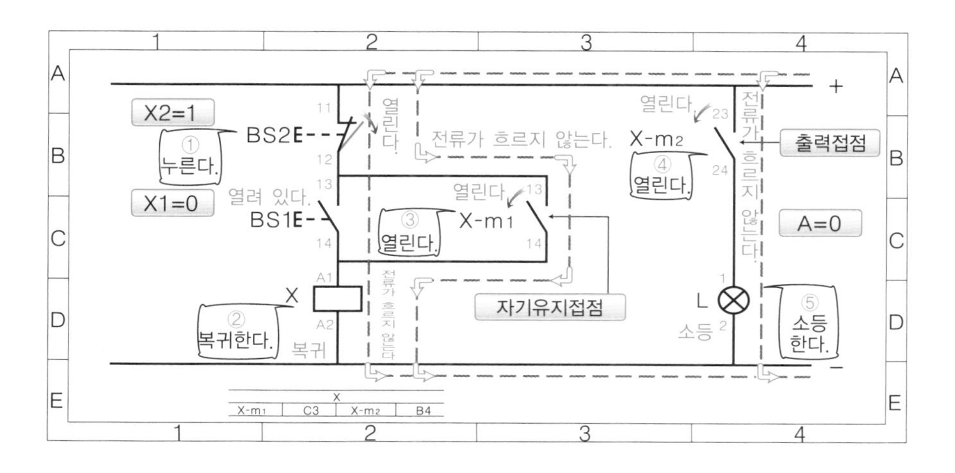

71 인터로크 회로

선행동작을 우선하고, 상대동작을 금지한다

- **인터로크 회로**란 기기의 동작 상태를 나타내는 접점을 사용하여 상호 연관된 기기의 동작을 서로 구속하는 회로를 말하며, 주로 기기의 보호와 조작자의 안전을 목적으로 하고 있습니다.
  - 인터로크 회로는 두 개의 입력 가운데 먼저 동작한 쪽을 우선하고, 다른 쪽의 동작을 금지하는 것에서 **"선행동작 우선회로"** 또는 **"상대동작 금지회로"**라고도 합니다.

- **전자 릴레이 접점에 의한 인터로크 회로**는 전자 릴레이 X1의 코일과 직렬로 하여 전자 릴레이 X2의 브레이크 접점 X2-b와 누름 버튼 스위치 BS1을 접속합니다. 또한, 전자 릴레이 X2의 코일과 직렬로 하여 전자 릴레이 X1의 브레이크 접점 X1-b와 누름 버튼 스위치 BS2를 접속합니다.

인터로크 회로의 시퀀스도 -예-

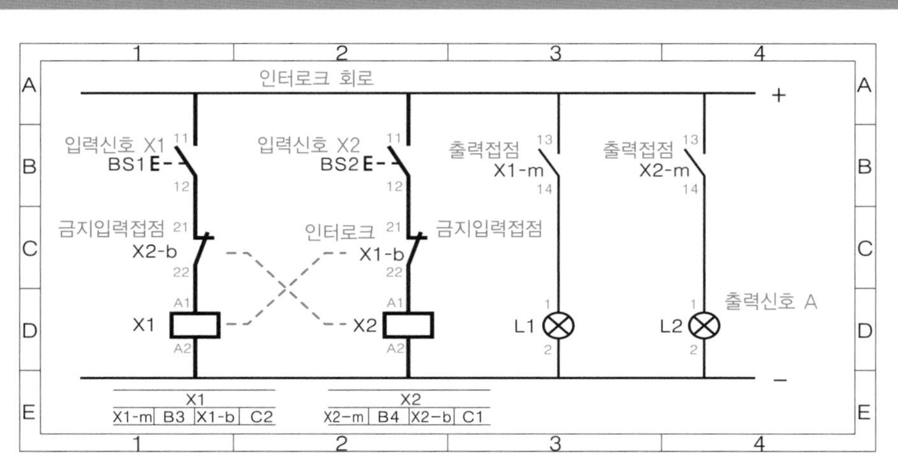

인터로크 회로의 실체배선도

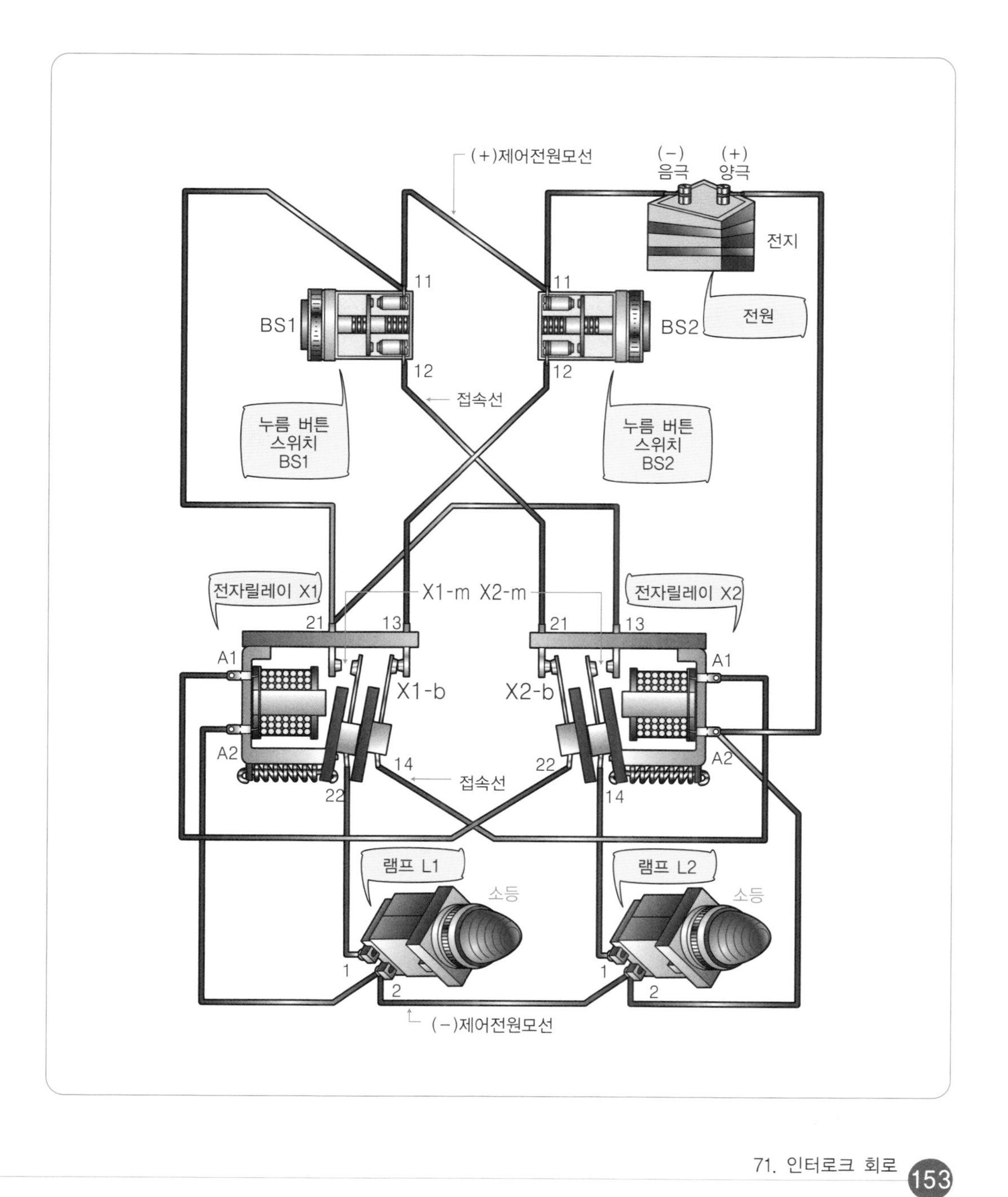

72 인터로크 회로의 동작

전자 릴레이 X1의 동작이 선행할 때의 동작

- 전자 릴레이 X1이 먼저 동작하면 나중에 전자 릴레이 X2에 입력신호를 넣더라도 인터로크되어 동작하지 않습니다.
  - 누름 버튼 스위치 BS1을 누르면, 메이크 접점 BS1이 닫히고, 전자 릴레이 X1의 코일에 전류가 흘러 동작합니다.
  - 전자 릴레이 X1이 동작하면 브레이크 접점 X1-b가 열리고, 메이크 접점 X1-m이 닫힙니다.
  - 메이크 접점 X1-m이 닫히면 램프 L1에 전류가 흐르고 점등(출력신호 "1")합니다.
  - 나중에 누름 버튼 스위치 BS2를 닫더라도 브레이크 접점 X1-b가 열려 있기 때문에 전자 릴레이 X2는 동작하지 않습니다(인터로크된다).

전자 릴레이 X2의 동작이 선행했을 때의 동작

- 전자 릴레이 X2가 먼저 동작하면 나중에 전자 릴레이 X1에 입력신호를 넣더라도 인터로크 되어 동작하지 않습니다.
  - 누름 버튼 스위치 BS2를 누르면 메이크 접점 BS2가 닫히고, 전자 릴레이 X2의 코일에 전류가 흘러 동작합니다.
  - 전자 릴레이 X2가 동작하면 브레이크 접점 X2-b가 열리고, 메이크 접점 X2-m이 닫힙니다.
  - 메이크 접점 X2-m이 닫히면 램프 L2에 전류가 흘러 점등(출력신호 "1")합니다.
  - 나중에 누름 버튼 스위치 BS1을 닫더라도 브레이크 접점 X2-b가 열려 있으므로 전자 릴레이 X1은 동작하지 않습니다(인터로크된다).

인터로크 회로의 동작도 실제 예

BS1을 먼저 누르고, BS2를 누른다 ··· 출력신호 A "1" · B "0"

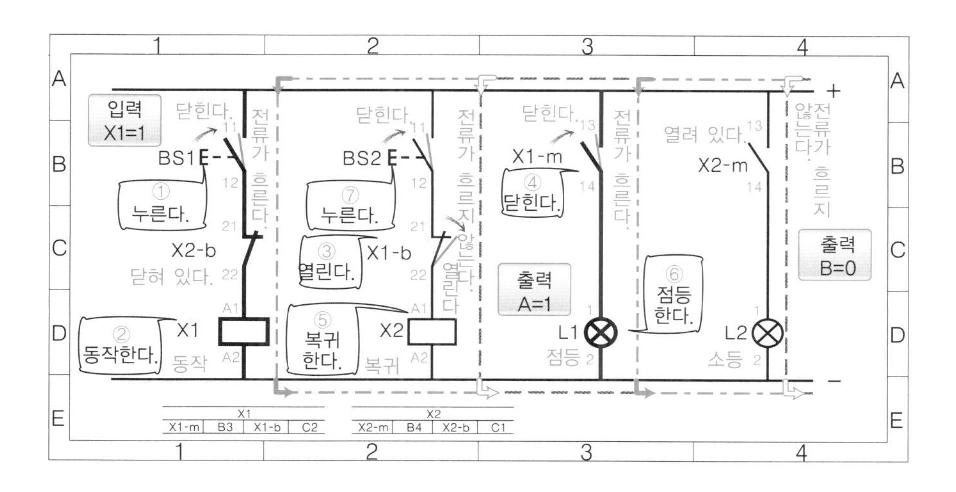

BS2를 먼저 누르고, BS1을 누른다 ··· 출력신호 A "0" · B "1"

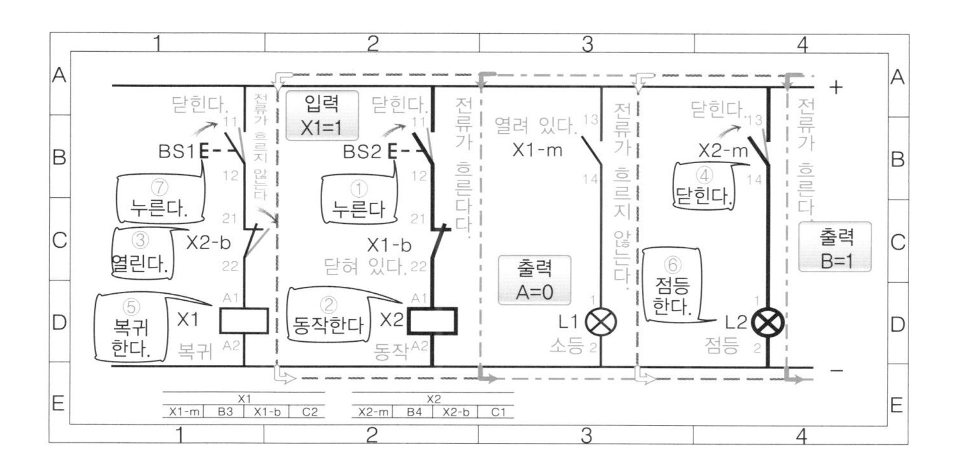

73 배타적 OR 회로

두 개의 입력신호가 상이하면 출력신호는 「1」이 된다

- **배타적 OR회로**란 두 입력신호가 "1"이나 "0"처럼 서로 다른 상태에 있을 때에만 출력신호가 "1"이 되는 회로를 말하며, **"반(反)일치 회로"**라고도 합니다.
  - 배타적 OR회로는 두 입력신호가 모두 "1"일 때 출력신호가 "0"이 된다는 점이 OR회로와 다릅니다.

- **전자 릴레이에 의한 배타적 OR회로**는 입력접점으로 전자 릴레이 X1의 메이크 접점 X1-m과 전자 릴레이 X2의 브레이크 접점 X2-b를 직렬로 연결합니다. 또한 브레이크 접점 X1-b와 메이크 접점 X2-m을 직렬로 연결합니다. 그리고 이 두 직렬회로를 병렬로 하여, 전자 릴레이 A의 코일에 접속하고 메이크 접점 A-m을 출력접점으로 합니다.

배타적 OR회로의 시퀀스도 -예-

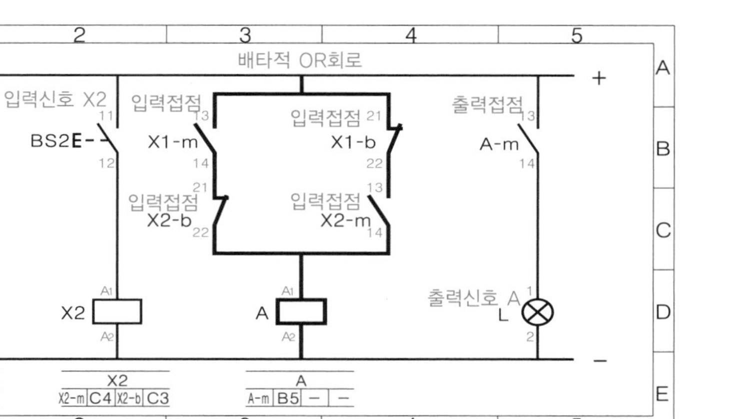

배타적 OR회로의 실체배선도

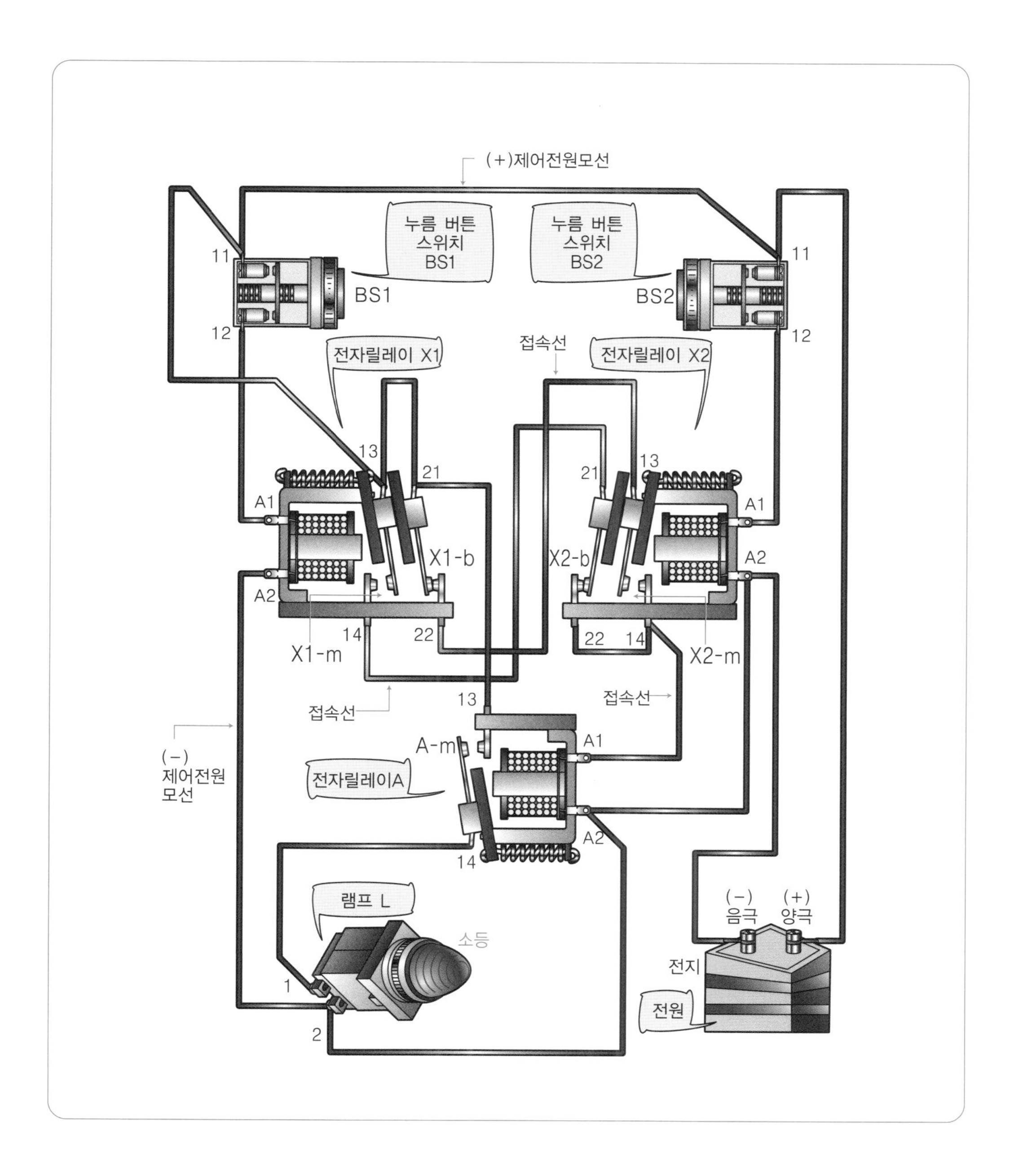

74 배타적 OR회로의 동작

입력신호 반(反)일치 X1 "1"·X2 "0" … 출력신호 A "1"

- 입력신호 X1 "1", 입력신호 X2 "0"처럼 입력신호가 일치하지 않을 때, 출력신호 A는 "1"이 됩니다.
  - 누름 버튼 스위치 BS1을 누르면(입력신호 X1 "1") 전자 릴레이 X1이 동작하여, 메이크 접점 X1-m은 닫히고, 브레이크 접점 X1-b는 열립니다.
  - 누름 버튼 스위치 BS2를 누르지 않으면(입력신호 X2 "0"), 전자 릴레이 X2가 복귀한 상태로 메이크 접점 X2-m은 열려 있고, 브레이크 접점 X2-b는 닫혀 있습니다.
  - 메이크 접점 X1-m과 브레이크 접점 X2-b가 닫혀 있으므로 전자 릴레이 A가 동작하여 메이크 접점 A-m은 닫힙니다.
  - 메이크 접점 A-m이 닫혀 있으므로 램프 L은 점등(출력신호 A "1")합니다.

입력신호 일치 X1 "1"·X2 "1" …. 출력신호 "0"

- 입력신호 X1"1", 입력신호 X2"1"처럼 입력신호가 일치할 때, 출력신호 A는 "0"이 됩니다.
  - 누름 버튼 스위치 BS1을 누르면(입력신호 X1 "1") 전자 릴레이 X1이 동작하여 메이크 접점 X1-m은 닫히고, 브레이크 접점 X1-b는 열립니다.
  - 누름 버튼 스위치 BS2를 누르면(입력신호 X2 "1") 전자 릴레이 X2가 동작하여 메이크 접점 X2-m은 닫히고, 브레이크 접점 X2-b는 열립니다.
  - 브레이크 접점 X1-b와 X2-b가 열려 있으므로 양쪽 회로 모두에서 전자 릴레이 A의 코일로 전류가 흐르지 못하여 전자 릴레이 A는 복귀하고, 메이크 접점 A-m은 열립니다.
  - 메이크 접점 A-m이 열려 있으므로 램프 L은 소등(출력신호 A "0")합니다.

배타적 OR 회로의 동작도 실제 예

입력신호 반(反)일치 X1 "1"· X2 "0"의 동작도

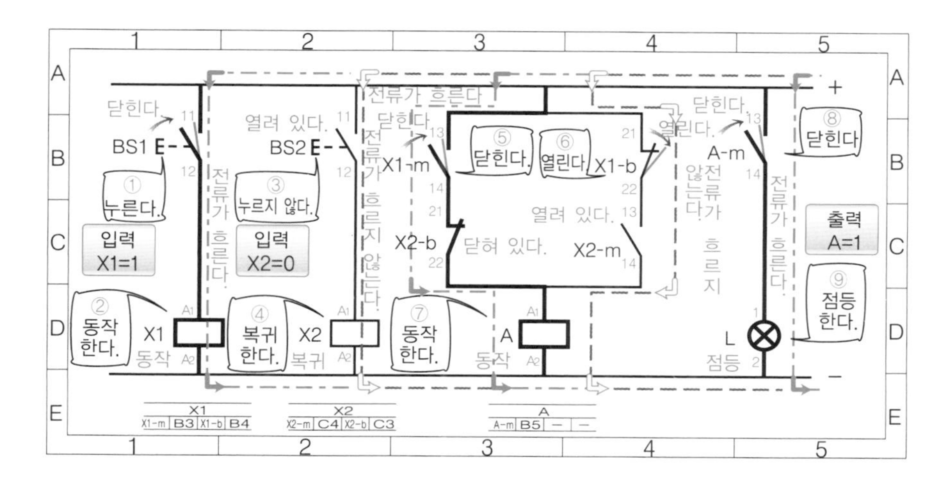

입력신호 반(反)일치 X1 "1" · X2 "1"의 동작도

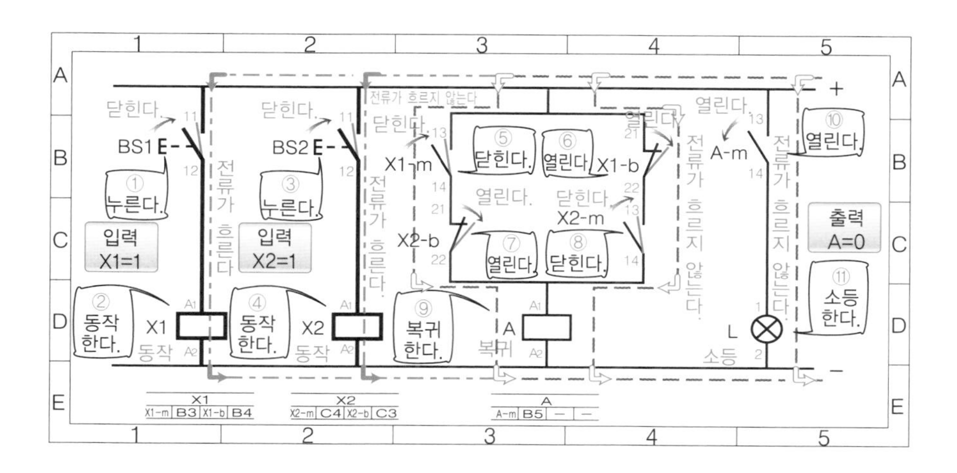

75 일치회로

두 입력신호가 일치하면 출력신호는 "1"이 된다

- **일치회로**란 두 입력신호가 모두 들어오는 경우("1") 또는 모두 들어오지 않는 경우("0") 처럼 양쪽의 신호가 일치할 때에만 출력신호가 "1"이 되는 회로를 말합니다.
  - 일치회로는 피제어체로부터의 신호와 설정 쪽의 신호가 일치했을 때에만 다음 단계의 조작과 지정된 명령 제어를 수행하는 경우 등에 사용됩니다.

- **전자 릴레이에 의한 일치회로**는 입력접점으로 전자 릴레이 X1의 메이크 접점 X1-m과 전자 릴레이 X2의 메이크 접점 X2-m을 직렬로 연결합니다. 또한 브레이크 접점 X1-b와 브레이크 접점 X2-b를 직렬로 연결합니다. 그리고 이 두 직렬회로를 병렬로 하여 전자 릴레이 A의 코일에 접속하고, 메이크 접점 A-m을 출력접점으로 합니다.

일치회로의 시퀀스도 -예-

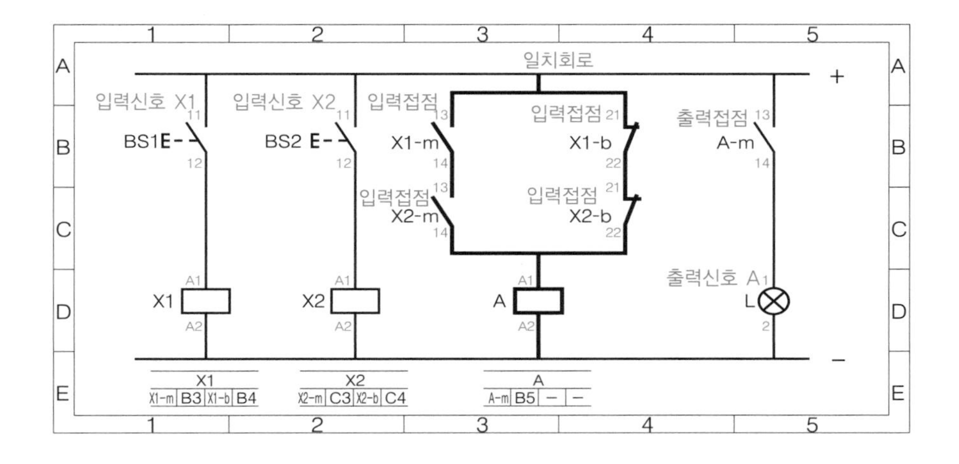

일치회로의 실체배선도

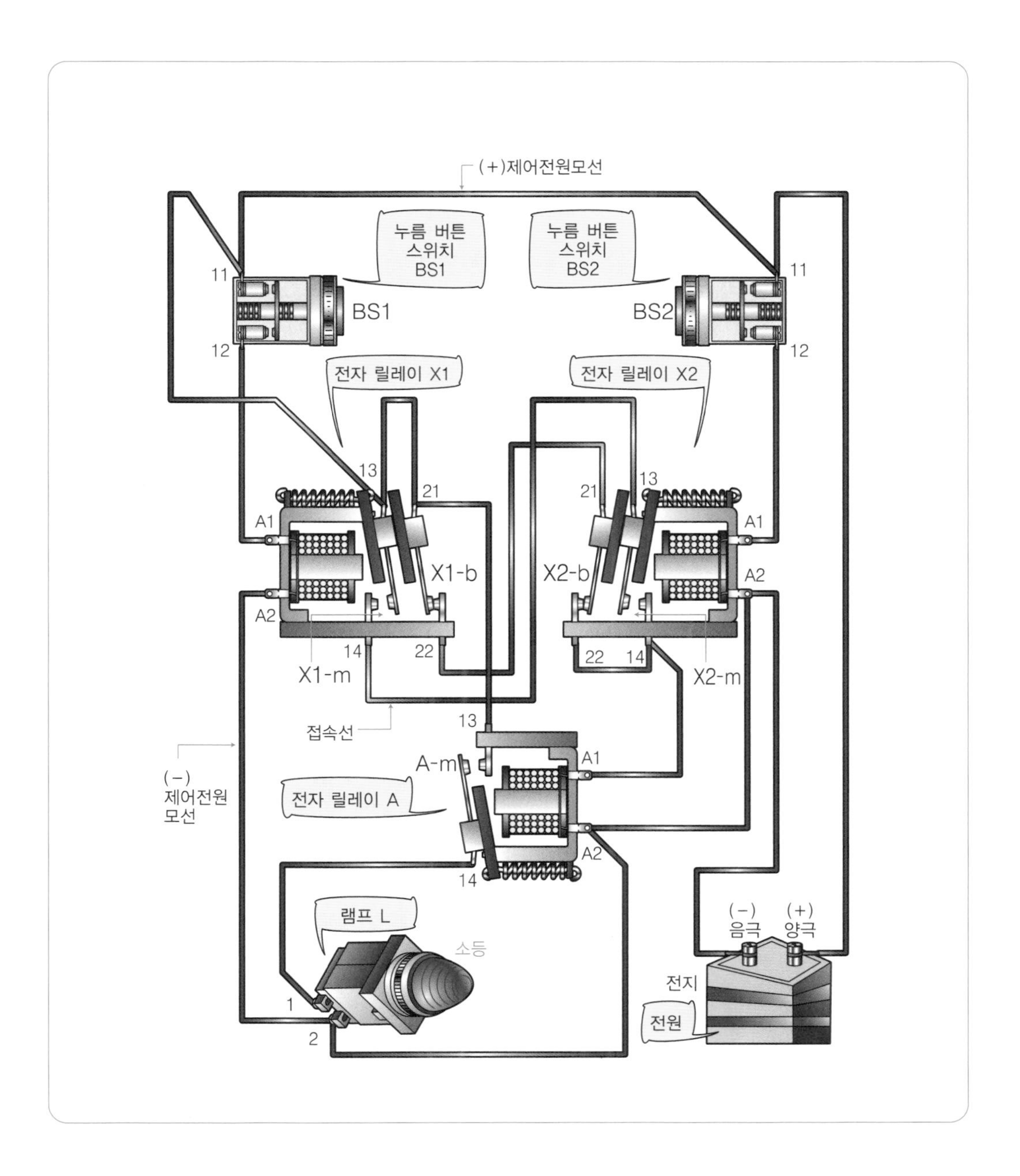

(+)제어전원모선
누름 버튼 스위치 BS1
누름 버튼 스위치 BS2
11
12
BS1
BS2
11
12
전자 릴레이 X1
전자 릴레이 X2
13
21
21
13
A1
A1
X1-b
X2-b
A2
A2
14
22
22
14
X1-m
X2-m
접속선
13
A-m
A1
(−) 제어전원 모선
전자 릴레이 A
A2
14
램프 L
소등
(−) 음극
(+) 양극
전지
전원
1
2

76 일치회로의 동작

입력신호 반(反)일치 X1 "0"·X2 "1" … 출력신호 A "0"

- 입력신호 X1 "0", 입력신호 X2 "1"처럼 입력신호가 일치하지 않을 때는 출력신호 A가 "0"이 됩니다.
  - 누름 버튼 스위치 BS1을 누르지 않으면(입력신호 X1 "0"), 전자 릴레이 X1이 복귀한 상태이며 메이크 접점 X1-m은 열려 있고, 브레이크 접점 X1-b는 닫혀 있습니다.
  - 누름 버튼 스위치 BS2를 누르면(입력신호 X2 "1") 전자 릴레이 X2가 동작하여 메이크 접점 X2-m은 닫히고, 브레이크 접점 X2-b는 열립니다.
  - 메이크 접점 X1-m과 브레이크 접점 X2-b가 열려 있으므로 양쪽 회로 모두에서 전자 릴레이 A의 코일로 전류가 흐르지 못해 복귀하며 메이크 접점 A-m이 열리고, 램프 L은 소등(출력신호 "0")합니다.

입력신호 일치 X1 "1"·X2 "1" … 출력신호 A "1"

- 입력신호 X1 "1", 입력신호 X2 "1"처럼 입력신호가 일치하면 출력신호 A가 "1"이 됩니다.
  - 누름 버튼 스위치 BS1을 누르면(입력신호 X1 "1") 전자 릴레이 X1이 동작하여 메이크 접점 X1-m은 닫히고, 브레이크 접점 X1-b는 열립니다.
  - 누름 버튼 스위치 BS2를 누르면(입력신호 X2 "1") 전자 릴레이 X2가 동작하여 메이크 접점 X2-m은 닫히고, 브레이크 접점 X2-b는 열립니다.
  - 메이크 접점 X1-m과 메이크 접점 X2-m이 모두 닫혀 있으므로 전자 릴레이 A의 코일에 전류가 흐르고, 전자 릴레이 A가 동작합니다.
  - 전자 릴레이 A가 동작하면 메이크 접점 A-m이 닫히고, 램프 L에 전류가 흘러 점등(출력신호 A "1")합니다.

일치신호의 동작도 실제 예

입력신호 반(反)일치 X1 "0" · X2 "1"의 동작도

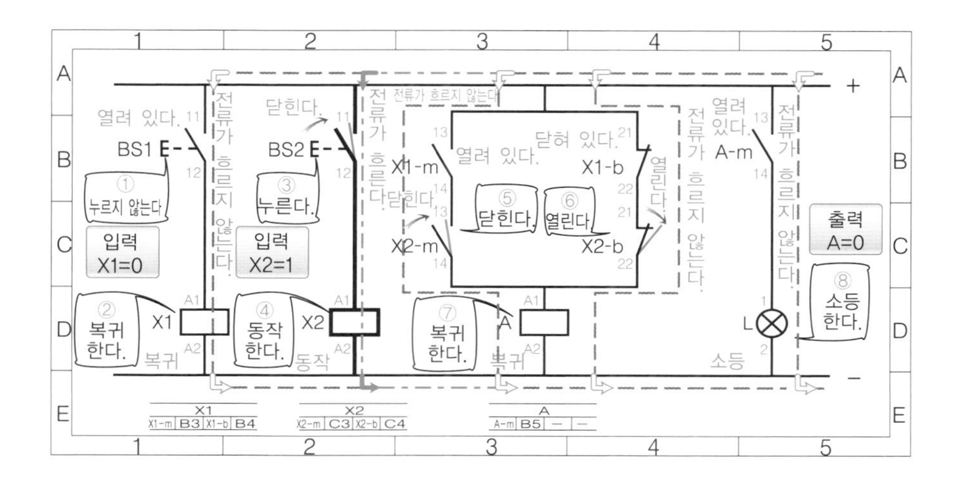

입력신호 일치 X1 "1"· X2 "1"의 동작도

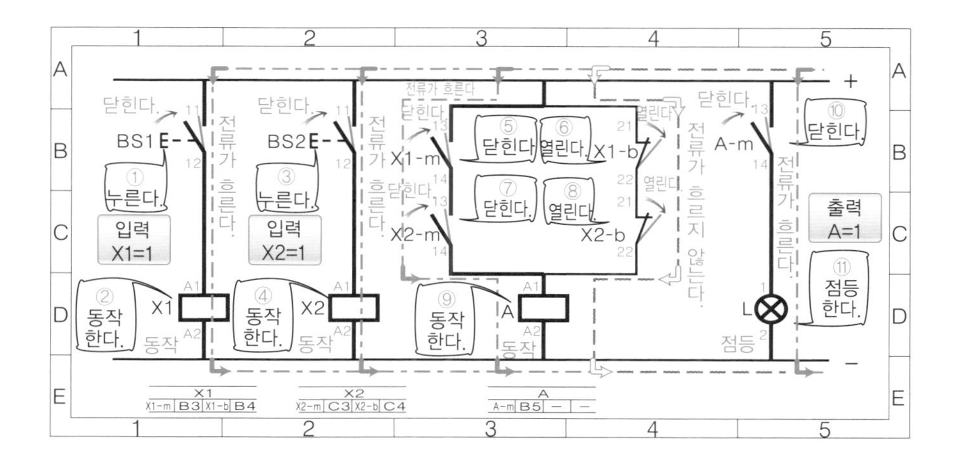

순서시동회로

입력신호의 순서에 관계없이 정해진 순서로 시동한다

- **순서시동회로**란 많은 장치로 들어가는 입력신호의 순서에 관계없이 반드시 전원에 대해 우선순위가 높은 No.1, No.2, No.3····의 순서로 동작하는 회로를 말합니다.
  - 순서시동회로는 복수의 기계, 설비가 기능 면에서 전기적, 기계적으로 연관되어 있을 때 이 기계, 설비들을 정해진 순서대로 시동할 때 사용합니다.

- No.1, No.2라는 두 입력신호를 가지는 순서시동회로는 다음과 같습니다.
  - No.1 전자 릴레이 X1의 자기유지회로의 자기유지접점 X1-m의 부하 측에서 No.2 전자 릴레이 X2의 자기유지회로의 전원을 취해 직렬로 접속합니다.

순서시동회로의 시퀀스도 -예 : 2 입력신호의 경우 -

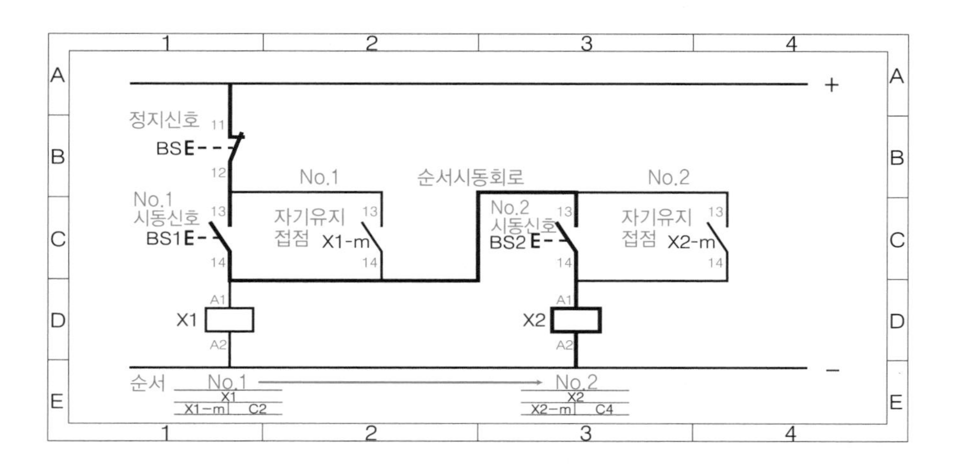

순서시동회로의 시퀀스도

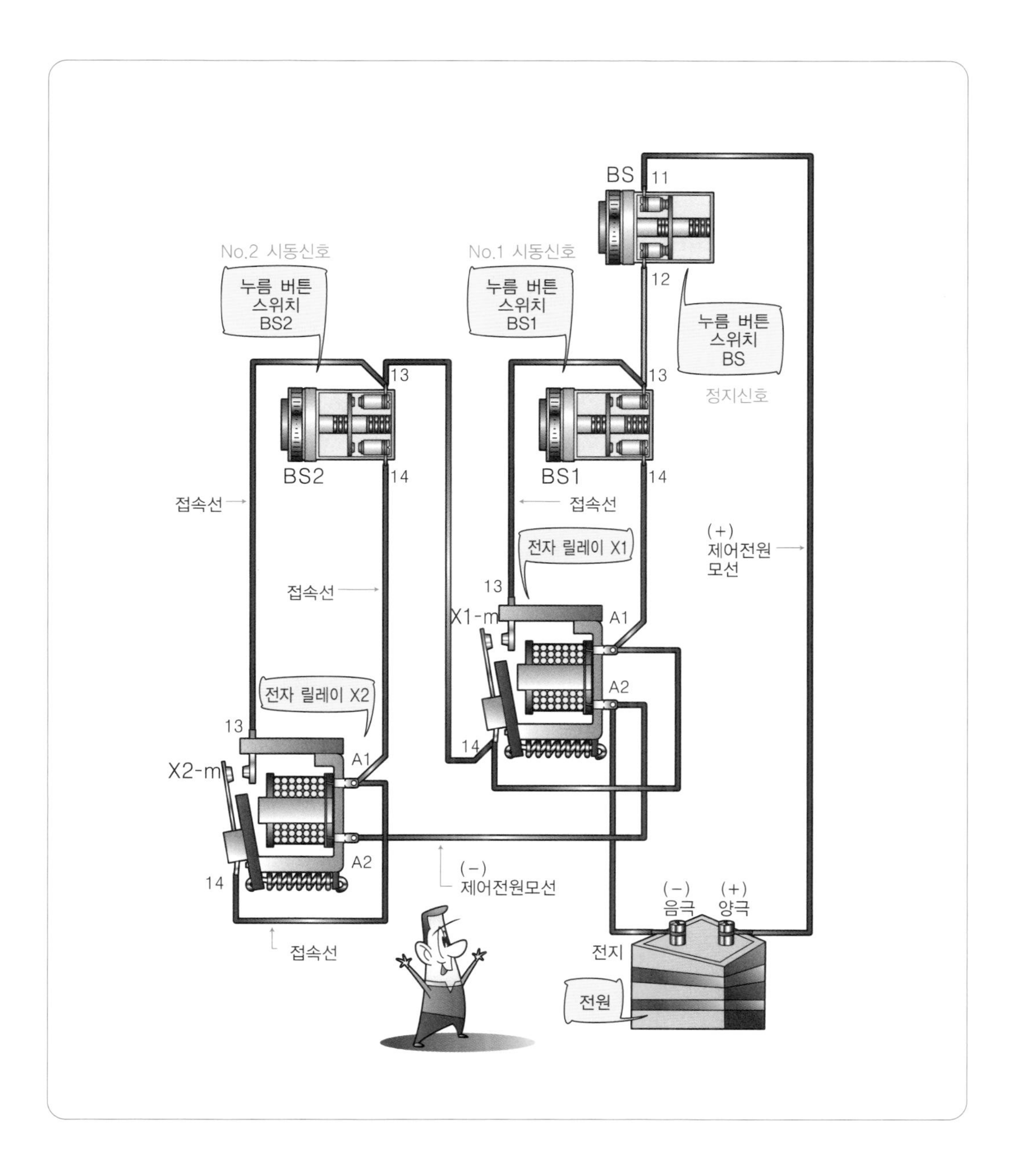

78 순서시동회로의 동작

No.2, No.1의 순으로 입력신호 "1" ···· No.2 동작하지 않음

- 먼저 No.2 입력신호 X2를 "1"로 하더라도 No.2 출력신호는 "0"으로 나중에 No.1 입력신호 X1을 "1"로 하면 No.1 출력신호는 "1"이 됩니다.
  - 누름 버튼 스위치 BS2를 눌러도(No.2 입력신호 X2 "1"), 누름버튼 스위치 BS1 및 전자 릴레이 X1의 메이크 접점 X1-m이 열려 있기 때문에 전자 릴레이 X2의 코일에 전류가 흐르지 않아 동작하지 않습니다(No.2 출력신호 "0").
  - 누름 버튼 스위치 BS1을 누르면(No.1 입력신호 X1 "1"), 전자 릴레이 X1의 코일에 전류가 흘러 동작(No.1 출력신호 "1")하고, 메이크 접점 X1-m이 닫혀 자기유지를 합니다.

No.1, No.2 순으로 입력신호 "1" ···· No.1, No.2 순으로 동작

- 먼저 No.1 입력신호 X1을 "1"로 하면 No.1 출력신호는 "1"이 되고, 나중에 No.2 입력신호 X2를 "1"로 하면 No.2 출력신호도 "1"이 됩니다(순서시동한다).
  - 누름 버튼 스위치 BS1을 누르면(No.1 입력신호 X1 "1") 전자 릴레이 X1의 코일에 전류가 흘러 동작(No.1 출력신호 "1")하고, 메이크 접점 X1-m이 닫히며 자기 유지합니다.
  - 누름 버튼 스위치 BS2를 누르면(No.2 입력신호 X2 "1") 전자 릴레이 X1의 메이크 접점 X1-m이 닫혀 있기 때문에 전자 릴레이 X2의 코일에 전류가 흘러 동작(No.2 출력신호 "1")하고, 메이크 접점 X2-m이 닫히며 자기 유지합니다.

순서시동회로의 동작도 실제 예

먼저 No.2 입력신호 X2 "1"을 입력할 때의 동작도

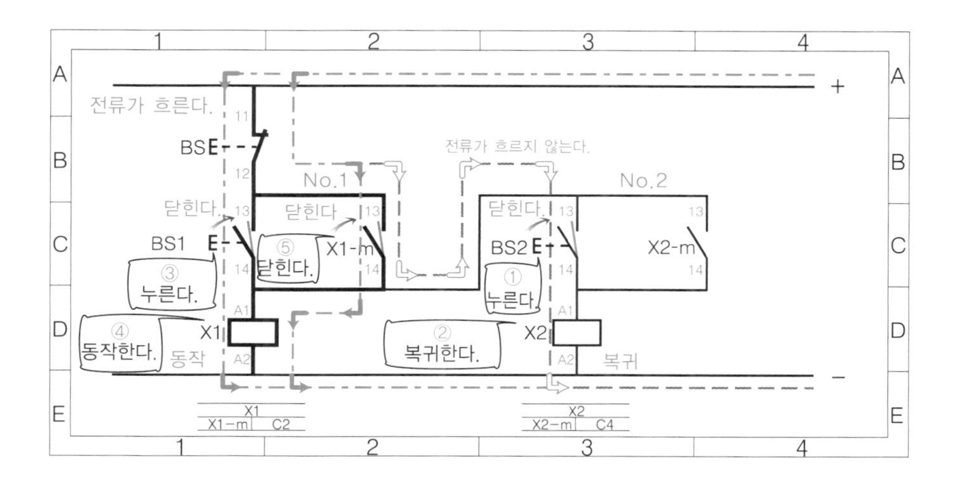

먼저 No.1 입력신호 X1 "1"을 입력할 때의 동작도

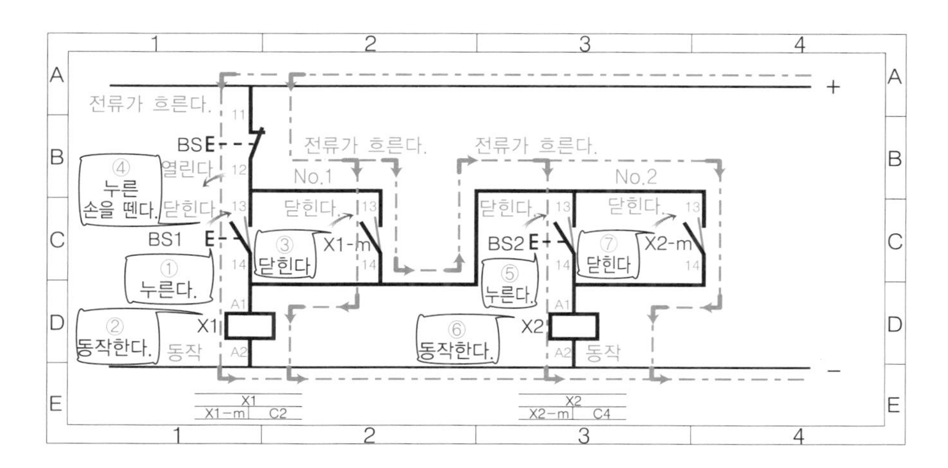

79 전원측 우선회로

전원에 가까운 입력신호만 우선하고, 출력신호가 "1"이 된다

- **전원측 우선회로**란 많은 장치 중 전원에 가깝게 접속되어 있는 장치가 우선 동작하고, 그 다음의 우선순위가 낮은 장치는 입력신호를 넣어도 동작하지 않고 로크(lock)가 되는 회로를 말합니다.

- No.1, No.2, No.3의 세 가지 입력신호를 가지는 전원측 우선회로는 다음과 같습니다.
  - 전자 릴레이의 코일을 전원 쪽에서 차례로 X1, X2, X3와 접속하고, 각각 브레이크 접점을 (+)제어전원모선에 차례로 접속합니다.
  - 우선순위가 가장 낮은 전자 릴레이 X3은 전자 릴레이 X1 및 X2가 복귀해 있을 때에만 동작합니다. 또한 전자 릴레이 X2는 전자 릴레이 X1이 복귀해 있을 때 동작합니다.

전원측 우선회로의 시퀀스도 -예-

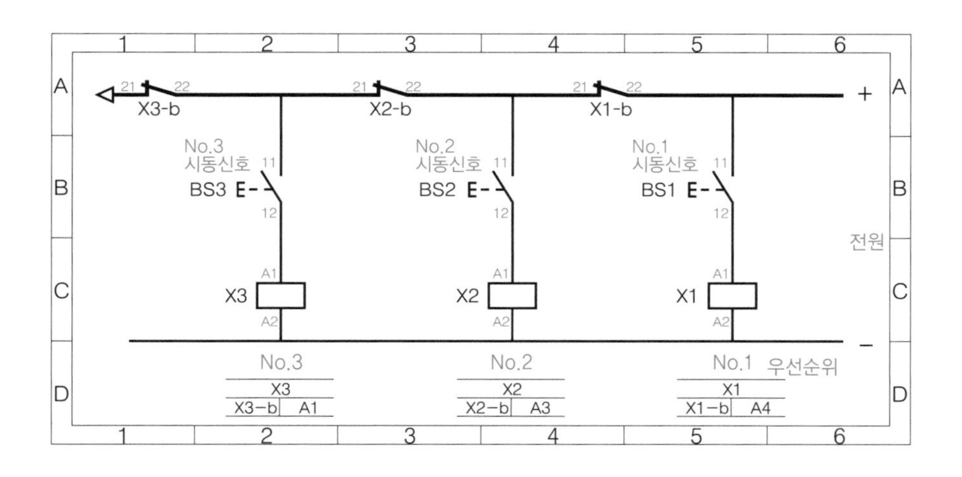

전원측 우선회로의 실체배선도

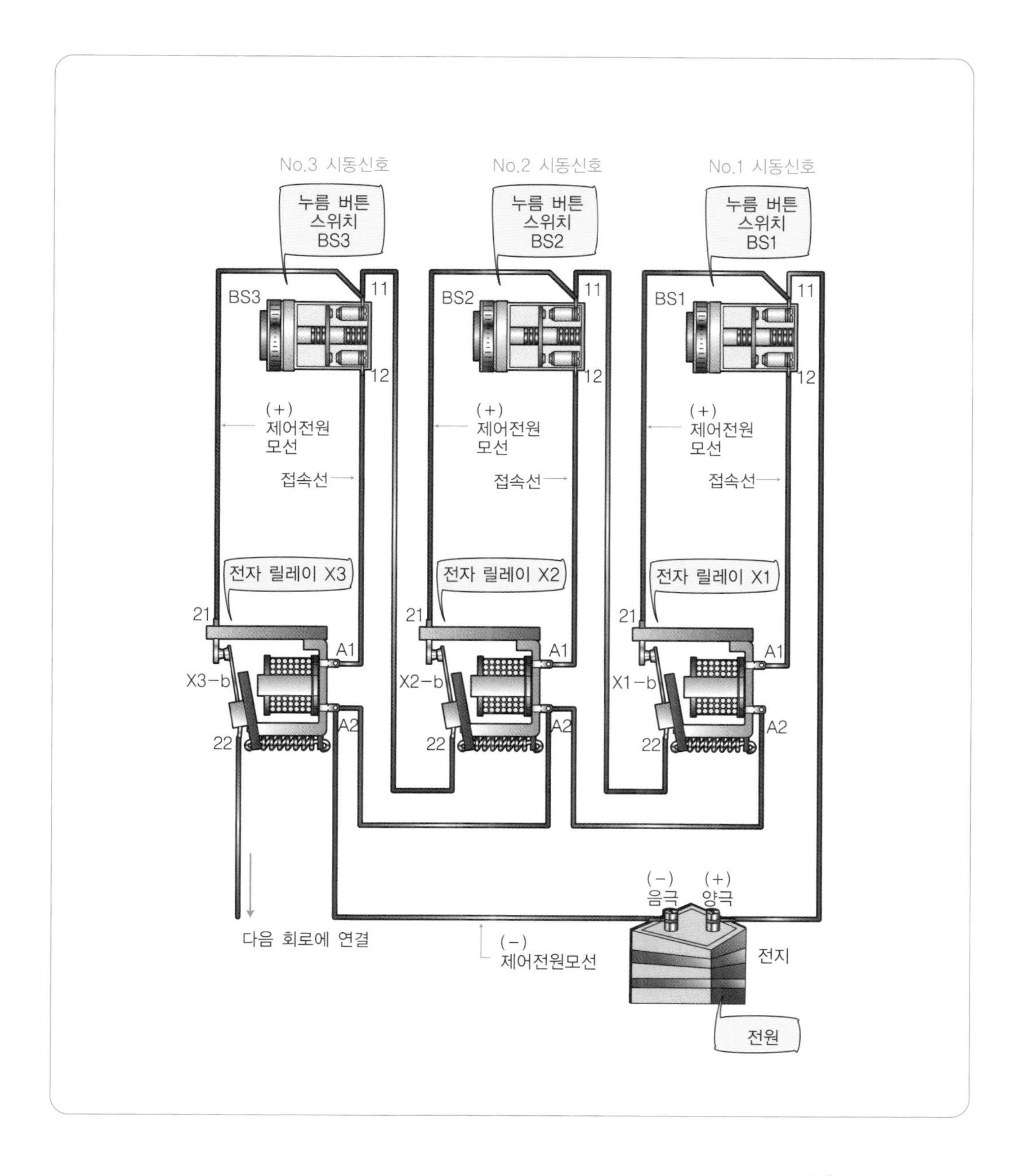

80 전원측 우선회로의 동작

우선순위 No.3은 No.2 입력이 "1"이 되면 출력이 "0"이 된다

- 우선순위 No.3은 No.2, No.1의 입력이 "0"일 때에만 출력이 "1"이 됩니다.
  - 우선순위 No.2의 입력이 "1"이 되면 No.2의 출력이 "1"이 되고 No.3의 출력은 "0"이 되어 No.2만 우선하여 동작합니다.

- 제일 먼저 누름 버튼 스위치 BS3을 누르면(No.3 입력신호 "1") 전자 릴레이 X3가 동작합니다(No.3 출력신호 "1").
  - 다음에 누름 버튼 스위치 BS2를 누르면(No.2 입력신호 "1") 전자 릴레이 X2가 동작합니다(No.2 출력신호 "1").
  - 전자릴레이 X2가 동작하면 브레이크 접점 X2-b가 열리고, 전자 릴레이 X3의 코일에 전류가 흐르지 않아 복귀합니다(No.3 출력신호 "0").

우선순위 No.2는 No.1 입력이 "1"이 되면 출력이 "0"이 된다

- 우선순위 No.2는 No.1 입력이 "0"일 때에만 출력이 "1"이 됩니다.
  - 우선순위 No.1의 입력이 "1"이 되면 No.1의 출력이 "1"이 되고 No.2 출력은 "0"이 되어, No.1만 우선하여 동작합니다.

- 제일 먼저 누름 버튼 스위치 BS2를 누르면(No.2 입력신호 "1") 전자 릴레이 X2가 동작합니다(No.2 출력신호 "1").
  - 다음으로 누름 버튼 스위치 BS1을 누르면(No.1 입력신호 "1") 전자 릴레이 X1이 동작합니다(No.1 출력신호 "1").
  - 전자 릴레이 X1이 동작하면 브레이크 접점 X1-b가 열리고, 전자 릴레이 X2의 코일에 전류가 흐르지 못해 복귀합니다(No.2 출력신호 "0").

전원측 우선회로의 동작 실제 예

No.3, No.2 순으로 입력신호를 "1"로 했을 때의 동작도

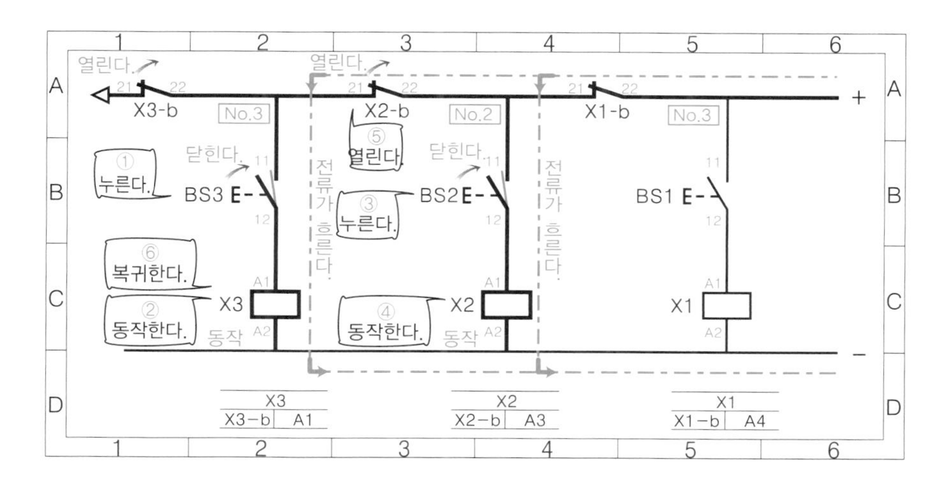

No.2, No.1 순으로 입력신호를 "1"로 했을 때의 동작도

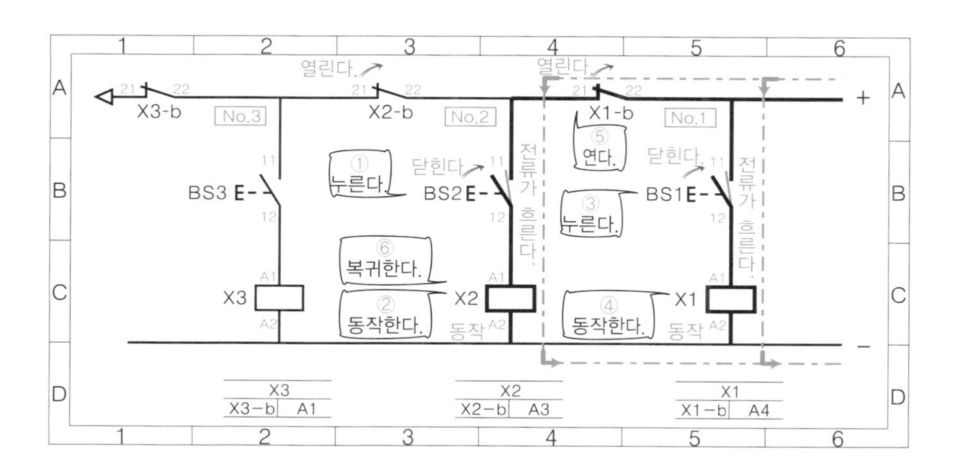

81 두 곳에서 조작하는 회로

두 곳에서 설비를 시동하고 정지한다

- **두 곳에서 조작하는 회로**란 한 가지 설비를 2개의 장소 중 아무 곳에서나 시동 · 정지할 수 있는 회로를 말합니다.
  - 한 가지 설비를 한 쪽에서 시동신호를 주어 시동하고, 다른 쪽에서 정지신호를 주어 정지하거나 또는 그 반대의 동작을 하는 회로를 말합니다.
  - 설비가 설치되어 있는 현장에서 조작할 수 있고, 설비에서 떨어진 원격제어반에서도 조작할 수 있습니다. 현장 · 원격제어는 이 기능을 이용한 회로입니다.

- 현장 · 원격지 두 곳에서 조작하는 회로는 시동신호로서 현장 · 원격지의 메이크 접점을 가지는 누름 버튼 스위치 $BS1_{on}$ 과 $BS2_{on}$을 병렬로 전자 릴레이 X의 코일에 접속합니다. 또한 정지신호로서 브레이크 접점을 가지는 누름 버튼 스위치 $BS1_{off}$와 $BS2_{off}$를 직렬로 접속합니다.

두 곳(현장 · 원격지)에서 조작하는 회로 -예-

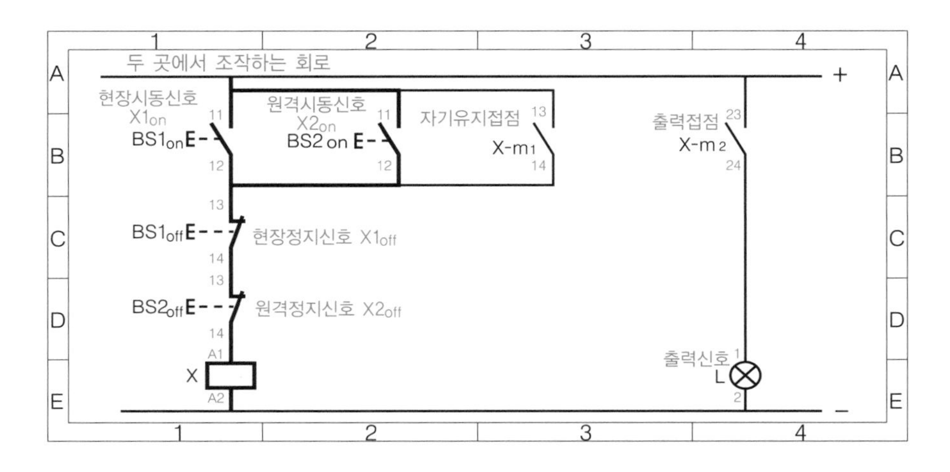

두 곳(현장 · 원격)에서 조작하는 회로의 실체배선도

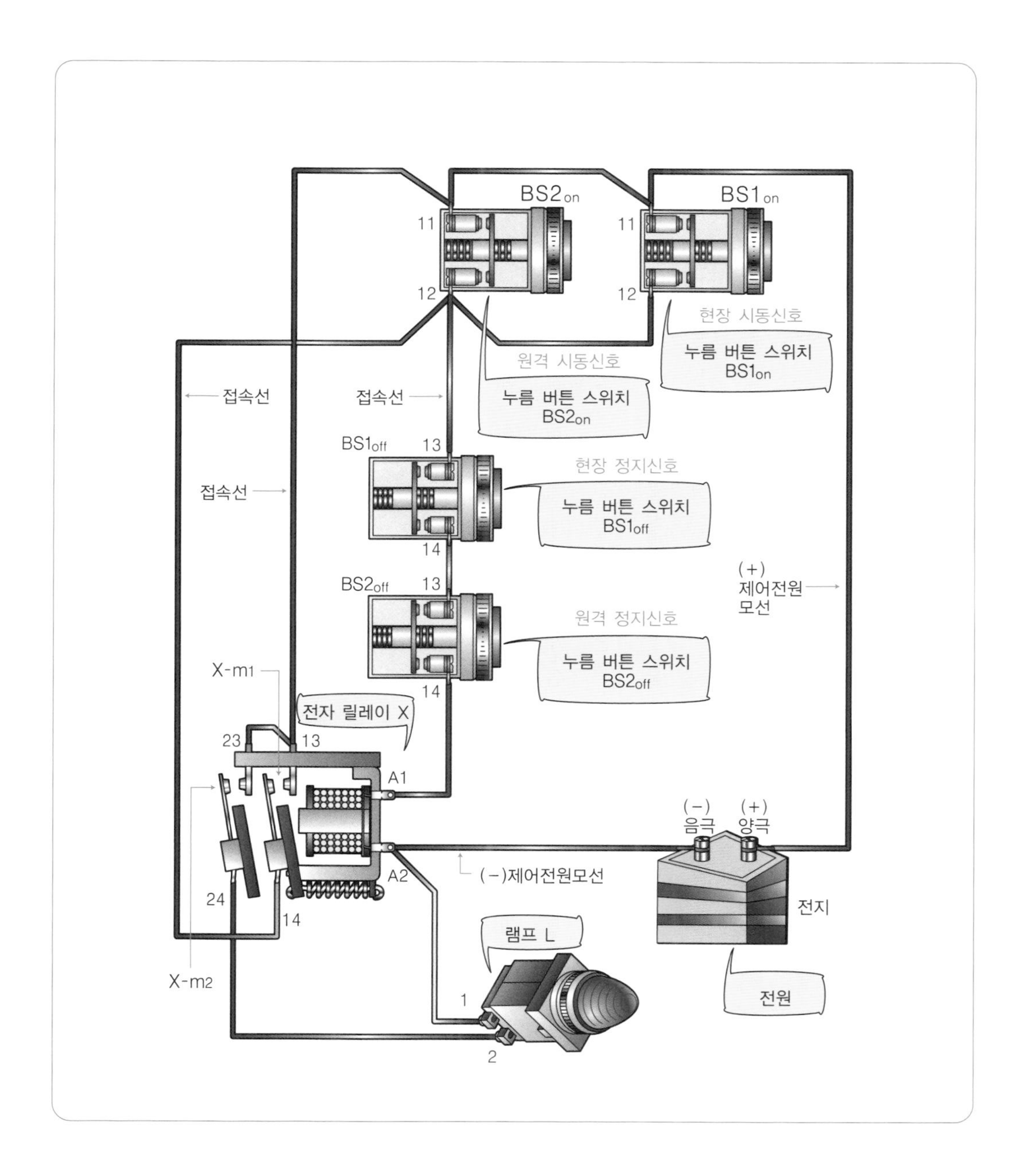

82 두 곳에서 조작하는 회로의 동작

현장 시동, 원격 정지 -현장 · 원격제어-

설비의 설치현장에서 시동신호를 주고, 원격제어반에서 정지신호를 주는 경우의 동작은 다음과 같습니다.

- 현장에서 누름 버튼 스위치 $BS1_{on}$을 누르면(현장시동신호 "1") 회로가 닫히고, 전자 릴레이 X의 코일에 전류가 흘러 동작합니다.
- 전자 릴레이X가 동작하면 자기유지접점 $X-m_1$이 닫히며 자기유지하고, 출력접점 $X-m_2$가 닫힙니다.
- 출력접점 $X-m_2$가 닫히면 램프 L이 점등합니다(출력신호 "1").
- 원격제어반의 누름 버튼 스위치 $BS2_{off}$를 누르면 열리고, 전자 릴레이 X의 코일에 전류가 흐르지 못해 복귀하여 출력접점 $X-m_2$가 열립니다.
- 출력접점 $X-m_2$가 열리면 램프 L이 소등(출력신호 "0")합니다.

원격지에서 시동하고 현장에서 정지한다 -현장·원격제어-

원격제어반에서 시동신호를 주고 설비의 설치현장에서 정지신호를 주는 경우의 동작은 다음과 같습니다.

- 원격제어반의 누름 버튼 스위치 $BS2_{on}$을 누르면(원격시동신호 "1") 회로가 닫히고 전자 릴레이 X의 코일에 전류가 흘러 동작합니다.
- 전자 릴레이 X가 동작하면 자기유지접점 $X-m_1$이 닫히고 자기유지하며 출력접점 $X-m_2$가 닫힙니다.
- 출력접점 $X-m_2$가 닫히면 램프 L이 점등합니다(출력신호 "1").
- 현장의 누름 버튼 스위치 $BS1_{off}$를 누르면 회로가 열리고 전자 릴레이 X의 코일에 전류가 흐르지 않고 복귀하여 출력접점 전자 릴레이 $X-m_2$가 열립니다.
- 출력접점 $X-m_2$가 열리면 램프 L이 소등합니다(출력신호 "0").

두 곳(현장 · 원격)에서 조작하는 회로의 동작도 실제 예

현장시동 · 원격정지의 동작도 −두 곳에서 조작하는 회로−

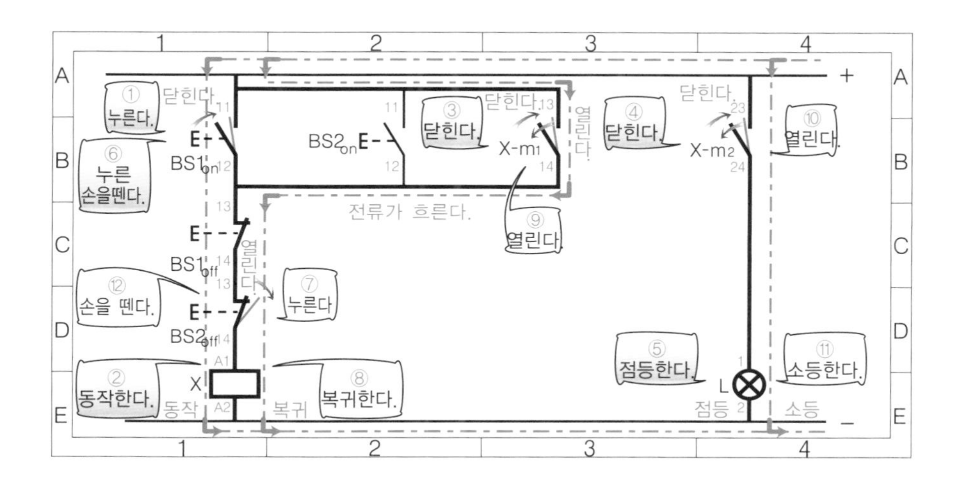

원격시동 · 현장정지의 동작도 −두 곳에서 조작하는 회로−

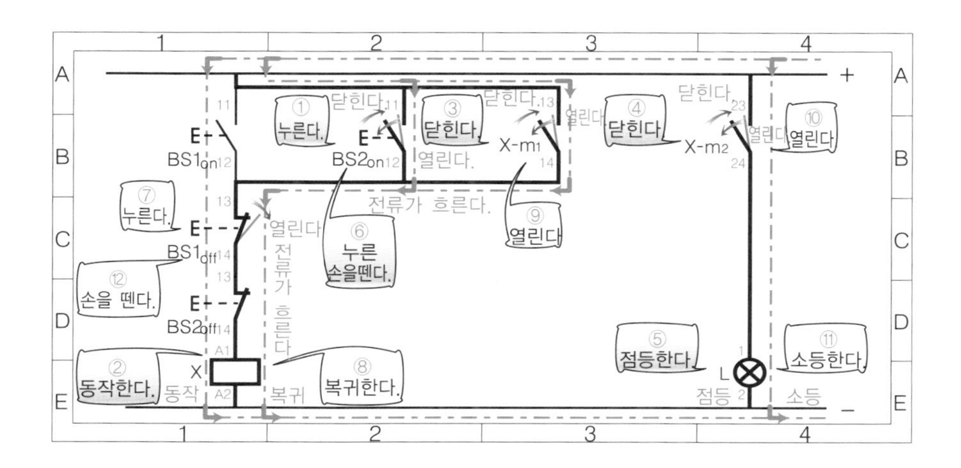

83 시간차를 만드는 타이머

타이머란? —모터식 타이머 · 전자식 타이머—

- 타이머란 입력신호를 주면 미리 정해진 시간(설정 시간이라고 한다)을 경과한 후 출력접점이 개로 또는 폐로하는 릴레이를 말합니다. 타이머에는 **모터식 타이머**와 **전자식 타이머**가 있습니다.
  - 모터식 타이머는 전기적인 입력신호에 의해 소형 전동기를 회전시켜 전원주파수에 비례하는 일정회전속도를 시간의 기준으로 삼아 설정시간 경과 후에 출력접점을 개폐합니다.
  - 전자식 타이머란 콘덴서와 저항의 조합에 의한 충전 · 방전 특성을 이용한 것으로, 콘덴서 단자전압의 시간적 변화를 반도체로 검출해 증폭하고 설정시간 경과 후에 출력접점을 개폐합니다.

한시동작 메이크 접점 · 한시동작 브레이크 접점 —예 : 내부접속도—

- 타이머(TLR : Time-Lag Relay)의 출력접점에는 **한시동작 메이크 접점**과 **한시동작 브레이크 접점**이 있습니다.
  - 한시동작 메이크 접점(TLR-m)이란 타이머가 동작할 때 시간지연을 하고 닫히는 접점을 말합니다.
  - 한시동작 브레이크 접점(TLR-b)이란 타이머가 동작할 때 시간지연을 하고 열리는 접점을 말합니다.

- 모터식 타이머의 내부접속도의 예를 다음 페이지에 나타냈습니다.
  - 타이머 조작전원은 뒷면 소켓의 단자번호 1과 7에 접속합니다.
  - 한시동작 메이크 접점은 단자번호 6과 8에, 한시동작 브레이크 접점은 단자번호 5와 8에 접속합니다.

모터식 타이머의 외관도 · 내부접속도

모터식 타이머 -예-

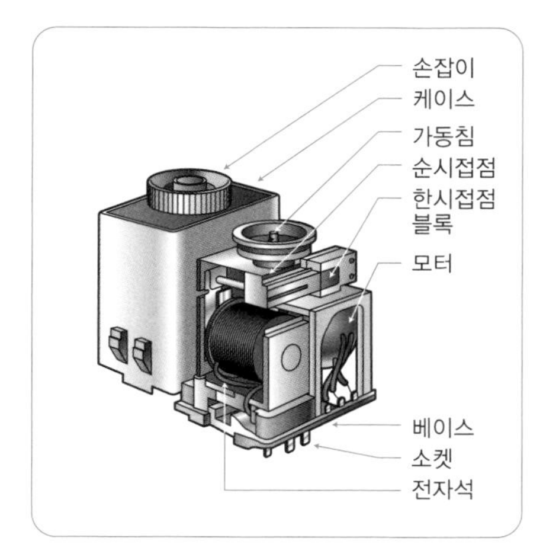

한시동작 접점 그림기호

모터식 타이머의 내부접속도 -예-

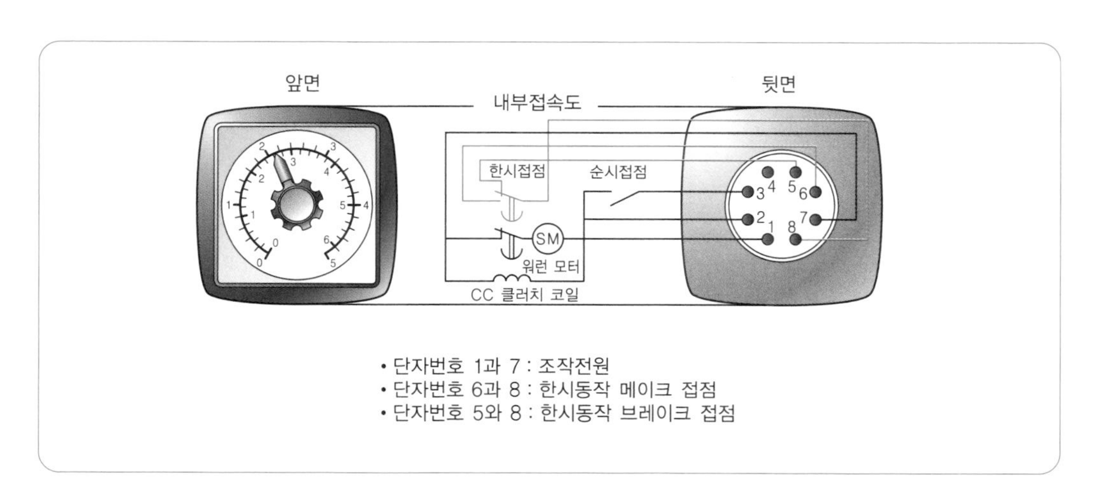

- 단자번호 1과 7 : 조작전원
- 단자번호 6과 8 : 한시동작 메이크 접점
- 단자번호 5와 8 : 한시동작 브레이크 접점

84 타이머 회로

타이머의 배선 방법 -타이머 회로-

한시동작 메이크 접점 TLR-m, 한시동작 브레이크 접점 TLR-b를 가지는 타이머를 동작시키기 위한 회로를 **타이머 회로**라고 합니다.

- 타이머를 구동하기 위한 전원은 소켓의 1번과 7번 단자(예 : 다음 페이지 그림의 경우)에 입력신호용 누름 버튼 스위치 BS를 직렬로 하여 제어전원(예 : 전지)에 접속합니다.
- 타이머의 한시동작 메이크 접점 TLR-m(예 : 소켓의 8번과 6번 단자)에 적색 램프 RD-L을, 한시동작 브레이크 접점 TLR-b(예 : 소켓의 8번과 5번 단자)에 녹색 램프 GN-L을 각각 직렬로 하여 제어전원에 접속합니다.

주 타이머 소켓 단자번호는 예를 들어 나타내고 있습니다.

타이머 회로의 시퀀스도 -예-

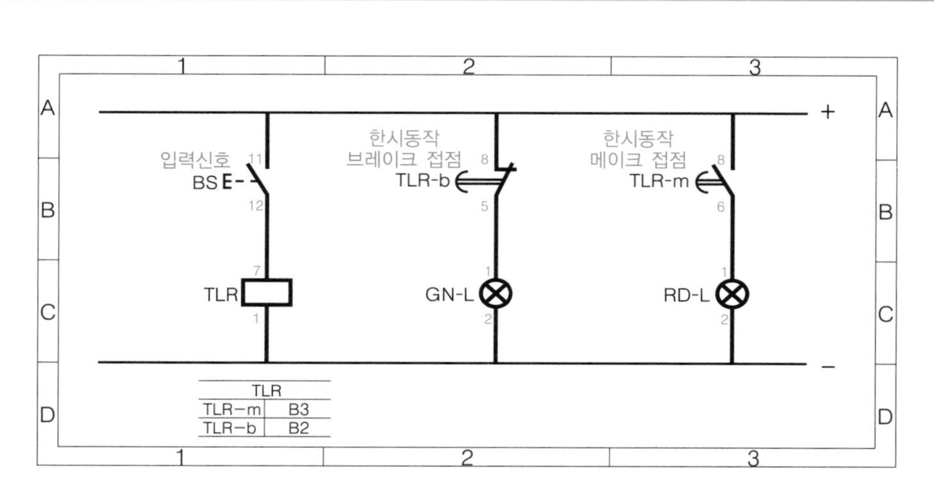

타이머 회로의 실체배선도

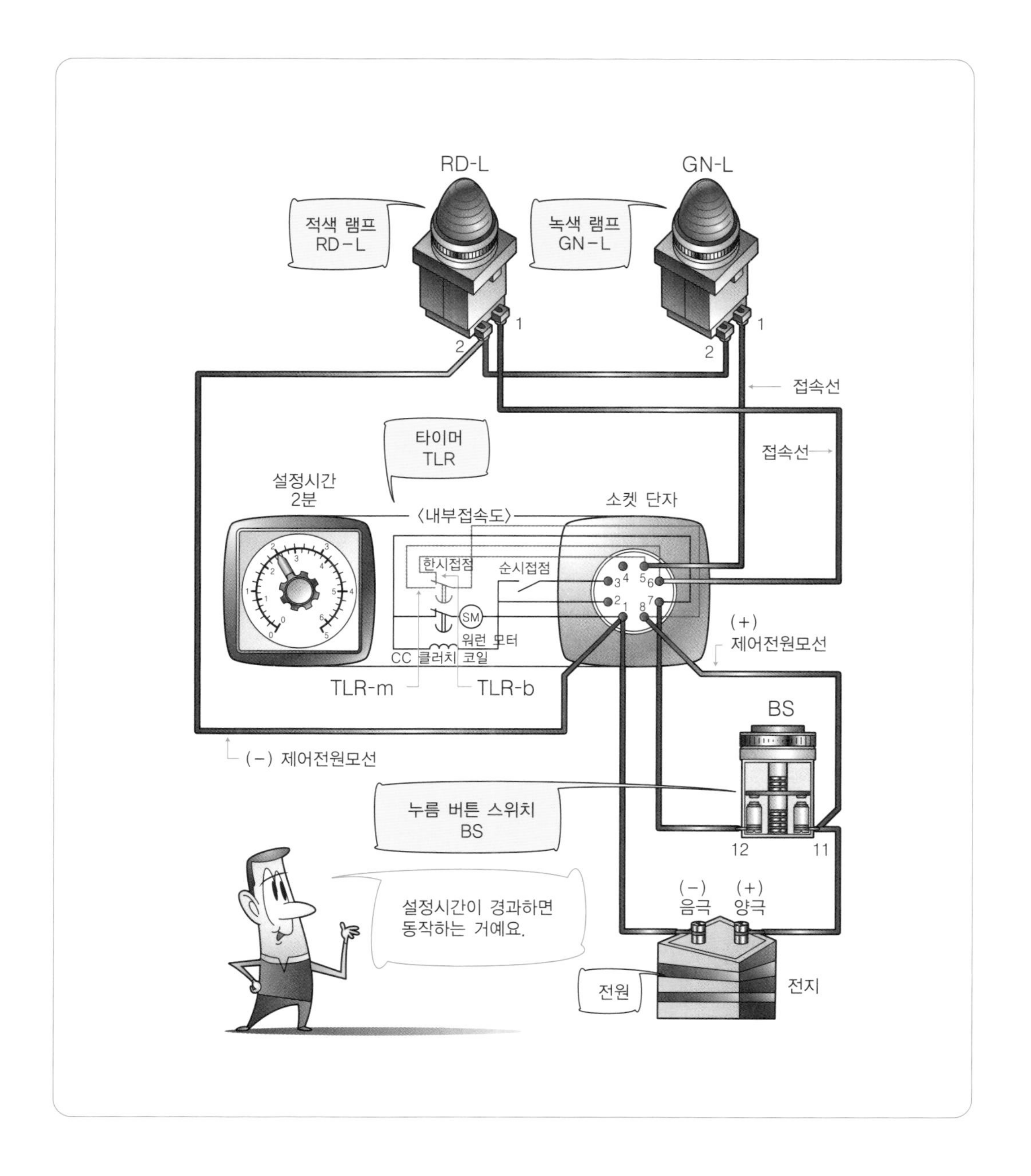

85 타이머 회로의 동작

입력신호를 넣으면 설정시간 후에 동작한다

- 입력신호를 넣고 설정시간(예 : 2분)이 경과하면 타이머가 동작하여 한시동작 브레이크 접점 TLR-b가 열리고 녹색 램프 GN-L이 소등하며, 한시동작 메이크 접점 TLR-m이 닫히고 적색 램프 RD-L이 점등합니다.
  - 누름 버튼 스위치 BS를 누르면(입력신호 "1") 회로가 닫히고, 타이머의 구동부 TLR에 전류가 흐릅니다(바로 동작하지는 않는다).
  - 설정시간(예 : 2분)이 경과하면 타이머 TLR이 동작합니다.
  - 타이머가 동작하면 한시동작 브레이크 접점 TLR-b가 열립니다.
  - 타이머가 동작하면 한시동작 메이크 접점 TLR-m이 닫힙니다.
  - 한시동작 브레이크 접점 TLR-b가 열리면 녹색 램프 GN-L이 소등합니다.
  - 한시동작 메이크 접점 TLR-m이 닫히면 적색 램프 RD-L이 점등합니다.

입력신호를 끊으면 순간적으로 복귀한다

- 입력신호를 끊으면("0") 타이머는 순간적으로 복귀하고 한시동작 브레이크 접점 TLR-b, 한시동작 메이크 접점 TLR-m이 전환됩니다.
  - 누름 버튼 스위치 BS를 누르는 손을 떼면(입력신호 "0") 회로가 열리고, 타이머의 구동부 TLR에 전류가 흐르지 못하여 순간적으로 복귀합니다.
  - 타이머가 복귀하면 한시동작 브레이크 접점 TLR-b가 닫힙니다.
  - 타이머가 복귀하면 한시동작 메이크 접점 TLR-m이 열립니다.
  - 한시동작 브레이크 접점 TLR-b가 닫히면 녹색 램프 GN-L이 점등합니다.
  - 한시동작 메이크 접점 TLR-m이 열리면 적색 램프 RD-L이 소등합니다.
  - 이것으로 누름 버튼 스위치 BS를 누르기 전의 상태로 돌아갑니다.

타이머 회로의 동작도 실제 예

입력신호를 “1”로 하고 설정시간 후의 동작도

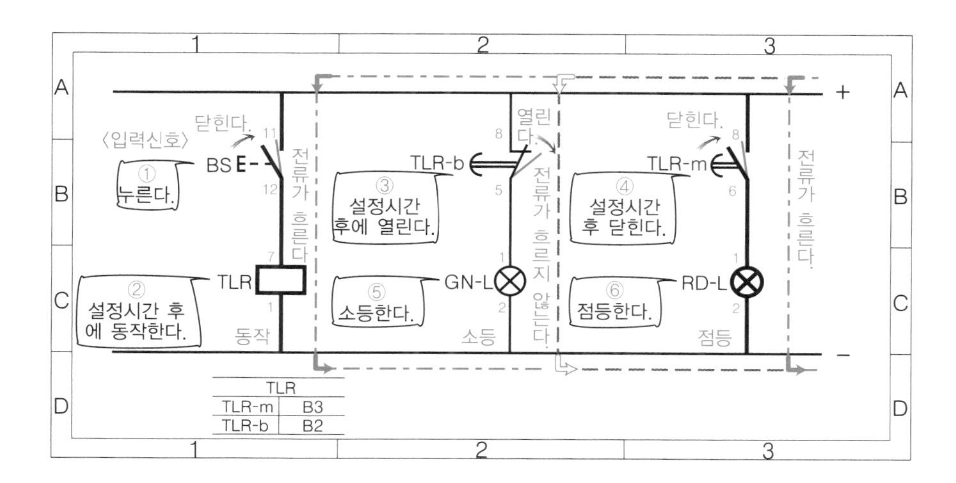

입력신호를 “0”으로 하고 순간 복귀하는 동작도

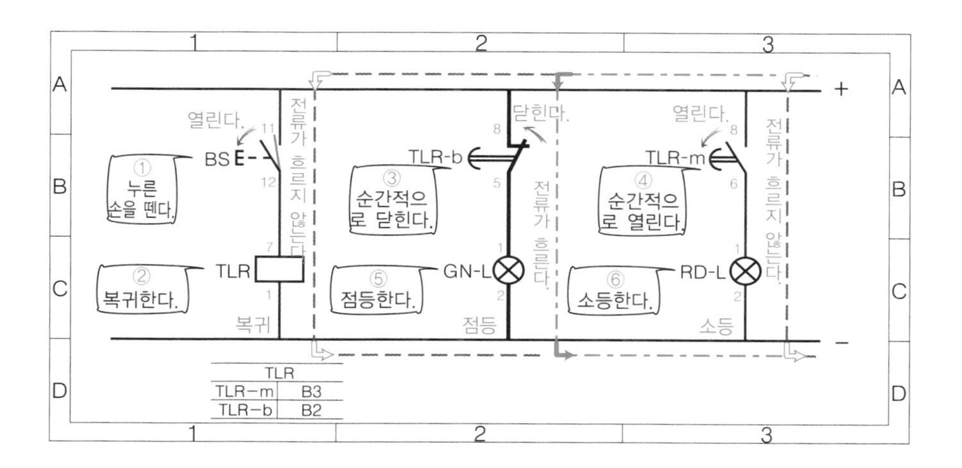

86 지연동작회로

일정시간 후에 자동적으로 시동하고 운전한다

- **지연동작회로**란 입력신호가 "1"이 되고 나서 일정 시간(타이머의 설정시간)이 경과한 후에 출력신호가 "1"이 되는 회로를 말합니다.
  - 지연동작회로는 입력신호를 넣고 난 후 설비 · 기기를 희망하는 시간(설정시간) 만큼 지연시킨 후 자동적으로 시동 · 운전할 때 사용합니다.

- 지연동작회로는 한시동작 메이크 접점을 가지는 타이머 회로에 자기유지회로를 조합한 회로입니다.
  - 시동 · 정지는 2개의 자기유지회로의 누름 버튼 스위치 BS1(메이크 접점 : 시동), BS2(브레이크 접점 : 정지)에 의해 수행합니다.
  - 지연동작은 타이머의 한시동작 메이크 접점의 설정시간 후에 동작하고 닫히는 기능에 의해 수행합니다.

지연동작회로의 시퀀스도 -예-

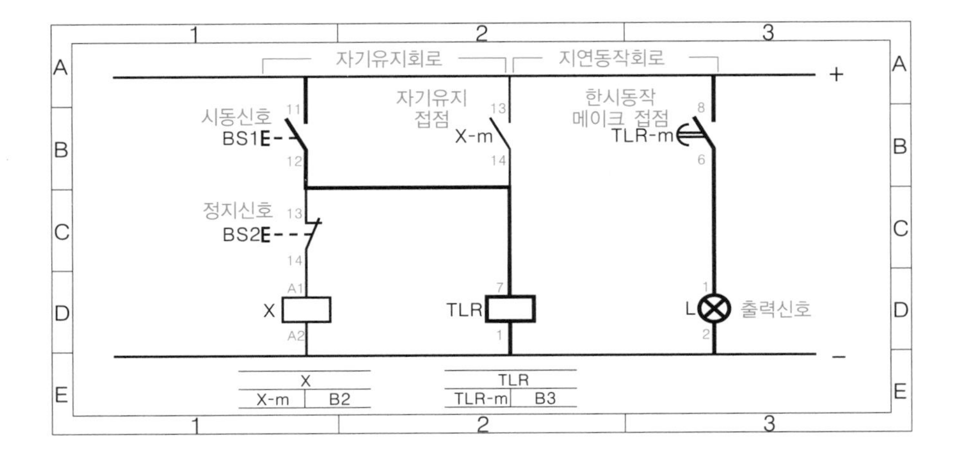

지연동작회로의 실체배선도

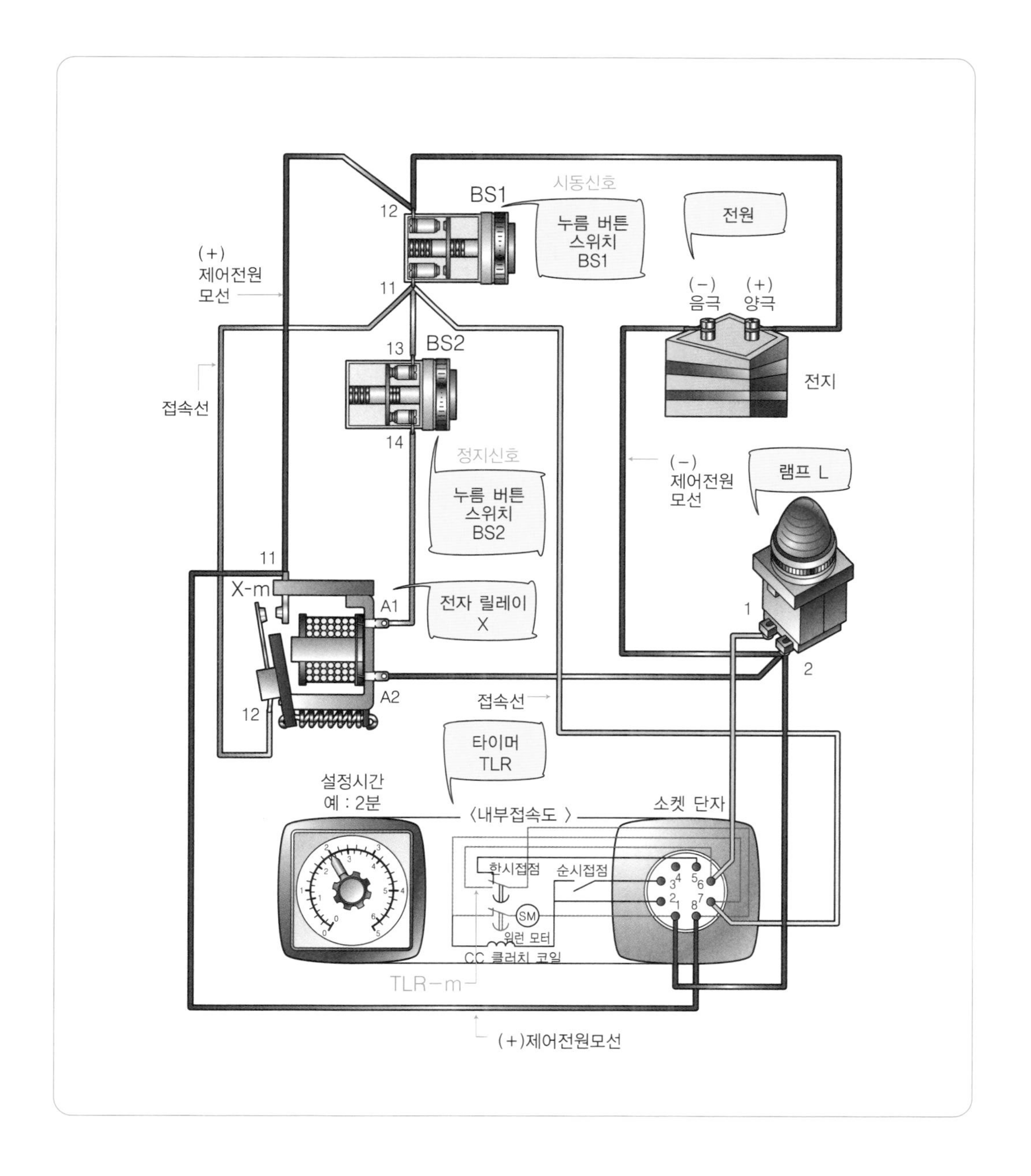

87 지연동작회로의 동작

설정시간 경과 후에 출력신호가 "1"이 된다

- 누름 버튼 스위치 BS1을 누르면(시동신호 "1") 타이머 TLR은 설정시간(예 : 2분) 경과 후에 동작하여 한시동작 메이크 접점 TLR-m이 닫히고, 램프 L을 점등(출력신호 "1") 합니다.
  - 누름 버튼 스위치 BS1을 누르면 메이크 접점이 닫히고, 전자 릴레이 X의 코일에 전류가 흘러 전자 릴레이 X가 동작하고, 메이크 접점 X-m이 닫히며 자기유지합니다. -BS를 누른 손을 뗍니다.-
  - 누름 버튼 스위치 BS1을 누르면 회로가 닫히고, 타이머 TLR의 구동부에 전류가 흘러 부세합니다. -타이머는 부세해도 동작하지 않습니다.-
  - 설정시간(예 : 2분)이 경과하면 동작하고, 한시동작 메이크 접점 TLR-m이 닫혀 램프 L이 점등합니다.

정지신호를 넣으면 순간적으로 출력신호가 "0"이 된다

- 누름 버튼 스위치 BS2를 누르면(정지신호 "1") 타이머 TLR은 순간적으로 복귀하고, 한시동작 메이크 접점 TLR-m이 열려, 램프 L을 소등(출력신호 "0")합니다.
  - 누름 버튼 스위치 BS2를 누르면 브레이크 접점은 열리고 전자 릴레이 X의 코일에 전류가 흐르지 않아 복귀하며 메이크 접점 X-m이 열려 자기유지를 해제합니다.
  - 자기유지접점 X-m이 열리면, 타이머 TLR의 구동부에 전류가 흐르지 못해 타이머는 순간적으로 복귀합니다.
  - 타이머가 복귀하면 한시동작 메이크 접점 TLR-m이 열리고, 램프 L이 소등합니다.

지연동작회로의 동작도 실제 예

시동신호를 넣을 때의 동작도

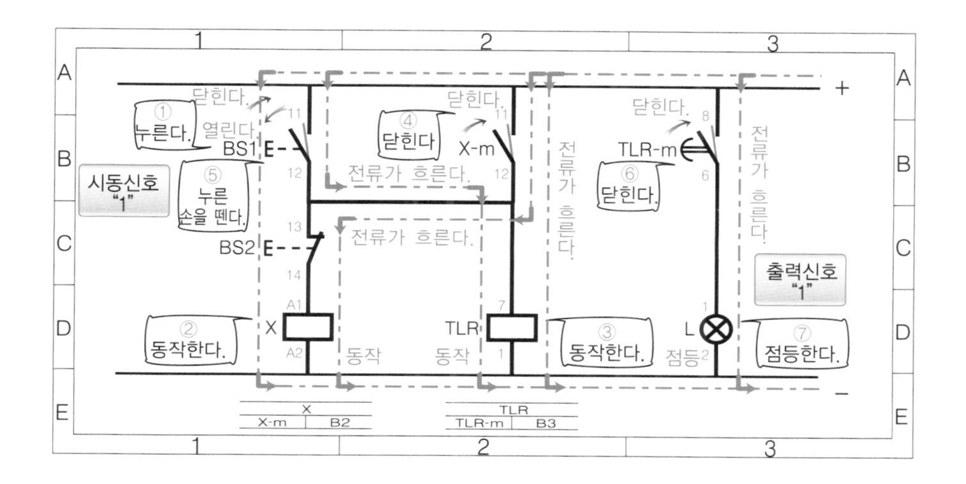

정지신호를 넣을 때의 동작도

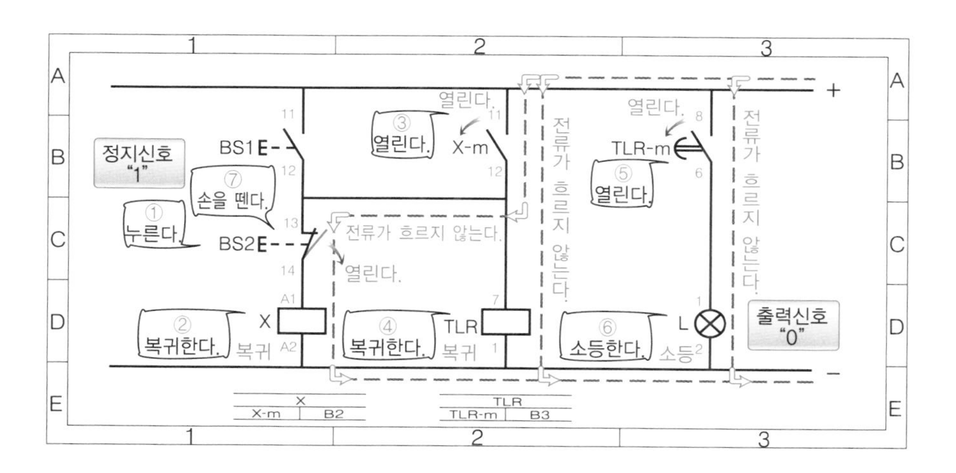

88 일정시간 동작회로

일정시간 운전 후 자동적으로 정지한다

- **일정시간 동작회로**란 입력신호가 "1"이 되면 출력신호도 "1"이 되어 일정시간(타이머의 설정시간)이 경과하면 자동적으로 출력신호가 "0"이 되는 회로를 말합니다.
  - 일정시간 동작회로는 설비 · 기기 등을 일정시간 운전 후에 자동적으로 정지시킬 때 사용합니다.

- 일정시간 동작회로는 누름 버튼 스위치 BS와 타이머의 한시동작 브레이크 접점 TLR-b를 직렬로 하여 전자 릴레이의 코일에 접속합니다.
  - 전자 릴레이의 자기유지접점 X-m_1을 누름 버튼 스위치 BS와 병렬로 하고, 타이머의 구동부 TLR을 자기유지접점과 직렬로 접속합니다.
  - 전자 릴레이X의 출력접점 X-m_2를 램프 L에 직렬로 접속합니다.

일정시간 동작회로의 시퀀스도 -예-

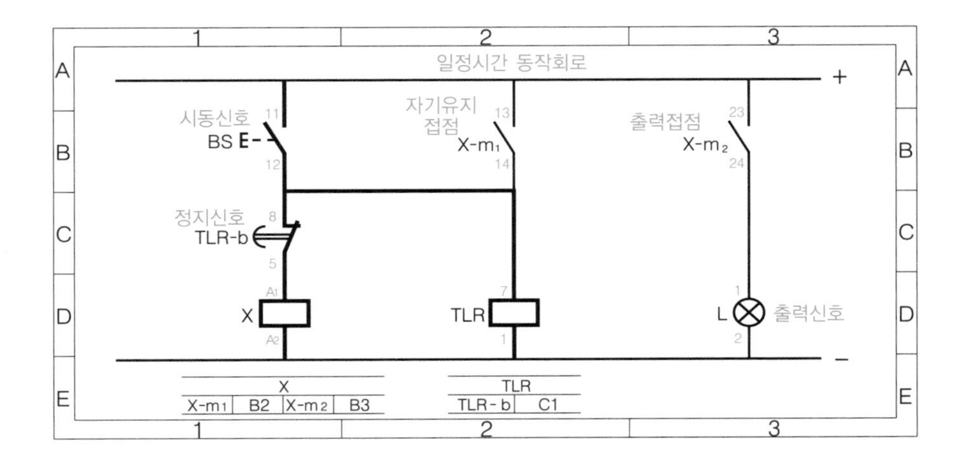

일정시간 동작회로의 실체 배선도

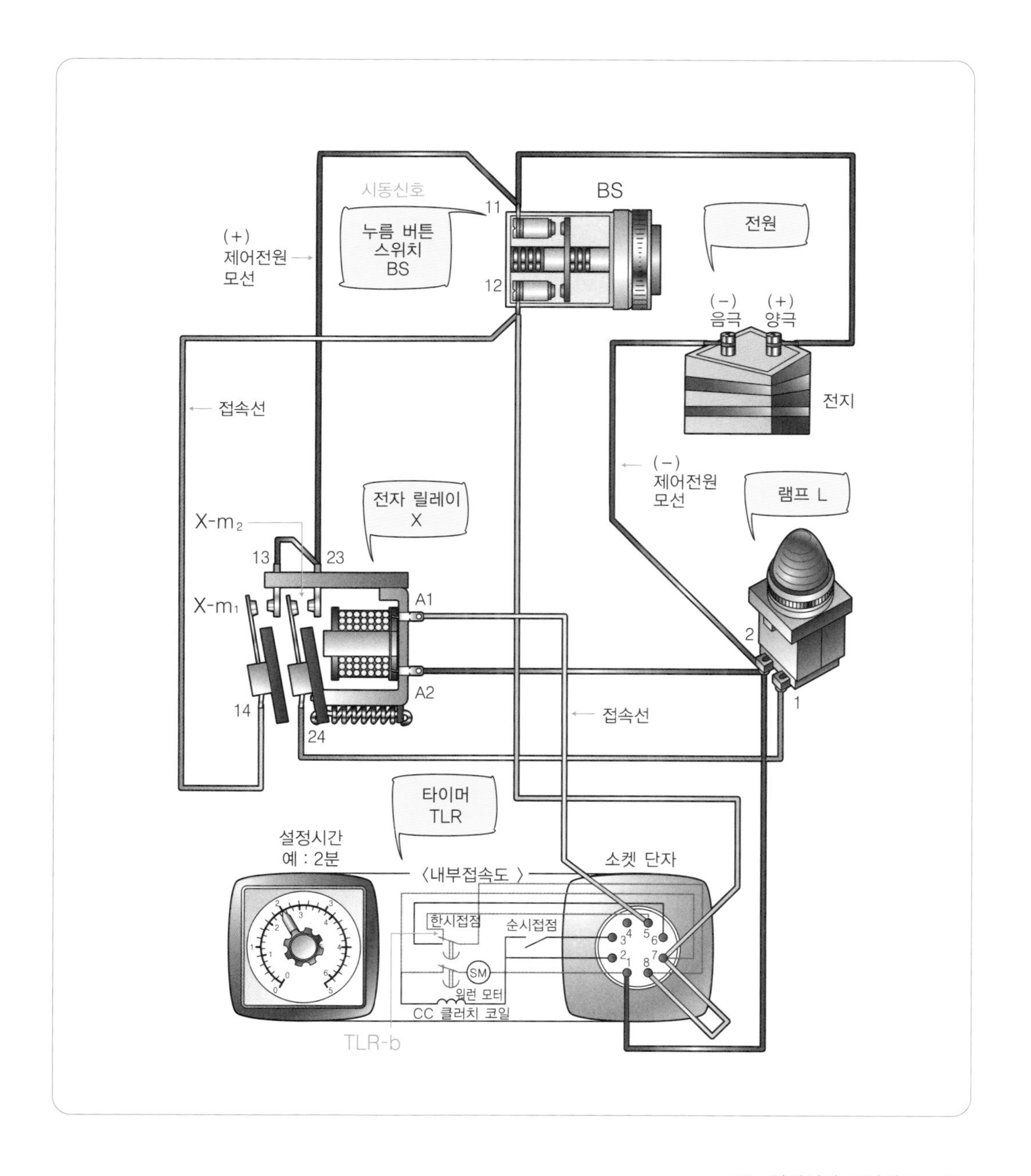

89 일정시간 동작회로의 동작

시동신호를 "1"로 하면 출력신호가 "1"이 된다

■ 시동신호로서 누름 버튼 스위치 BS를 누르면(시동신호 "1") 전자 릴레이 X가 동작하여 램프 L이 점등(출력신호 "1")하고, 타이머의 구동부 TLR에 전류가 흘러 부세합니다.

- 누름 버튼 스위치 BS를 누르면 메이크 접점이 닫혀 전자 릴레이 X의 코일에 전류가 흐르고, 전자 릴레이 X가 동작하여 메이크 접점 X-m_1이 닫히며 자기유지합니다.
  - BS를 누른 손을 뗍니다. -
- 누름 버튼 스위치 BS를 눌러 회로가 닫히면 타이머 TLR의 구동부에 전류가 흘러 부세합니다. 타이머는 부세해도 동작하지 않습니다.
- 전자릴레이 X가 동작하면 출력접점 X-m_2가 닫히고, 램프 L에 전류가 흘러 점등(출력신호 "1")합니다.

일정시간이 경과하면 자동적으로 출력신호가 "0"이 된다

■ 일정시간(타이머 설정시간(예 : 2분))이 경과하면 타이머 TLR이 동작해 한시동작 브레이크 접점 TLR-b가 열리고, 전자 릴레이가 복귀하여 램프 L은 소등(출력신호 "0")합니다.

- 타이머의 설정시간(예 : 2분)이 경과하면 타이머는 동작하고 한시동작 브레이크 접점 TLR-b를 엽니다.
- 한시동작 브레이크 접점 TLR-b가 열리면 전자 릴레이 X의 코일에 전류가 흐르지 않아 전자 릴레이 X는 복귀하고, 자기유지접점 X-m_1이 열리며 자기유지를 해제하여 타이머 구동부 TLR에 전류가 흐르지 않아 소세합니다.
- 전자 릴레이 X가 복귀하면 출력접점 X-m_2가 열리고 램프 L에 전류가 흐르지 않아 소등(출력신호 "0")합니다.

일정시간 동작회로의 동작도 실제 예

시동신호 "1"의 동작도

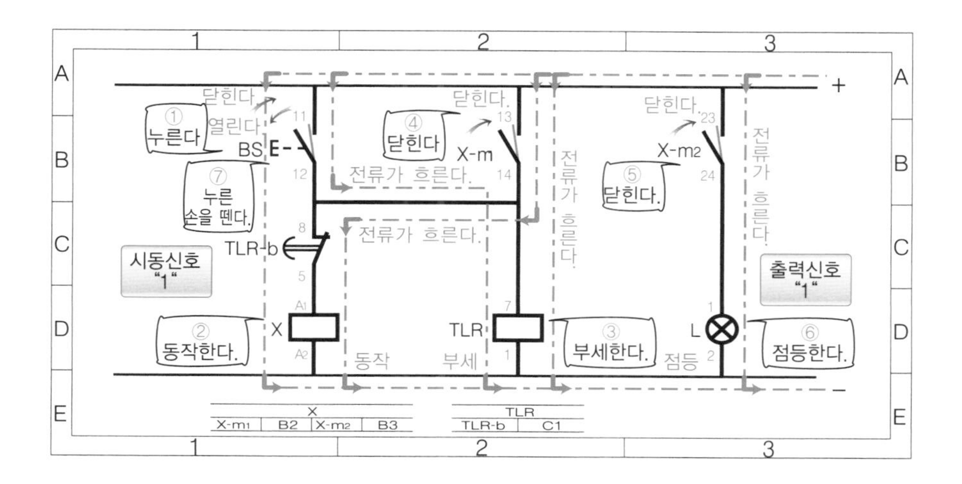

일정시간 경과 후의 동작도

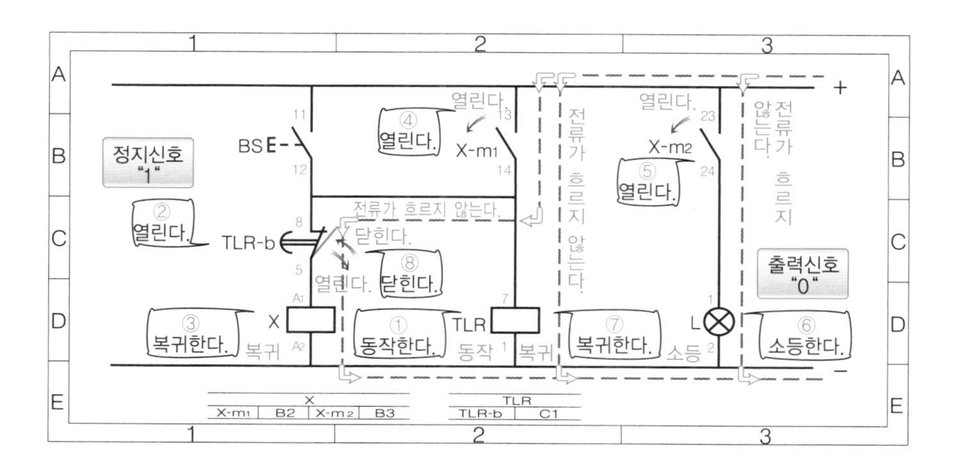

90 도어 램프의 자동점멸 회로

어두워지면 도어 램프가 자동적으로 점등한다

- 자동점멸기를 이용하여 주변이 어두워지는 저녁에 도어 램프를 자동적으로 점등하고, 다음날 아침 해가 밝아오면 자동적으로 소등하도록 하면 편리합니다.
- 저녁 무렵 주변이 어두워지면 자동점멸기의 황화카드뮴판(CdS 셀)의 전기저항이 크기 때문에 히터에 흐르는 전류가 작아져 바이메탈 접점이 닫혀 있게 되므로 도어 램프가 점등합니다.
- 아침에 주변이 밝아오면 CdS 셀의 전기저항이 작아지고, 히터에 흐르는 전류가 많아져 바이메탈 접점이 열리고 도어 램프가 소등합니다.
- 자동점멸기의 CdS 셀은 빛을 많이 받으면 전기저항이 작아지고, 빛을 적게 받으면 전기저항이 커지는 성질을 가지고 있습니다.
  - CdS 셀에 의해 히터를 가열하여 바이메탈 접점을 개폐합니다.

자동점멸기 -예-

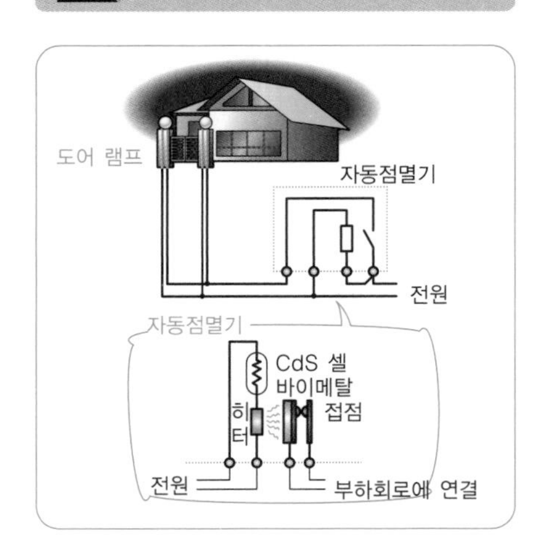

시퀀스도 -예-

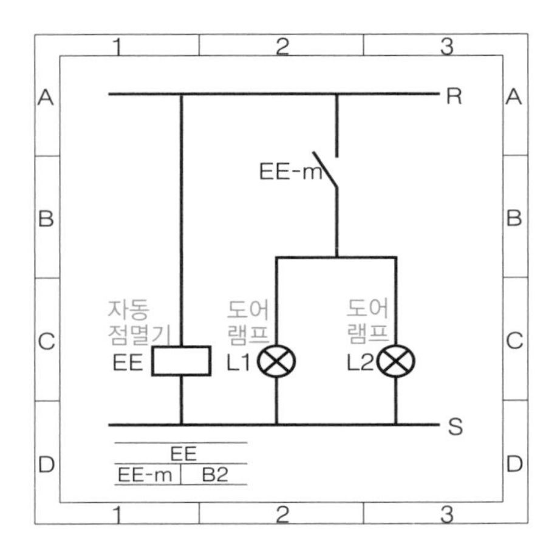

제 9 장

시퀀스 제어 실용회로

91 주차장 공차 · 만차 표시회로

주차장에 주차가부를 표시한다 －AND회로 · NAND회로 응용 예－

■ **주차장 공차 · 만차 표시회로**란 옥외 또는 옥내의 주차장에 지금 주차할 장소가 있는지 또는 주차할 장소가 없는지를 만차 · 공차 표시에 의해 운전자에게 알려 주는 설비를 말합니다.

■ 주차 장소에 차가 주차해 있는지 없는지는 광전 스위치 PHOS(photo electric switch : 16항 참조)로 검출합니다.

- 광전 스위치는 투광기의 빛을 차단하면 동작하기 때문에 차가 주차하면 빛을 차단하게 되어 동작합니다.

■ 공차 · 만차 표시회로는 **AND회로, NAND회로를 응용**한 것으로 광전 스위치와 전자 릴레이를 늘려 메이크 접점, 브레이크 접점을 직렬(AND회로), 병렬(NAND회로)로 접속하면 주차대수를 늘릴 수 있습니다.

주차장 공차 · 만차 표시설비(예 : 2대의 경우)

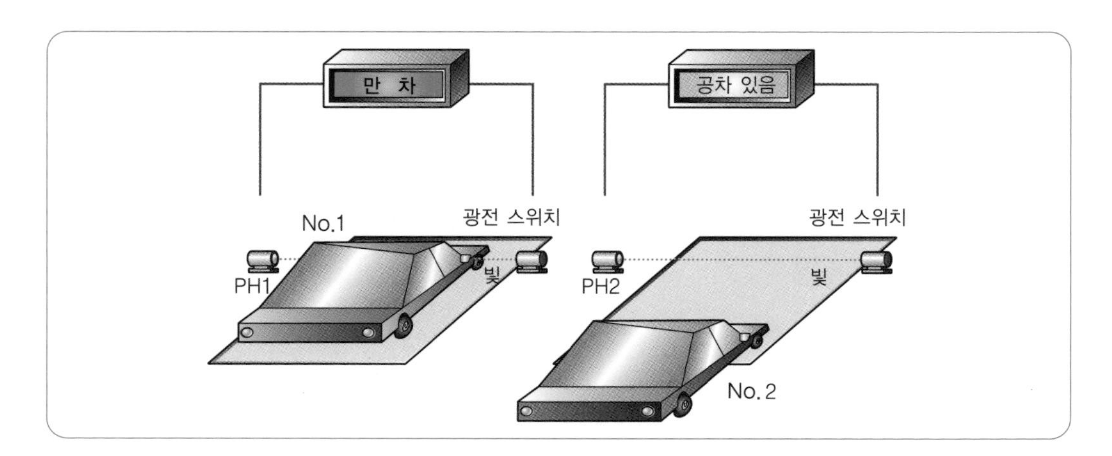

주차장의 공차 · 만차 표시회로의 실체배선도

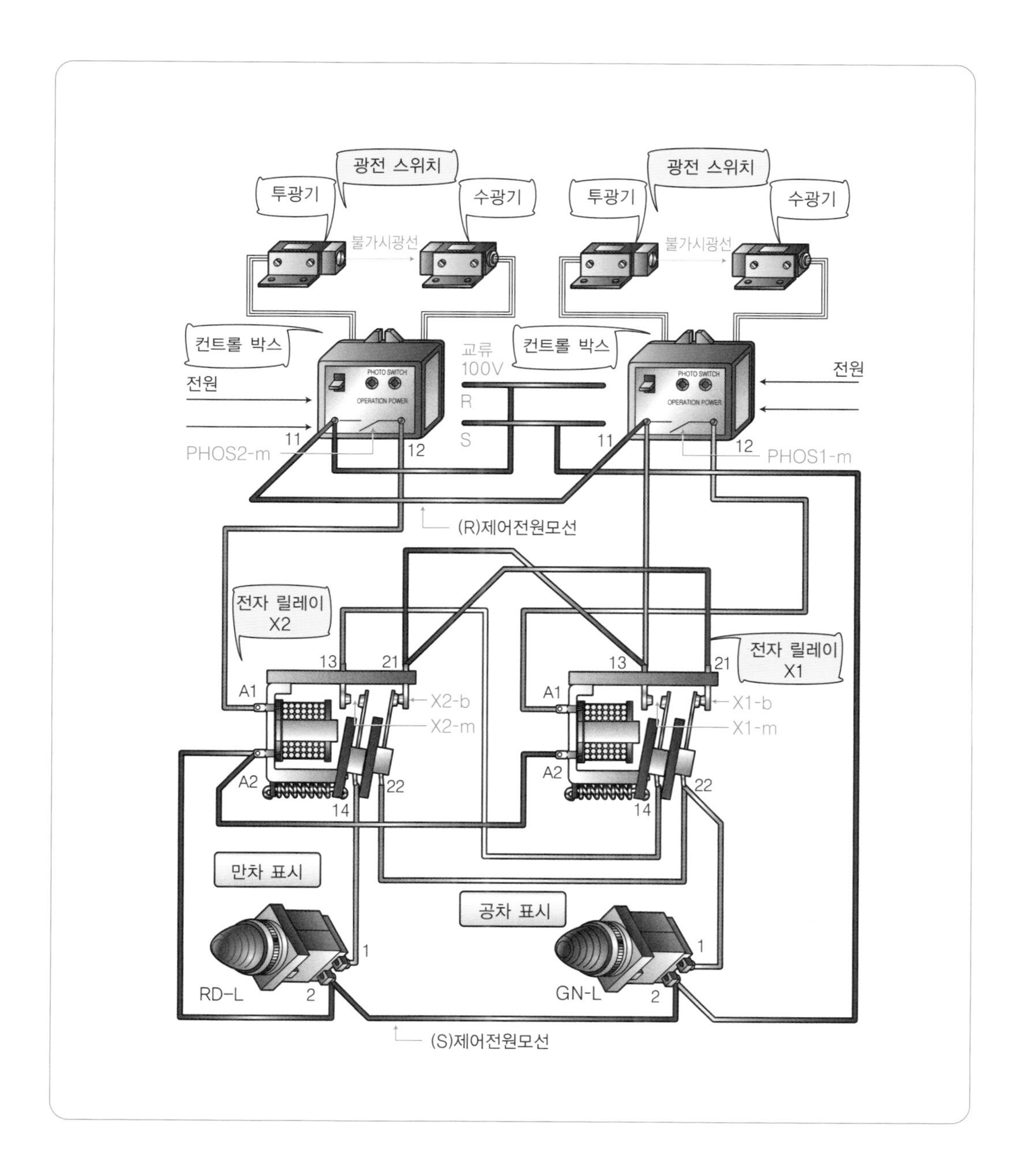

92 주차장 공차 · 만차 표시회로의 동작

주차장 공차 · 만차 표시회로의 접속 방법

- 주차장 공차 · 만차 표시회로는 논리회로인 AND회로(57항 참조)와 NAND회로(62항 참조)를 응용한 회로입니다.

- 2개의 광전 스위치 PHOS의 각 메이크 접점 PHOS1-m, PHOS2-m을 전자 릴레이 X1, X2의 코일에 접속합니다.
  - 전자 릴레이 X1과 X2의 각 메이크 접점 X1-m, X2-m을 직렬(AND회로)로 하고, 적색 램프 RD-L(만차표시)에 접속합니다.
  - 전자 릴레이 X1과 X2의 각 브레이크 접점 X1-b, X2-b를 병렬(NAND회로 : 62 · 63 항 참조)로 하고, 녹색 램프 GN-L(공차표시)에 접속합니다.

주 브레이크 접점의 병렬접속도 NAND회로의 기능이 있습니다.

만차시의 동작 -2대를 주차한 경우-

- 2대의 차가 정해진 위치에 주차하면 각 광전 스위치가 동작하여 전자 릴레이 X1, X2가 동작하고 적색 램프 RD-L(만차표시)이 점등하며, 녹색 램프 GN-L(공차표시)이 소등합니다.
  - No.1 주차 위치에 차량이 주차하면 광전 스위치 PHOS1의 빛을 차단하여 동작하고, 메이크 접점이 닫히면서 전자 릴레이 X1을 동작시키기 때문에 메이크 접점 X1-m이 닫히고 브레이크 접점 X1-b가 열립니다.
    -X2-m이 열렸기 때문에 RD-L은 소등, X2-b가 닫혀 있어 GN-L은 점등합니다.-
  - No.2 주차 위치에 차량이 주차하면 광전 스위치 PHOS2가 동작하고, 전자 릴레이 X2를 동작시키므로 메이크 접점 X2-m이 닫히고, 브레이크 접점 X2-b가 열려 RD-L이 점등하고, GN-L이 소등합니다.

AND회로 · NAND회로 응용 예

공차 · 만차 표시회로의 시퀀스도 －예 : 2대의 경우－

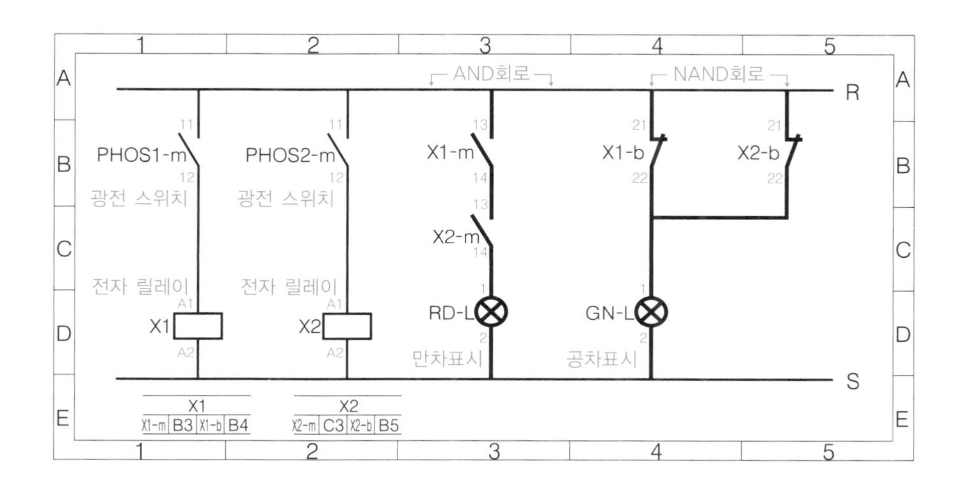

만차시의 동작도 －만차표시 : 점등, 공차표시 : 소등－

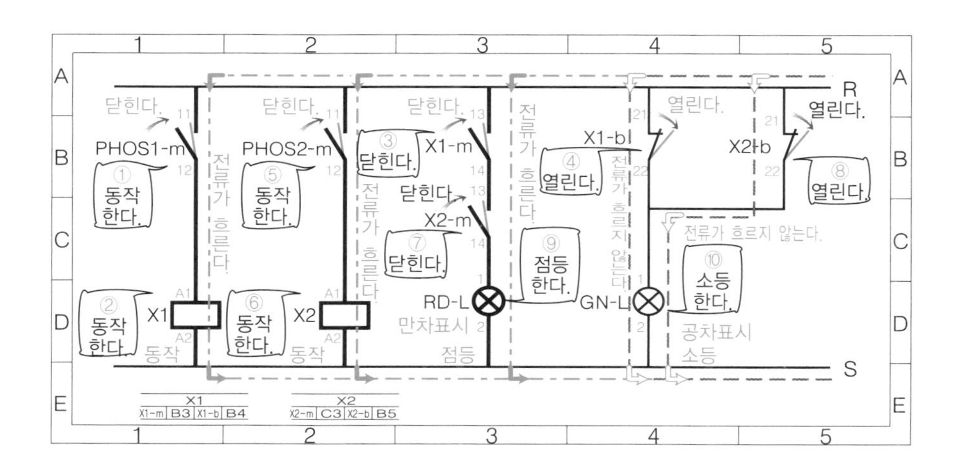

93 퀴즈 램프 표시회로

가장 빨리 누른 사람의 램프만 점등한다 -인터로크 회로-

- **퀴즈 램프 표시회로**는 TV의 퀴즈 프로그램 등에서 다수의 참가자 중에서 가장 빨리 버튼을 누른 사람만 램프가 점등하고, 사회자가 그 사람을 지명하여 답하게 할 때 사용됩니다.

- 퀴즈 램프 표시회로는 **인터로크 회로**(71 · 72 항 참조)를 **응용한 회로**로 버튼을 가장 빨리 누르면 해당 전자 릴레이가 동작하고 브레이크 접점이 열려 다른 전자 릴레이의 동작회로를 인터로크하기 때문에 나중에 누른 버튼들은 동작하지 않게 됩니다.

- 시퀀스도는 참가자가 2명인 경우를 나타내고 있지만, 누름 버튼과 전자 릴레이를 늘리고 그 브레이크 접점을 다른 전자 릴레이의 동작회로에 각각 연결하면 참가자를 늘릴 수 있습니다.

퀴즈 램프 표시회로의 시퀀스도 -예 : 참가자 2명-

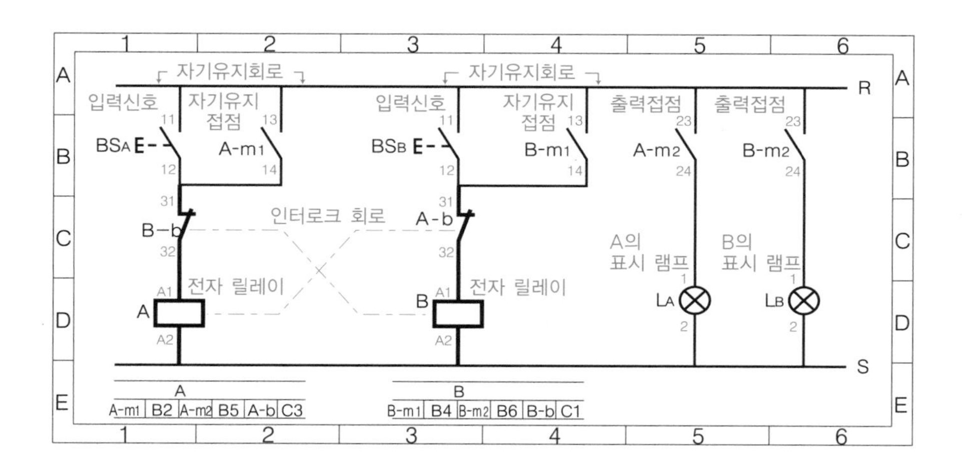

퀴즈 램프 표시회로의 실체배선도

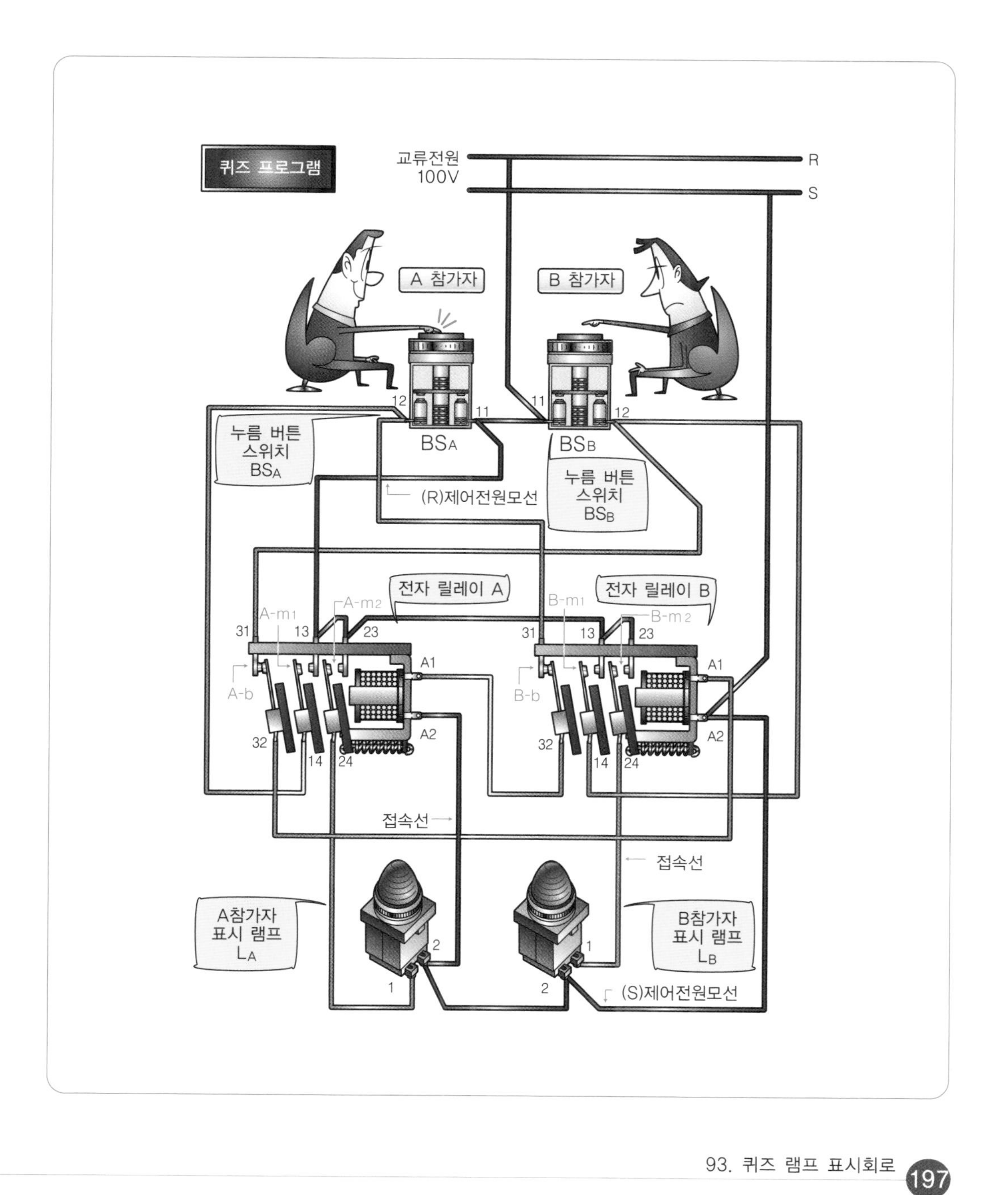

94 퀴즈 램프 표시회로의 동작

A 참가자가 B 참가자보다 빨리 누르면 L_A가 점등한다

- A 참가자가 B 참가자보다 빨리 버튼을 누르면 전자 릴레이 A가 동작하여 출력접점 A-m_2가 닫히고 출력신호 L_A가 점등하며, 브레이크 접점 A-b가 열려 B 참가자의 입력신호를 인터로크합니다.
  - A 참가자가 입력신호로서 누름 버튼 스위치 BS_A를 누르면, 메이크 접점이 닫히고 전자 릴레이 A가 동작합니다.
  - 전자 릴레이 A가 동작하면 자기유지접점 A-m_1이 닫히고 자기유지하며, 출력접점 A-m_2가 닫혀 출력신호로 표시 램프 L_A가 점등합니다.
  - 전자 릴레이 A가 동작하면 브레이크 접점 A-b가 열려 인터로크합니다. 나중에 B 참가자가 입력신호를 넣어도 브레이크 접점 A-b가 열려 있기 때문에 전자 릴레이 B는 동작하지 않습니다.

B 참가자가 A 참가자보다 빨리 누르면 L_B가 점등한다

- B 참가자가 A 참가자보다 버튼을 빨리 누르면 전자 릴레이 B가 동작하여 출력접점 B-m_2가 닫히고 출력신호 L_B가 점등하며, 브레이크 접점 B-b가 열려 A 참가자의 입력신호를 인터로크합니다.
  - B 참가자가 입력신호로서 누름 버튼 스위치 BS_B를 누르면, 메이크 접점이 닫히고 전자 릴레이 B가 동작합니다.
  - 전자 릴레이 B가 동작하면 자기유지접점 B-m_1이 닫히고 자기유지하며, 출력접점 B-m_2가 닫혀 출력신호로 표시 램프 L_B가 점등합니다.
  - 전자 릴레이 B가 동작하면 브레이크 접점 B-b가 열려 인터로크합니다. 나중에 A 참가자가 입력신호를 넣어도 브레이크 접점 B-b가 열려 있기 때문에 전자 릴레이 A는 동작하지 않습니다.

인터로크 회로의 응용 예

A가 B보다 먼저 눌렀을 때의 동작도

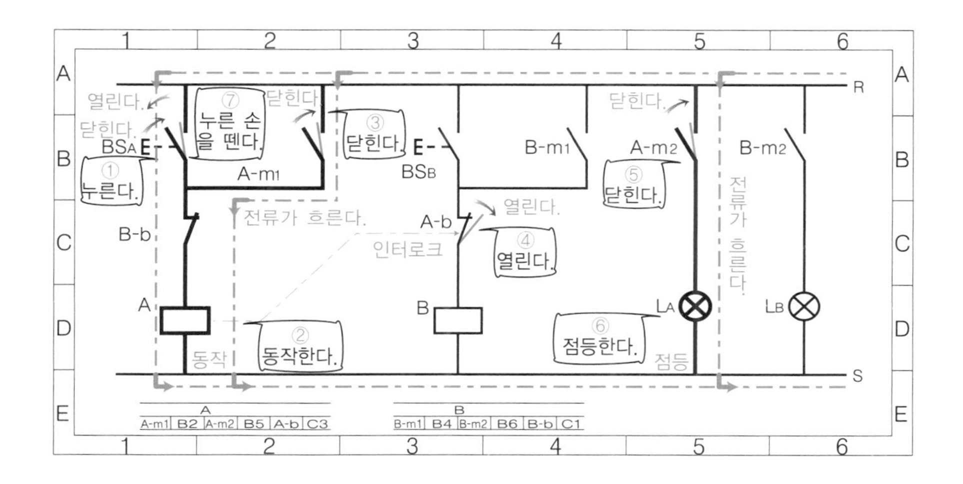

B가 A보다 먼저 눌렀을 때의 동작도

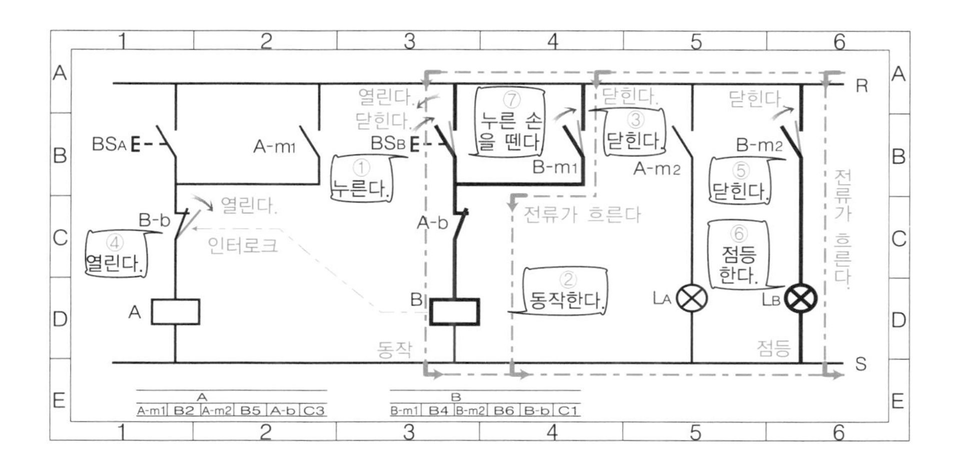

스프링클러 살수회로

일정 시간 살수하고 자동적으로 정지한다 －일정시간 동작회로 응용 예－

- 농원 같이 식물을 기르는 곳에서는 스프링클러로 살수하면 편리합니다.

- 스프링클러 살수회로는 일정시간 동작회로(88 · 89항 참조)를 응용한 회로로, 누름 버튼 스위치 BS로 시동신호를 주면 전자 릴레이 X가 동작하고 그 메이크 접점으로 전자 밸브를 열어 살수합니다.
  - 타이머 TLR의 설정시간(살수시간)이 지나면 자동적으로 살수가 중지됩니다.

- 시퀀스도는 스프링클러의 살수구가 3개인 경우를 예로 들었지만, 전자 릴레이 X의 메이크 접점과 전자 밸브를 늘리면 살수구를 늘릴 수 있습니다.

스프링클러 살수회로의 시퀀스도 －예 : 살수구 3개－

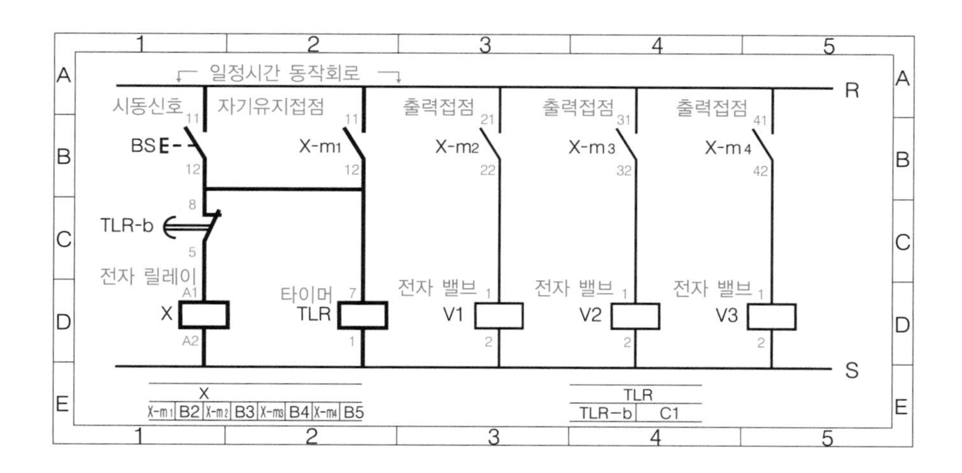

스프링클러 살수회로의 실체배선도

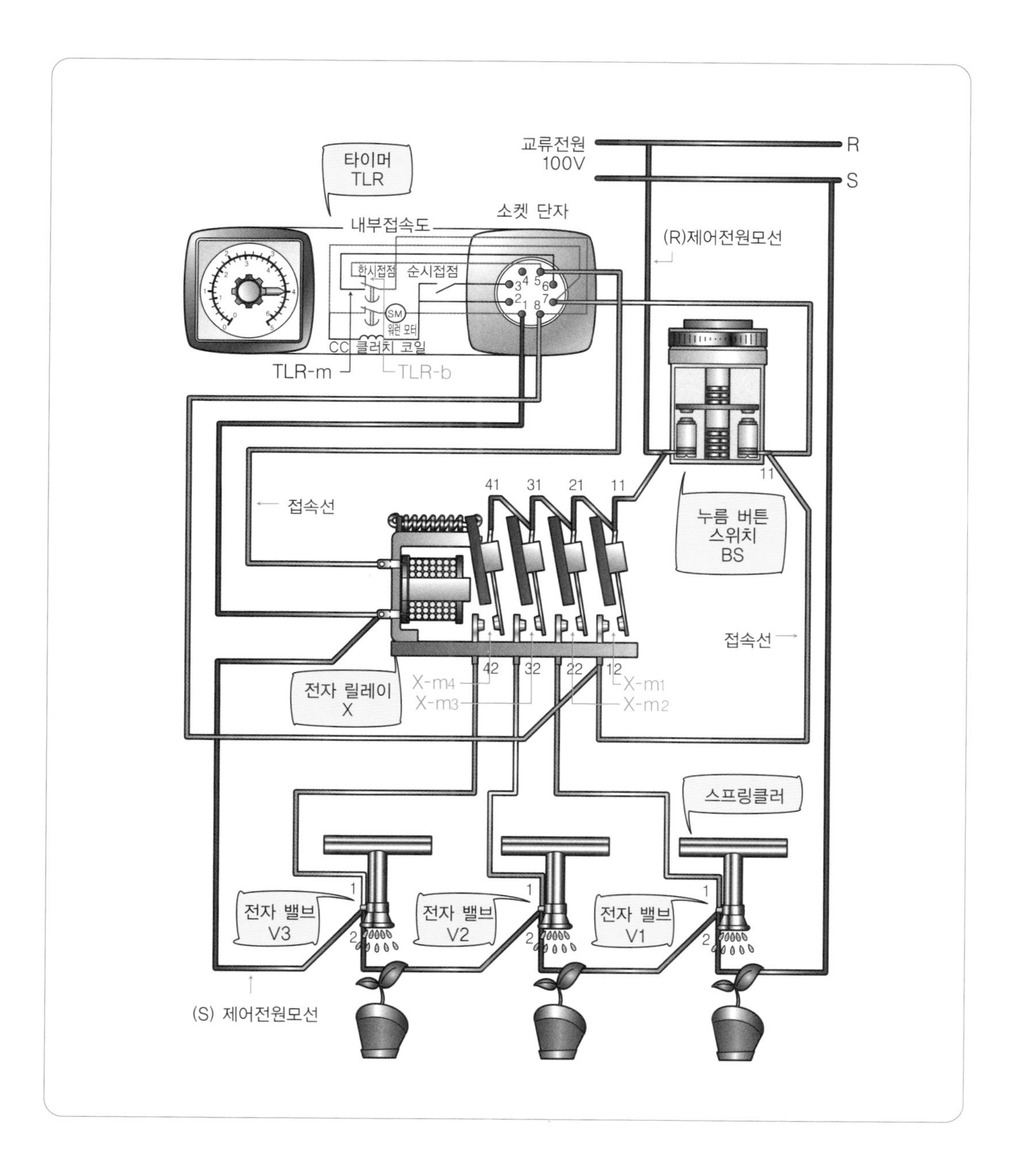

96 스프링클러 살수회로의 동작

시동신호를 입력하면 살수를 시작한다

스프링클러 살수회로에 시동신호로 누름 버튼 스위치 BS를 누르면, 전자 릴레이 X가 동작하고, 전자 밸브 V1, V2, V3가 열려 살수를 시작합니다.

- 시동 버튼 스위치 BS를 누르면 메이크 접점이 닫히고 전자 릴레이 X의 코일에 전류가 흐르고 전자 릴레이 X가 동작합니다.
- 메이크 접점 BS가 닫히면 타이머 TLR의 구동부에 전류가 흘러 타이머 TLR은 부세합니다.
  -타이머는 설정시간 전에는 동작하지 않습니다.-
- 전자 릴레이 X가 동작하면 자기유지접점 X-m_1이 닫혀 자기유지합니다.
- 전자 릴레이 X가 동작하면 출력접점 X-m_2, X-m_3, X-m_4가 닫히고 전자 밸브가 열려 살수를 시작합니다.

살수시간이 경과하면 자동적으로 살수를 정지한다

스프링클러는 타이머 TLR의 설정시간(살수시간) 동안 살수하고, 설정시간이 지나면 자동적으로 살수를 정지합니다.

- 타이머 TLR의 설정시간(살수시간)이 경과하면, 한시동작 브레이크 접점 TLR-b가 열리기 때문에 전자 릴레이 X는 복귀합니다.
- 전자 릴레이 X가 복귀하면, 자기유지접점 X-m_1이 열리고 자기유지를 해제함과 동시에 타이머 TLR의 구동부에 전류가 흐르지 않아 복귀합니다.
- 전자 릴레이 X가 복귀하면, 출력접점 X-m_2, X-m_3, X-m_4가 열리고 전자 밸브의 코일에 전류가 흐르지 않아 밸브가 닫히고 살수를 정지합니다.
- 타이머 TLR이 복귀하면, 한시동작 브레이크 접점 TLR-b가 닫히고 원래 상태로 돌아갑니다.

일정시간 동작회로의 응용 예

살수 개시의 동작도 –시동신호 "1"–

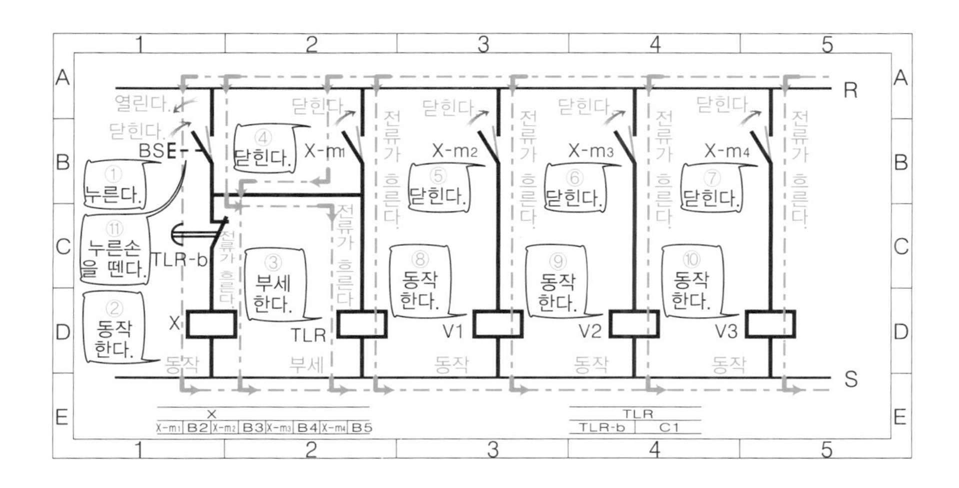

살수 정지의 동작도 –타이머 TLR 동작–

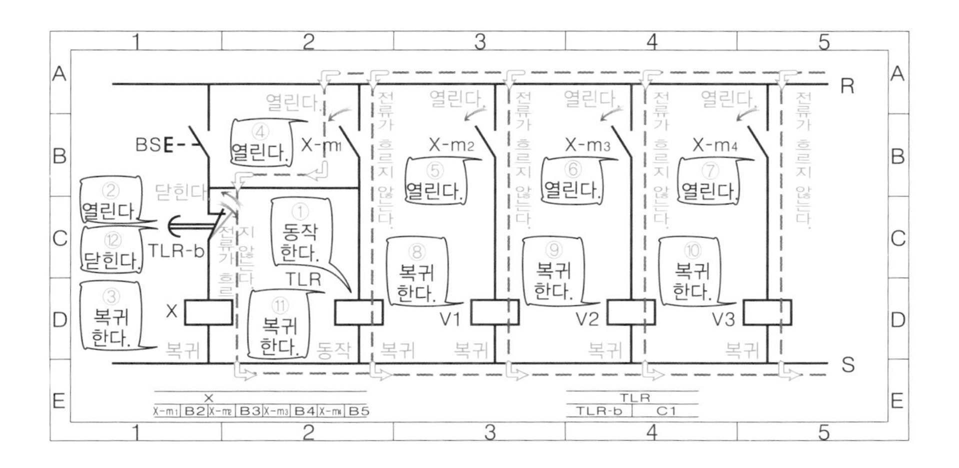

97 침입자 경보회로

광전 스위치로 침입자를 검출한다 -자기유지회로의 응용 예-

- **침입자 경보회로**는 불가시광선(적외선)을 이용하여 인간의 눈에는 보이지 않는 빛의 커튼을 빌딩이나 공장·창고 등의 건물 입구에 설치하여 야간 등에 불법침입자를 감시하는 데 이용됩니다.

- 침입자 경보회로는 광전 스위치의 투광기에서 나오는 빛을 사람이 차단하면 경보 벨을 울리고 다른 동에 있는 경비원에게 통보합니다.

- 침입자 경보회로는 **자기유지회로(69 · 70항 참조)를 응용한 회로**입니다. 시동신호는 광전 스위치의 메이크 접점 PHOS-m에서 빛이 차단되는 것을 입력신호로 하며, 정지신호는 브레이크 접점을 가지는 누름 버튼 스위치 BS_{off}입니다. 자기유지접점 $X\text{-}m_1$으로 자기유지를 하고, 출력접점 $X\text{-}m_2$에 경보 벨 BL을 접속합니다.

침입자 경보회로의 시퀀스도 -자기유지회로 응용 예-

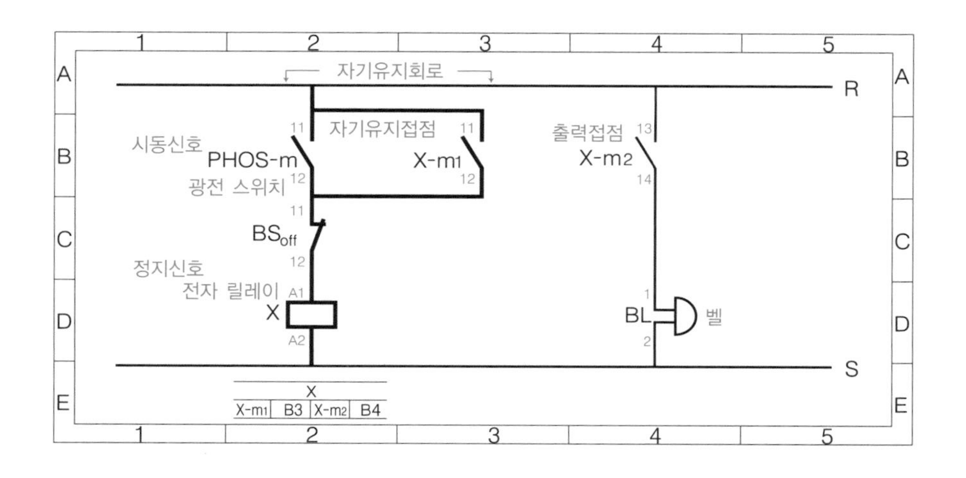

침입자 경보회로의 실체배선도

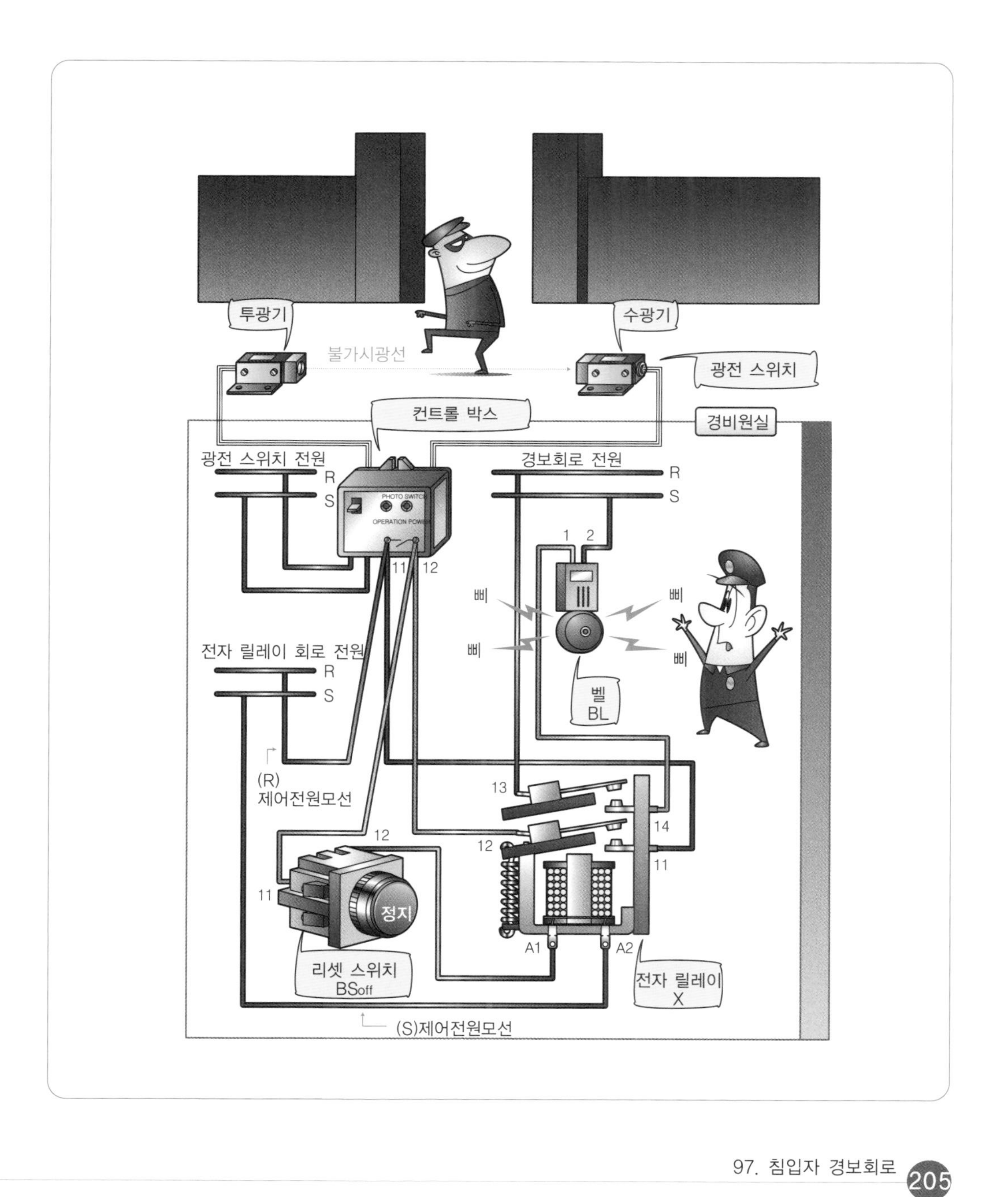

98 침입자 경보회로의 동작

침입자가 있으면 경보 벨이 울린다

- 침입자가 있으면 광전 스위치 PHOS가 동작하고, 그 신호에 의해 전자 릴레이 X가 동작하여, 경보 벨 BL이 울리며 경보를 발생합니다.
  - 침입자가 광전 스위치의 투광기에서 나온 빛(불가시광선)을 차단하면 동작하여 메이크 접점 PHOS-m이 닫힙니다.
  - 메이크 접점 PHOS-m이 닫히며 전자 릴레이 X를 동작하고, 자기유지접점 X-m_1이 닫히며 전자 릴레이 X는 자기유지합니다.
  - 전자 릴레이X가 동작하면 출력접점 X-m_2가 닫히고, 경보 벨 BL에 전류가 흘러 벨이 울리며 침입자가 있음을 경보합니다.
  - 침입자가 투광기에서 나온 빛(불가시광선)을 통과하면, 광전 스위치는 복귀하고 메이크 접점 PHOS-m이 열립니다.

정지버튼을 누르면 경보벨이 멈춘다

- 정지 누름 버튼 스위치 BS_{off}를 누르면, 전자 릴레이 X가 복귀하여 경보 벨 BL은 울림을 멈춥니다.
  - 정지 누름 버튼 스위치 BS_{off}를 누르면 브레이크 접점이 열리고, 전자 릴레이 X의 코일에 전류가 흐르지 않아 전자 릴레이 X는 복귀합니다.
  - 전자 릴레이X가 복귀하면 자기유지접점 X-m_1이 열리고, 자기유지를 해제합니다.
  - 전자 릴레이X가 복귀하면 출력접점 X-m_2가 열리고, 경보 벨 BL에 전류가 흐르지 않아 경보벨은 울림을 멈춥니다.
  - 정지 누름 버튼 스위치 BS_{off}를 누르는 손을 떼면, 브레이크 접점이 닫힙니다.
    -자기유지가 해제되었기 때문에 전자 릴레이 X는 동작하지 않습니다.-

자기유지회로의 응용 예

침입자가 있는 경우의 동작도

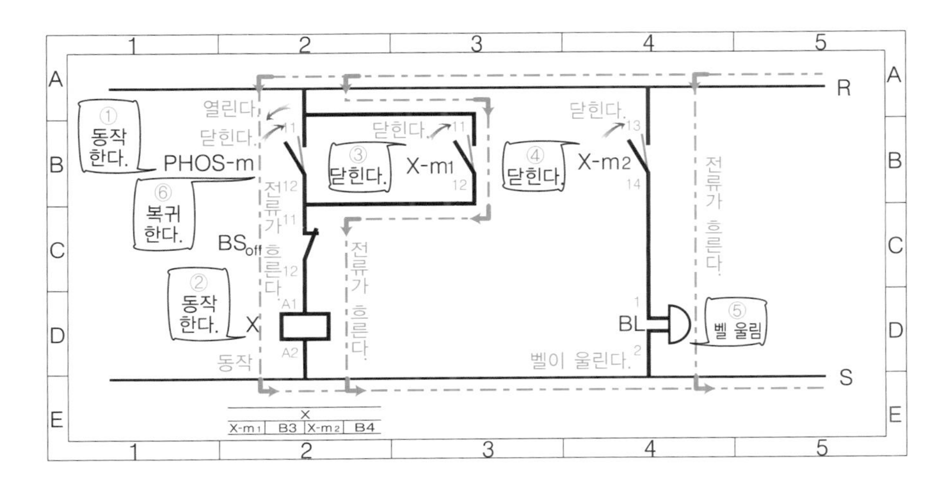

경보 벨 해제 동작도

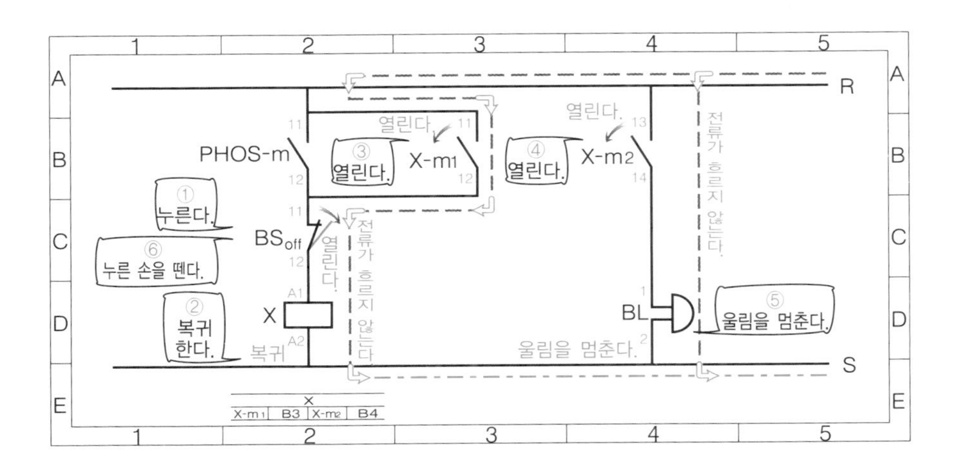

99 전동 송풍기의 시동제어회로

송풍기의 구동 동력원으로 전동기를 사용한다

- 전동기는 전원으로부터 전력을 공급받아 기계동력을 얻을 수 있고, 원격제어도 비교적 용이하므로 시퀀스 제어계에서 동력원으로 아주 많이 사용되고 있습니다.

- 전동기를 동력원으로 하는 경우의 **전동기 시동제어회로의 응용 예**로서 전동 송풍기의 시동제어회로에 대해 설명하겠습니다.
  - 송풍기 F를 구동하는 전동기 M의 전원 스위치로 배선용 차단기 MCCB를 사용하며, 주회로의 개폐는 전자접촉기 MC로 수행합니다.
  - 전자접촉기 MC의 개폐조작은 2개의 누름 버튼 스위치 BS_{on}(시동), BS_{off}(정지)로 수행하고, 전동기의 운동시에는 적색 램프 RD-L(운전표시), 정지시에는 녹색 램프 GN-L(정지표시)이 점등합니다.

전동 송풍기와 제어반 -전동기 시동제어의 응용 예-

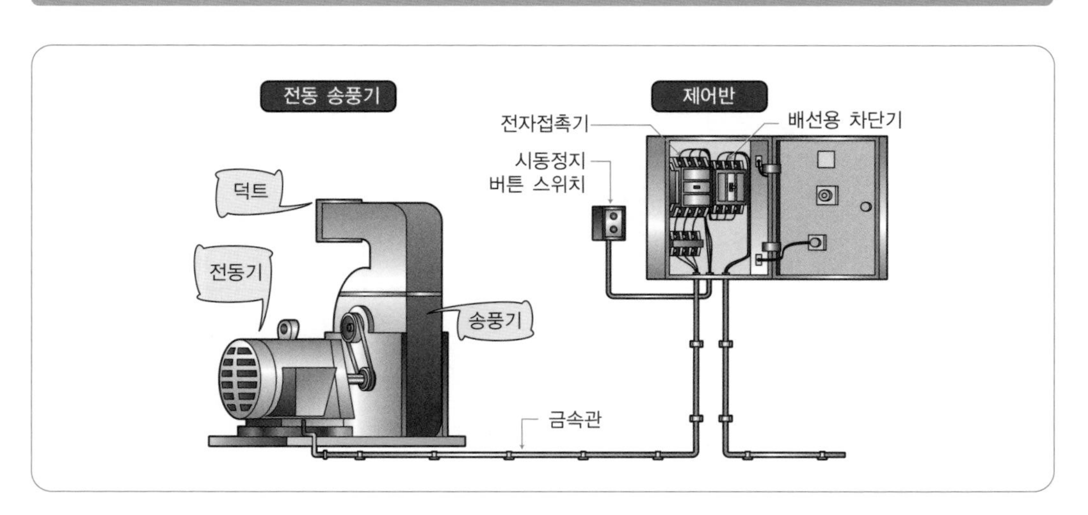

전동 송풍기의 시동제어회로의 실체배선도

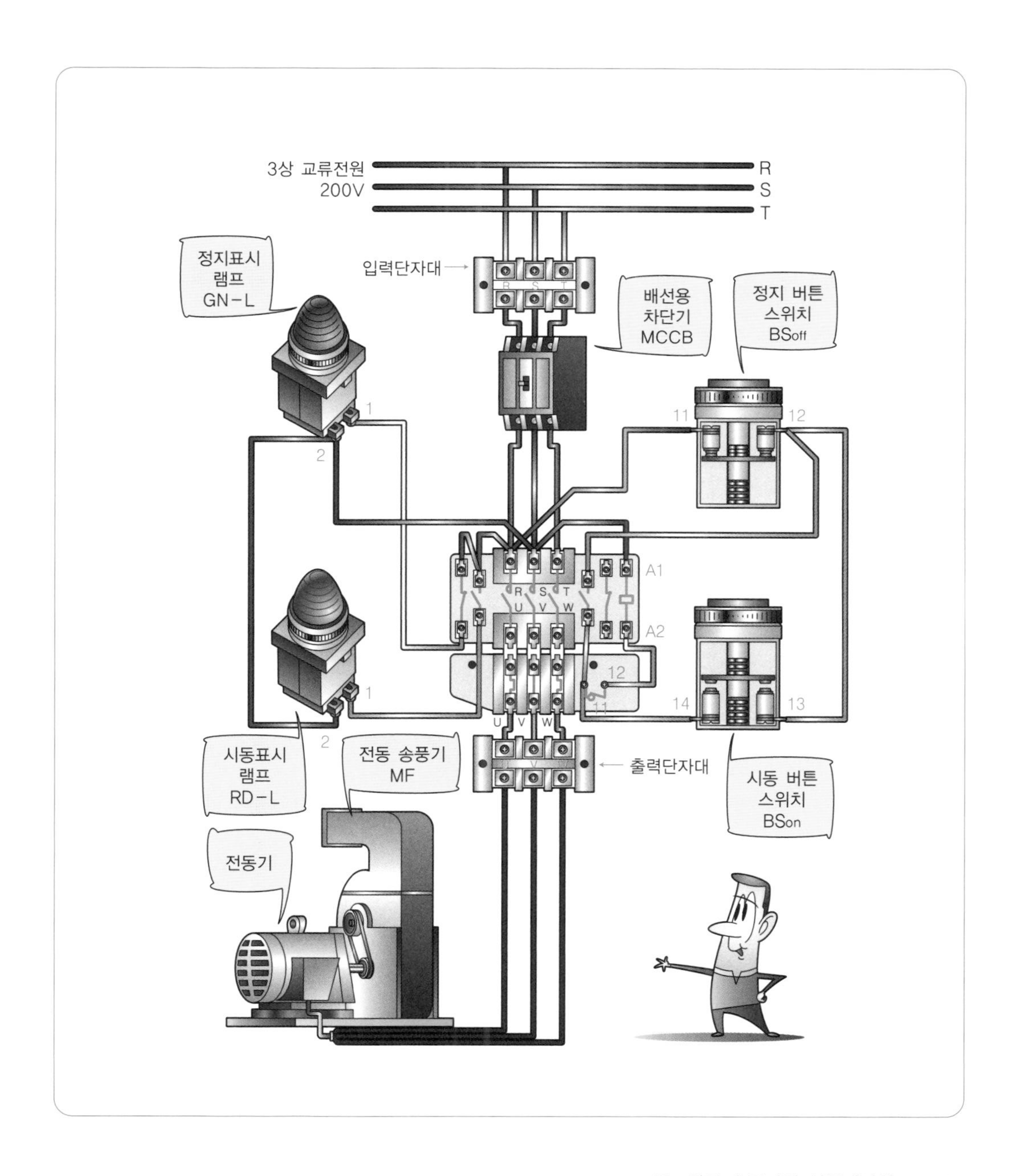

전동 송풍기의 시동제어회로의 동작

시동신호를 넣으면 전동 송풍기가 시동한다

- 전동 송풍기의 시동신호로서 누름 버튼 스위치 BS_{on}을 누르면, 전자접촉기 MC가 동작하여 전동 송풍기 MF가 시동합니다.
  - 전원 스위치인 배선용 차단기 MCCB를 투입하고 누름 버튼 스위치 BS_{on}을 누르면, 전자접촉기 MC가 동작합니다.
  - 전자접촉기 MC가 동작하면 주접점 MC가 닫히고 전동기 M에 전류가 흘러, 전동 송풍기 MF가 시동하고 운전합니다.
  - 전자접촉기 MC가 동작하면 자기유지접점 MC-m_1이 닫히고, 자기유지합니다. 또한 전자접촉기 MC가 동작하면 브레이크 접점 MC-b가 열리고 녹색 램프 GN-L(정지표시)이 소등하고 메이크 접점 MC-m_2가 닫히며, 적색 램프 RD-L(운전표시)이 점등합니다.

정지신호를 넣으면 전동 송풍기는 정지한다

- 전동 송풍기의 정지신호로 누름 버튼 스위치 BS_{off}를 누르면, 전자접촉기 MC가 복귀하고 전동 송풍기 MF는 정지합니다.
  - 누름 버튼 스위치 BS_{off}를 누르면, 브레이크 접점이 열리고 전자접촉기 MC가 복귀합니다.
  - 전자접촉기 MC가 복귀하면 주접점 MC가 열리고 전동기 M에 전류가 흐르지 못해 전동 송풍기 MF는 정지합니다.
  - 전자접촉기 MC가 복귀하면 자기유지접점 MC-m_1이 열리고 자기유지를 해제합니다. 또한 전자접촉기 MC가 복귀하면 브레이크 접점 MC-b가 닫히고, 녹색 램프 GN-L(정지표시)이 점등하며, 메이크 접점 MC-m_2가 열리고 적색 램프 RD-L(운전표시)이 소등합니다.

전동기의 시동제어회로의 응용 예

전동 송풍기 시동의 동작도

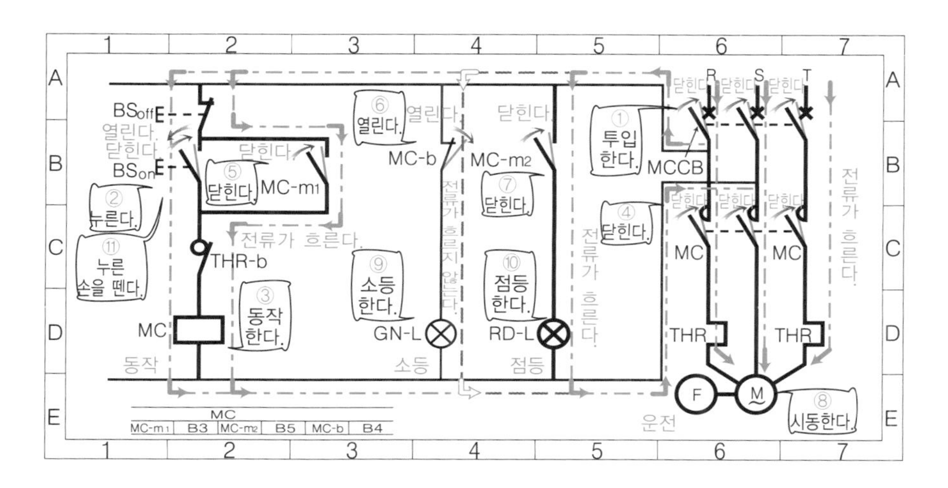

전동 송풍기 정지 동작도

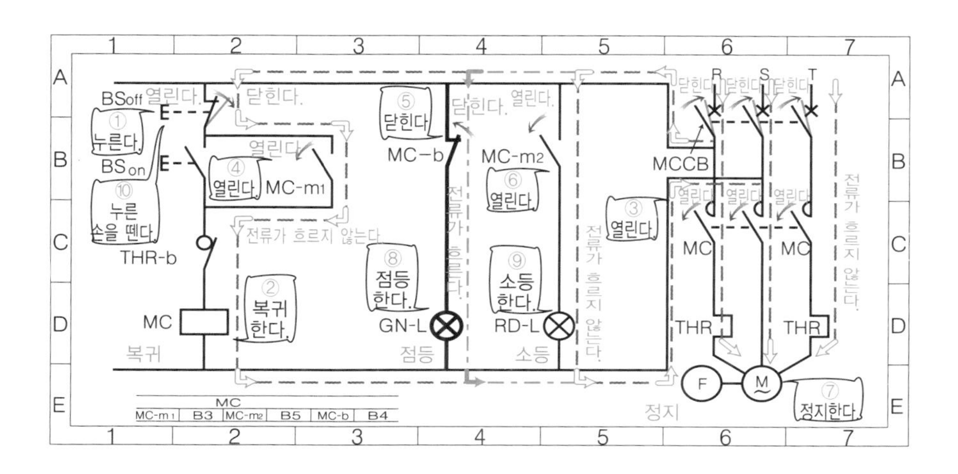

101 리프트의 자동반전 제어회로

리프트의 상하 운동은 전동기의 정역운전 제어회로를 이용한다

- 공장, 창고 혹은 음식점 등에서 1층과 2층 사이에 재료나 부품 혹은 음식을 올리고 내리는 데 리프트를 사용하면 편리합니다.

- 이처럼 상하, 좌우, 전후로 보내는 방향을 바꾸는 데 동력원인 전동기의 회전방향을 변경 제어하는 방법이 많이 사용되고 있습니다.

- 이 전동기의 회전방향을 정방향에서 역방향으로 전환 제어하는 회로를 **전동기의 정역운전 제어회로**라고 하며, 이 회로를 응용한 것이 리프트의 자동반전 제어회로입니다.

- **리프트의 자동반전 제어회로**는 수동으로 시동 버튼을 누르면, 리프트의 바구니가 위로 올라가고 2층에서 자동 정지합니다. 일정시간(바구니에 담고 꺼내는 시간) 정지하면, 자동으로 아래로 내려가고 1층에서 자동정지합니다.

기능도 -리프트의 자동반전 제어회로-

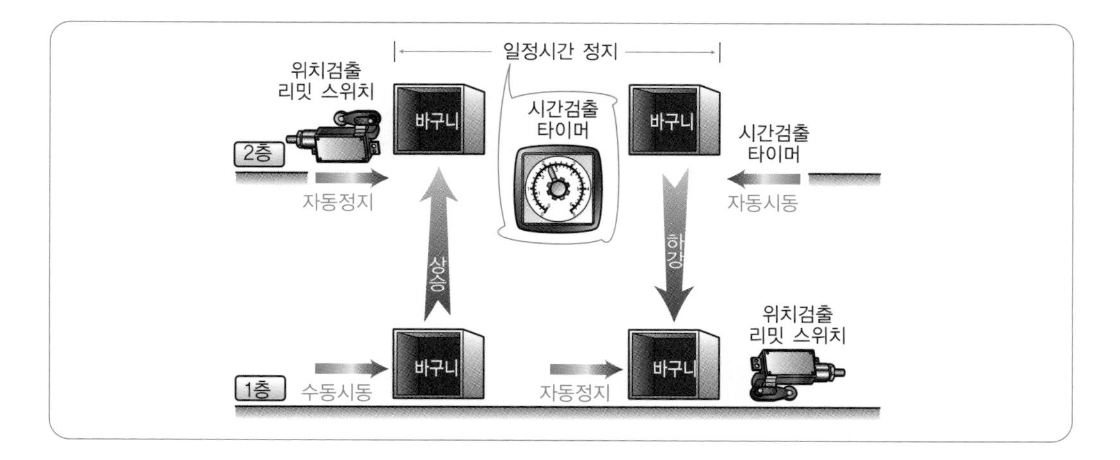

리프트의 자동반전 제어회로의 실체배선도

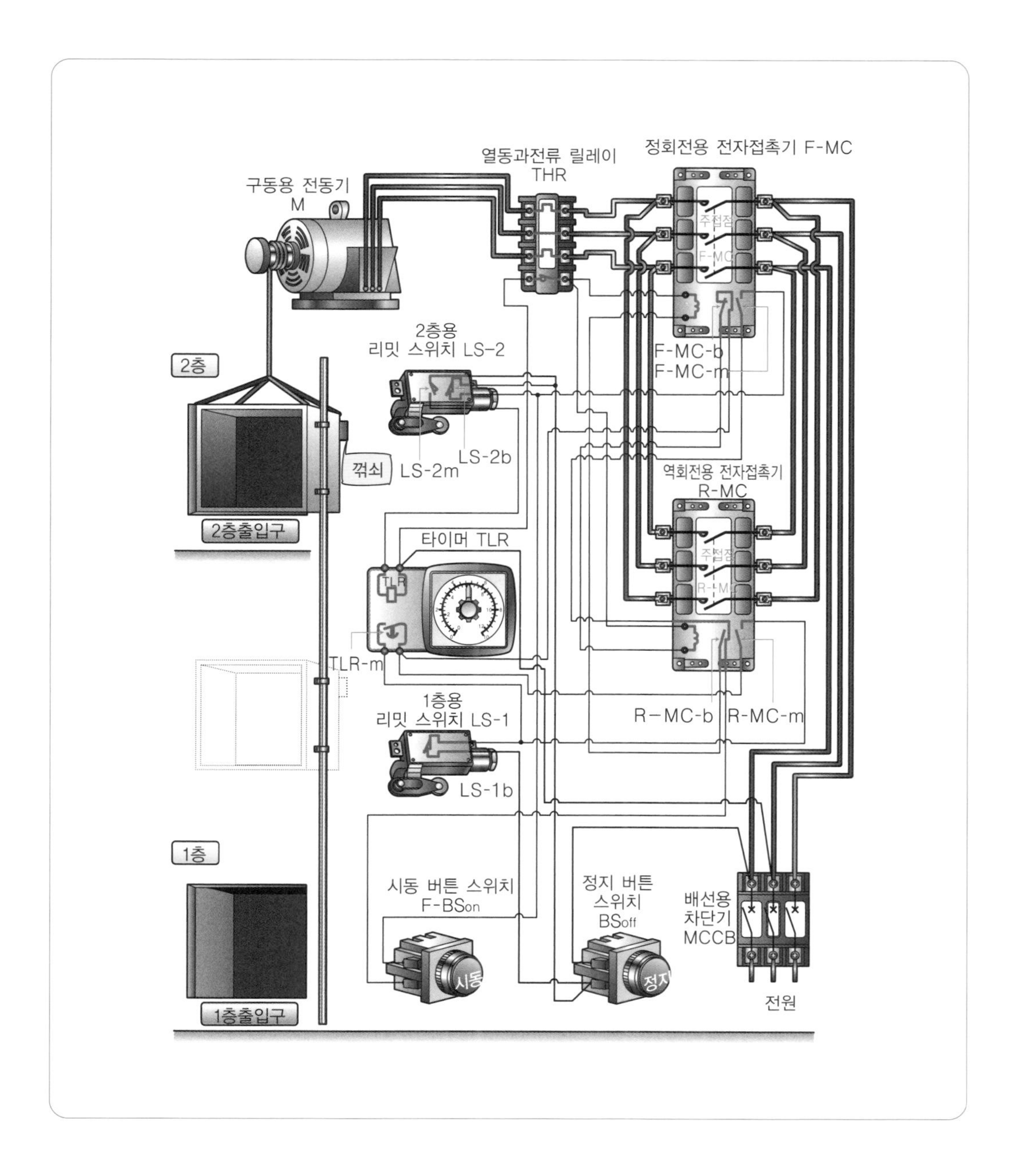

102 리프트의 자동반전 제어회로의 상승동작

시동신호를 넣으면 상승하고 2층에서 자동정지한다

- 시동 버튼 스위치 BS_{on}을 누르면, 구동 전동기 M이 정방향으로 회전하며, 리프트가 1층에서 2층으로 상승하고 2층에서 자동정지합니다.

순서 ① 전원 스위치가 있는 배선용 차단기 MCCB를 투입합니다.

② 시동 버튼 스위치 F-BS_{on}을 누르면 닫힙니다.

③ F-BS_{on}을 누르면 정회전용 전자접촉기 F-MC가 동작합니다.

④ F-MC가 동작하면 주접점 F-MC가 닫힙니다.

⑤ 주접점 F-MC가 닫히면 구동 전동기 M이 정방향으로 회전합니다.

⑥ 전동기 M의 정방향 회전에 의해 리프트는 2층으로 올라갑니다.

⑦ F-MC가 동작하면 F-MC-m이 닫히고 자기유지합니다.

⑧ F-MC가 동작하면 F-MC-b가 열리고 인터로크합니다.

⑨ 시동 버튼 스위치 F-BS_{on}을 누른 손을 뗍니다.

순서 ⑩ 리프트가 2층에 도달하면 LS-2b가 동작하여 열립니다.

⑪ 리프트가 2층에 도달하면 LS-2m이 동작하여 닫힙니다.

⑫ LS-2m이 닫히면 타이머 TLR이 부세합니다.

⑬ LS-2b가 열리면 정회전용 전자접촉기 F-MC가 복귀합니다.

⑭ F-MC가 복귀하면 주접점 F-MC가 열립니다.

⑮ 주접점 F-MC가 열리면 구동 전동기 M이 정지합니다.

⑯ 전동기 M이 정지하면 리프트는 2층에서 정지합니다.

⑰ F-MC가 복귀하면 F-MC-m이 열리며 자기유지를 해제합니다.

⑱ F-MC가 복귀하면 F-MC-b가 닫히며 인터로크를 해제합니다.

-리프트는 타이머 TLR의 설정시간(정지시간)이 경과할 때까지 2층에서 정지합니다.-

전동기의 정역운전 제어회로의 응용 예

리프트 상승·2층 자동정지의 동작도

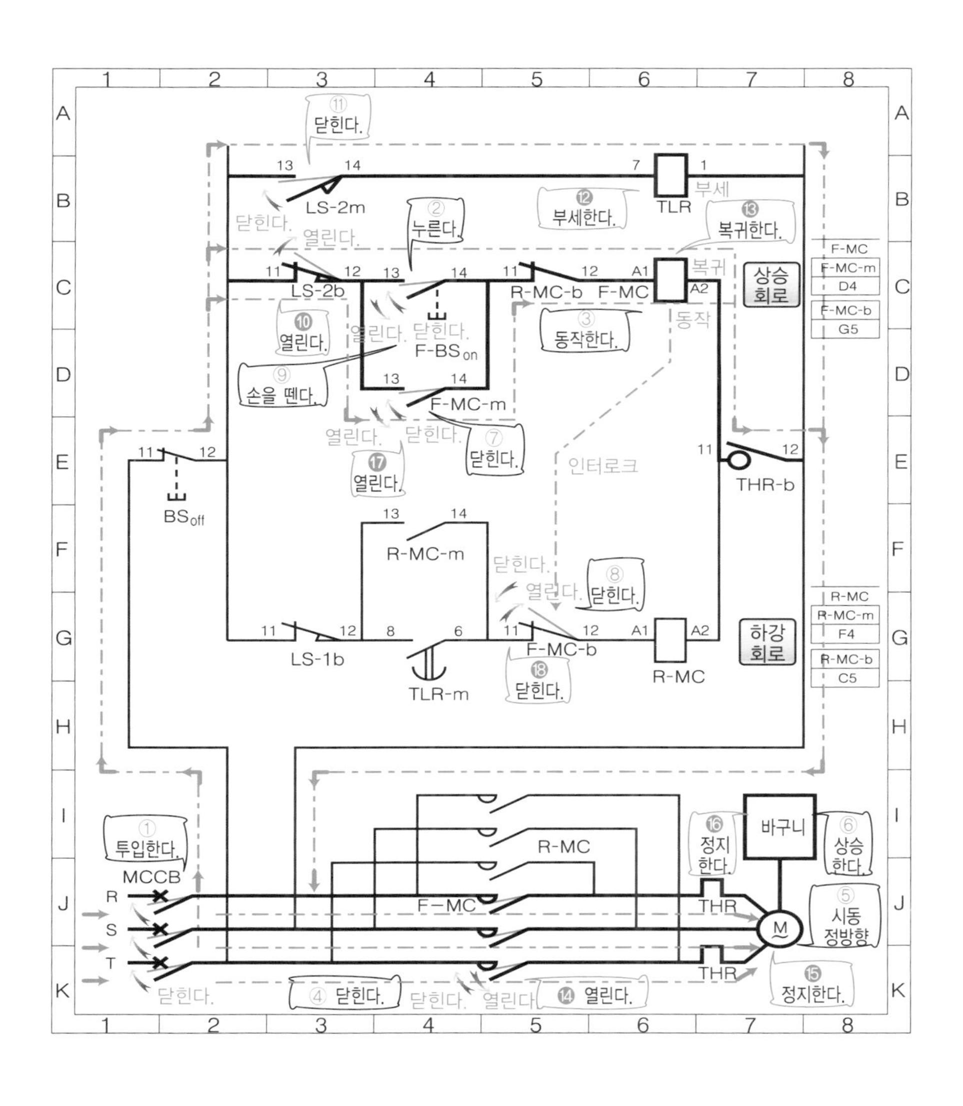

103 리프트의 자동반전 제어회로의 하강동작

일정시간 경과 후 자동시동하여 1층에서 자동정지한다

■ 타이머 TLR의 설정시간(정지시간)이 경과하면, 구동 전동기 M이 자동적으로 역전하여 시동하고, 리프트는 반전하여 2층에서 1층으로 하강해 1층에서 자동정지합니다.

순서 ⑲ 타이머 설정시간이 경과하면 TLR-m이 닫힙니다.
⑳ TLR-m이 닫히면 역회전용 전자접촉기 R-MC가 동작합니다.
㉑ R-MC가 동작하면 주접점 R-MC가 닫힙니다.
㉒ 주접점 R-MC가 닫히면 구동 전동기 M이 역방향으로 회전합니다.
㉓ 전동기 M의 역방향 회전에 의해 리프트가 1층으로 내려갑니다.
㉔ R-MC가 동작하면 R-MC-m이 닫히고 자기유지합니다.
㉕ R-MC가 동작하면 R-MC-b가 열리고 인터로크합니다.
㉖ 바구니가 내려가면 리밋 스위치 LS-2m이 복귀해 열립니다.
㉗ 바구니가 내려가면 리밋 스위치 LS-2b가 복귀해 닫힙니다.
㉘ LS-2m이 열리면 타이머 TLR이 복귀합니다.
㉙ 타이머가 복귀하면 TLR-m이 열립니다.

순서 ㉚ 리프트가 1층에 도착하면 LS-1b가 동작하고 열립니다.
㉛ LS-1b가 열리면 역회전용 전자접촉기 R-MC가 복귀합니다.
㉜ R-MC가 복귀하면 주접점 R-MC가 열립니다.
㉝ 주접점 R-MC가 열리면 구동전동기 M이 정지합니다.
㉞ 전동기 M이 정지하면 리프트는 1층에서 정지합니다.
㉟ R-MC가 복귀하면 R-MC-m이 열리고 자기유지합니다.
㊱ R-MC가 복귀하면 R-MC-b가 닫히고 인터로크를 해제합니다.
-이것으로 모두 원래 상태로 돌아옵니다.-

전동기의 정역운전 제어회로의 응용 예

리프트의 하강 · 1층 자동정지의 동작도

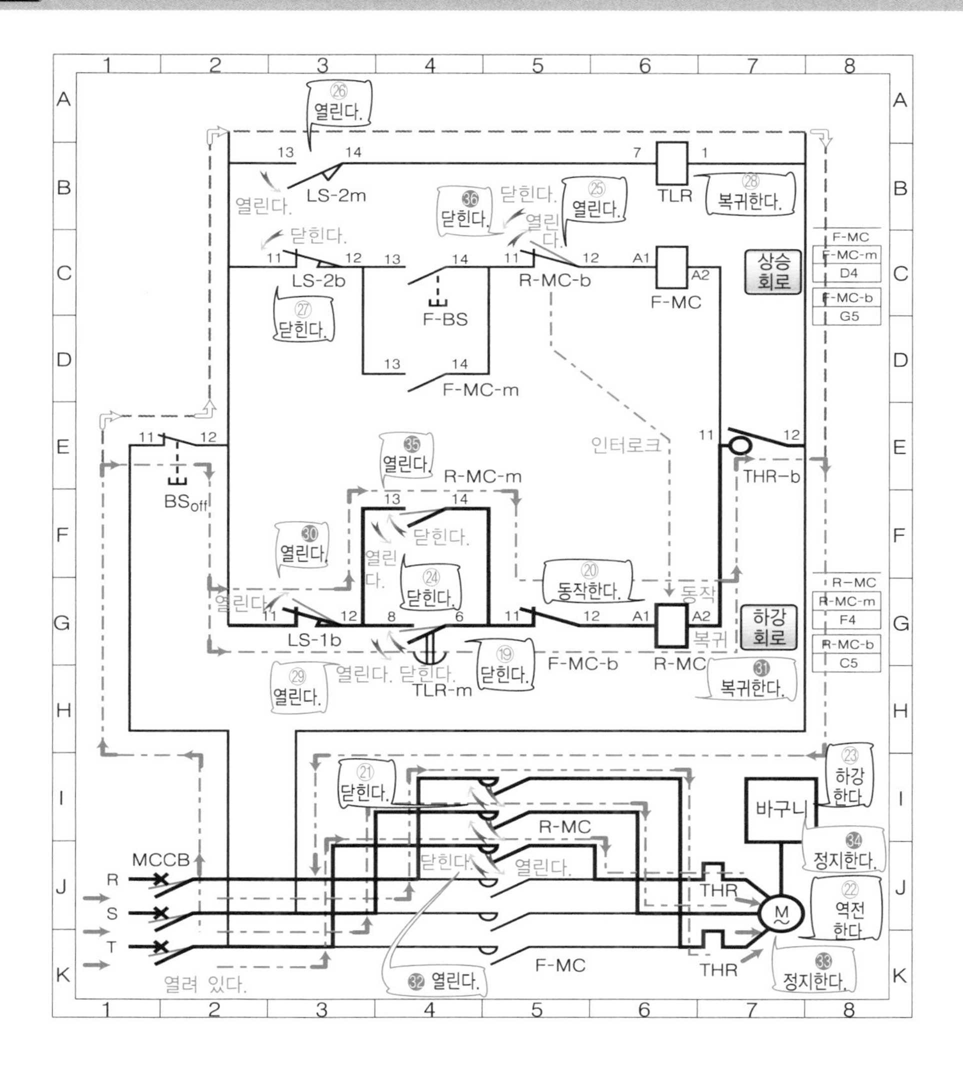

104 급수제어회로

수위를 검출하여 자동적으로 급수한다 -수위제어의 응용 예-

- 빌딩 · 공장 등의 위생설비로서의 급수장치에는 **고위치 탱크(high position tank) 방식**이 자주 사용됩니다.
  - 고위치 탱크 방식이란 수도 본관으로부터 물을 한 번 수수조(급수원)에 저수한 후, 빌딩·공장 내의 제일 높은 곳에 있는 수도꼭지 또는 기구에 급수하기 위해 필요한 압력을 얻을 수 있는 높이에 설치한 고위치 탱크로 전동 펌프를 이용해 양수하고, 고위치 탱크에서 중력에 의해 필요한 곳으로 급수하는 방식을 말합니다.
  - **급수제어**는 고위치 탱크의 수위가 하한선에 이르면, 전동 펌프가 자동적으로 시동, 운전하여 급수원에서 물을 퍼올립니다. 고위치 탱크의 수위가 상한선에 도달하면, 전동 펌프는 자동으로 운전을 정지하고, 그대로 하한 수위가 될 때까지 물을 퍼올리지 않습니다.

급수제어기능도 -수위제어-

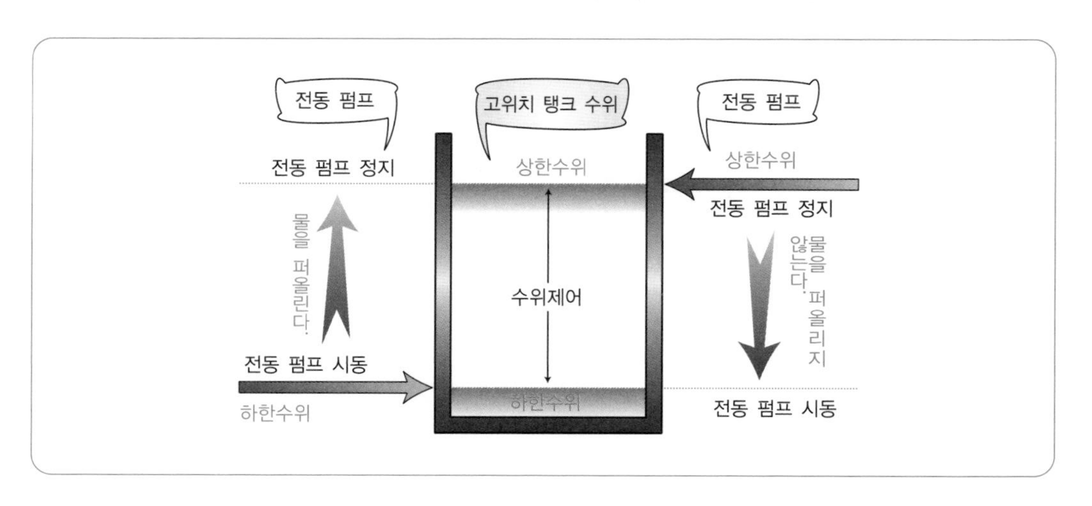

급수제어 회로의 실체배선도

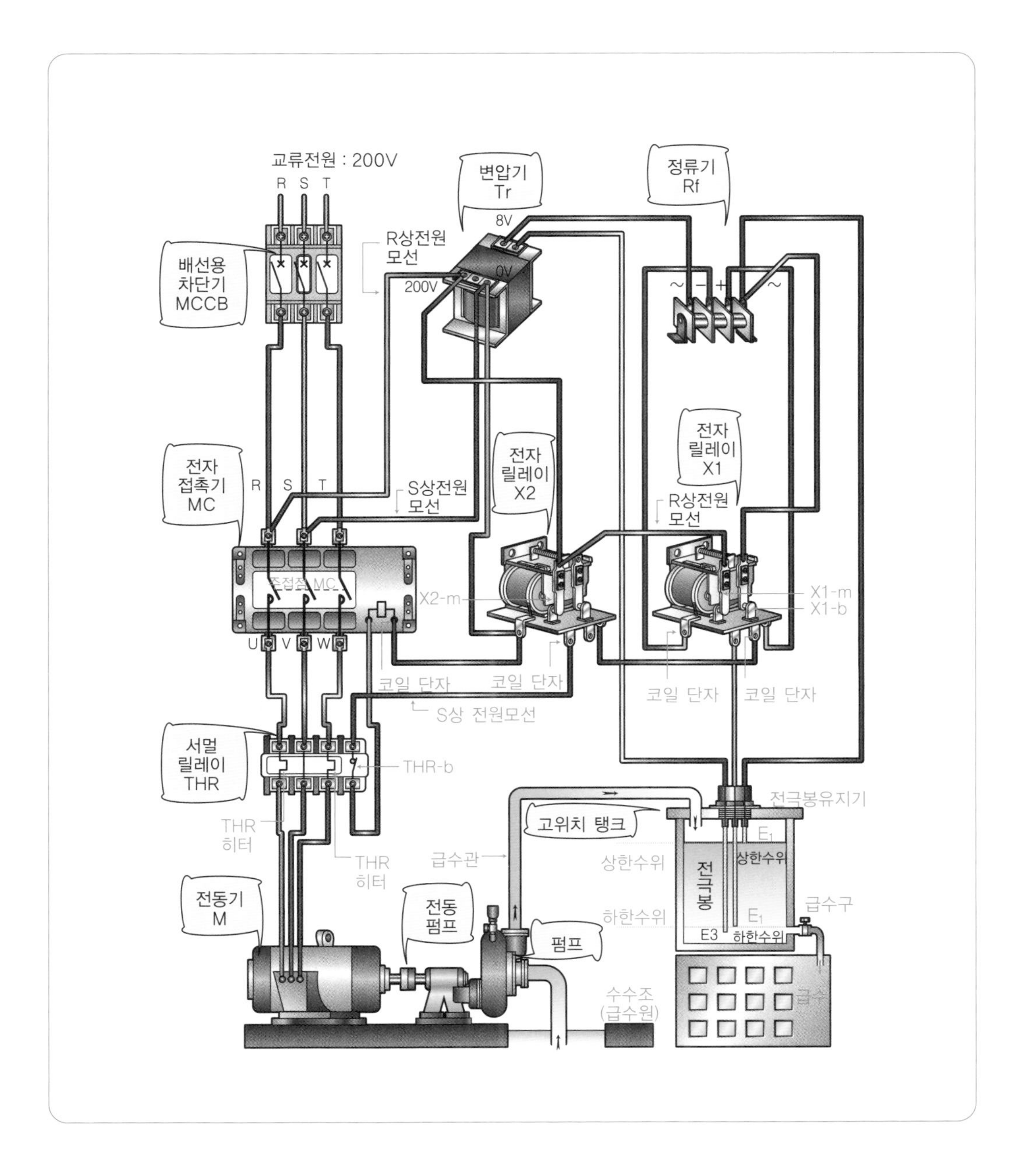

105 급수제어회로의 하한수위 동작

하한수위에서 전동 펌프가 운전하고 급수한다

■ 고위치 탱크의 수위가 전극봉식 액면 릴레이의 전극 E2보다 내려가 하한수위가 되면, 전동 펌프 MP가 시동하고 급수를 시작합니다.

순서 ① 전원 스위치가 있는 배선용 차단기 MCCB를 투입합니다.

② 고위치 탱크의 수위가 전극봉식 액면(液面) 릴레이의 전극 E2보다 내려가면, 전극 E2와 E3 사이의 도통(導通)이 없어져서 열리게 됩니다.

③ 전극 E2와 E3 사이에 도통이 없어지면, 정류기 Rf의 2차측 전자 릴레이 X1의 코일에 전류가 흐르지 않고 전자 릴레이 X1은 복귀합니다.

④ 전자 릴레이 X1이 복귀하면 메이크 접점 X1-m이 열립니다.

⑤ 전자 릴레이 X1이 복귀하면 브레이크 접점 X1-b가 닫힙니다.

⑥ 브레이크 접점 X1-b가 닫히면 전자 릴레이 X2가 동작합니다.

⑦ 전자 릴레이 X2가 동작하면 메이크 접점 X2-m이 닫힙니다.

⑧ 메이크 접점 X2-m이 닫히면 전자접촉기 MC가 동작합니다.

⑨ 전자접촉기 MC가 동작하면 주접점 MC가 닫힙니다.

⑩ 주접점 MC가 닫히면 전동기 M에 전류가 흐르고 시동합니다.

⑪ 전동기 M이 시동하고 운전하면 펌프 P는 회전하여 급수원에서 물을 퍼올려 고위치 탱크에 급수합니다.

수위의 제어

급수제어와 같이 고위치 탱크에 있는 물의 상한수위 및 하한수위를 검출해 자동적으로 고위치 탱크에 급수하여 항상 일정량의 물을 저장할 수 있도록 하는 제어를 수위제어라고 합니다.

- 수위 검출에는 플로트(float)식 액면 스위치와 플로트리스(floatless)식인 전극봉식 액면 릴레이 등을 사용합니다.

하한수위, 전동 펌프 운전의 동작도

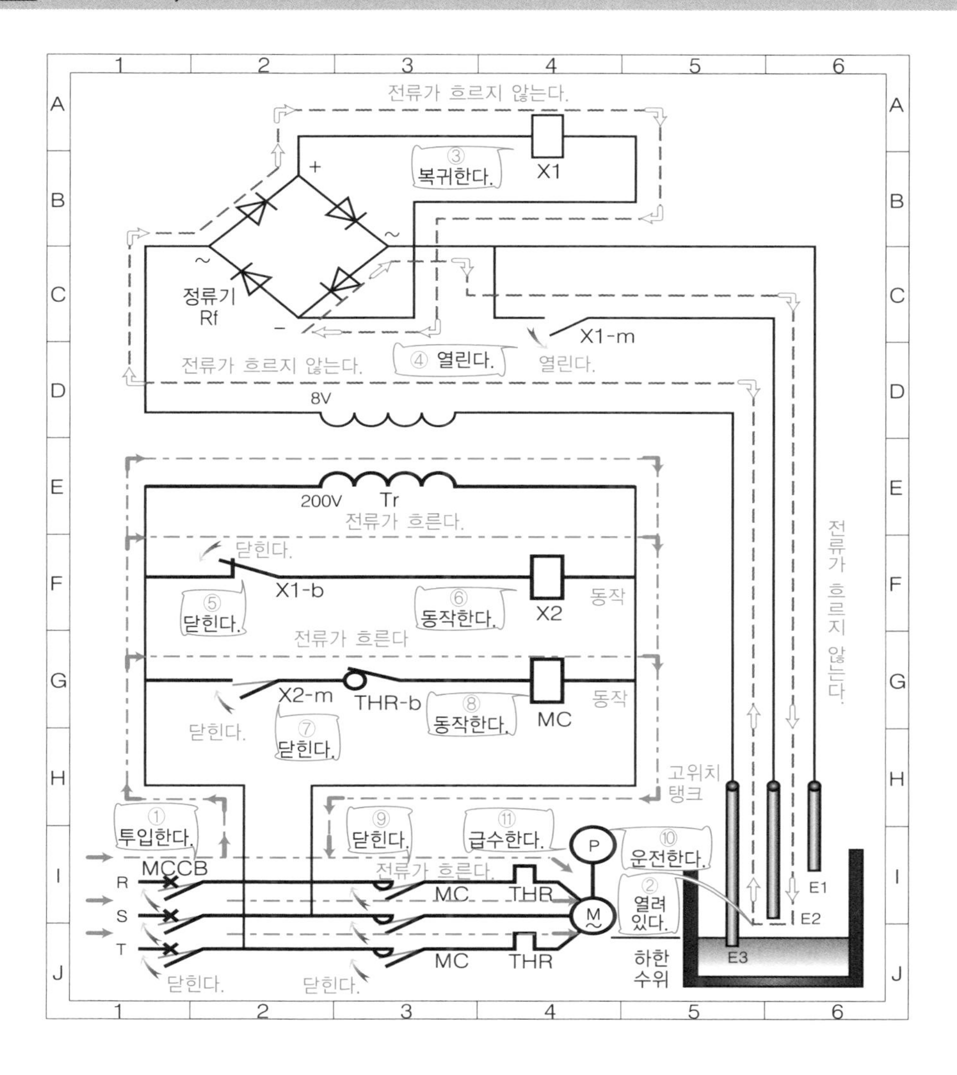

106 급수제어회로의 상한수위 동작

상한수위에서 전동 펌프는 정지하고 급수를 중지한다

고위치 탱크의 수위가 전극봉식 액면 릴레이의 전극 E1에 도달하면 상한수위가 되므로 전동 펌프 MP는 정지하고 급수를 중지합니다.

순서 ⑫ 고위치 탱크의 수위가 전극봉식 액면 릴레이의 전극 E1까지 도달하면, 전극 E1과 E3 사이가 도통하여 닫힙니다.

⑬ 전극 E1과 E3이 도통하면, 정류기 Rf의 2차측 전자 릴레이 X1의 코일에 전류가 흐르고 전자 릴레이 X1이 동작합니다.

⑭ 전자 릴레이 X1이 동작하면 메이크 접점 X1-m이 닫힙니다.

⑮ 전자 릴레이 X1이 동작하면 브레이크 접점 X1-b가 열립니다.

⑯ 브레이크 접점 X1-b가 열리면 전자 릴레이 X2가 복귀합니다.

⑰ 전자 릴레이 X2가 복귀하면 메이크 접점 X2-m이 열립니다.

⑱ 메이크 접점 X2-m이 열리면 전자접촉기 MC가 복귀합니다.

⑲ 전자접촉기 MC가 복귀하면 주접점 MC가 열립니다.

⑳ 주접점 MC가 열리면 전동기 M에 전류가 흐르지 않아 정지합니다.

㉑ 전동기 M이 정지하면, 펌프 P도 멈추고 급수원에서부터 고위치 탱크로 물을 퍼올리는 것을 멈춥니다.

전극봉식 액면 릴레이의 원리

전극봉식 액면 릴레이는 물속에 전극봉을 넣어 두고, 물의 도전성(導電性)을 이용합니다.

- 전극봉 E1과 E3 사이에 물이 있으면 도통하여 "닫히고", 물이 없으면 도통이 차단되어 "열립니다."

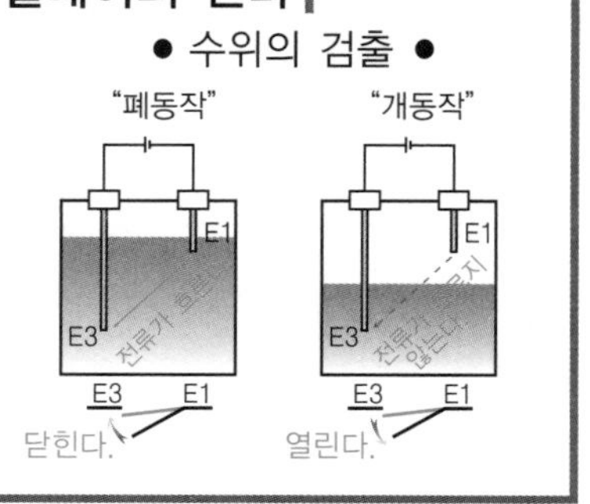

상한수위, 전동 펌프 정지 동작도

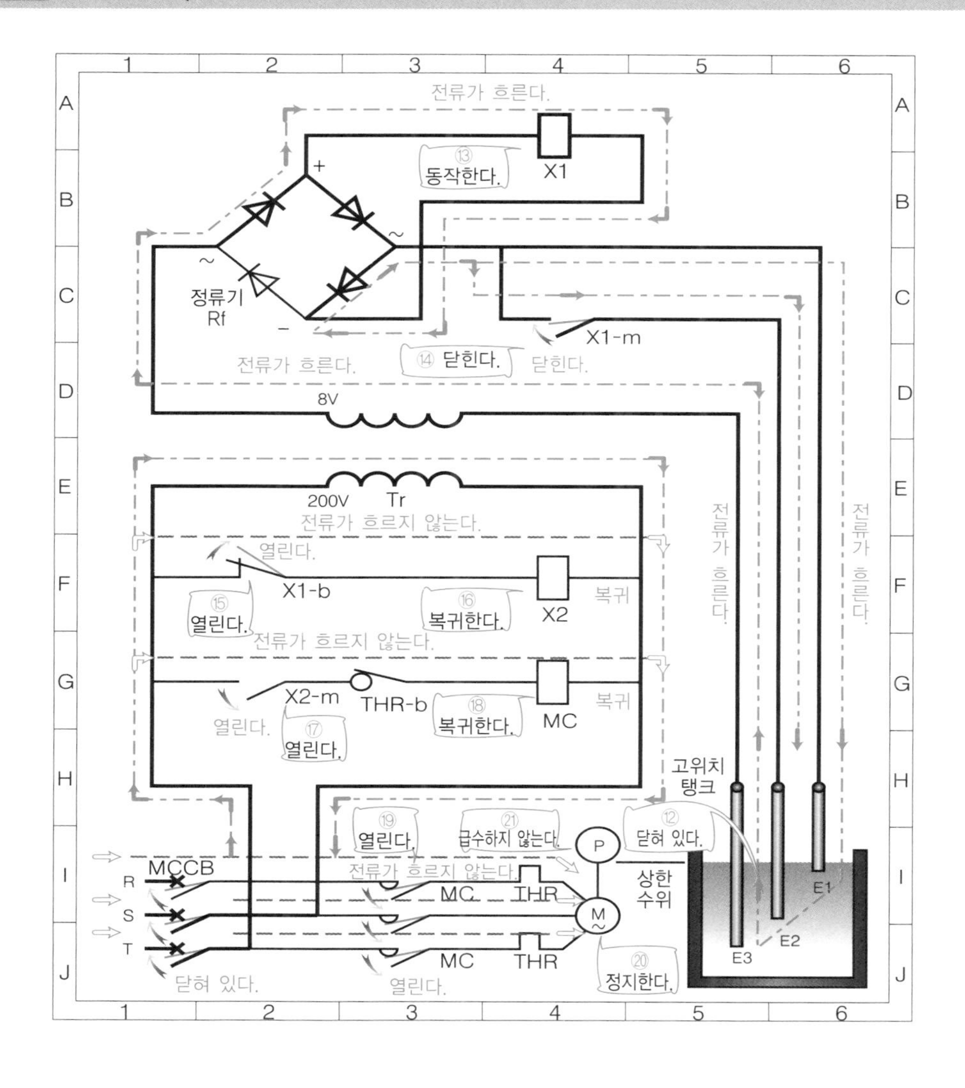

찾아보기

숫자·영문

ㄱ

ㄴ

ㄷ

ㄹ

ㅁ

ㅂ

ㅅ

ㅇ

ㅈ

■ 저자 약력

오하마 쇼지(大浜 庄司)

· 1957년 동경전기대학 공학부 전기공학과 졸업
· 1992년 日本電気精器 주식회사 이사 · 신뢰성 품질관리 부장
· 1993년 オーエス 종합기술연구소 소장

〈주요 저서〉

· 그림설명 시퀀스 제어 독본(입문편)
· 그림설명 시퀀스 제어 독본(실용편)
· 그림설명 시퀀스 제어 독본(디지털 회로편)
· 도해 시퀀스도 학습자를 위해서
· 그림설명 시퀀스 제어회로의 기초와 실무
· 처음 배우는 시퀀스 제어 입문

프로가 가르쳐 주는

시퀀스 제어

2013. 7. 10. 초 판 1쇄 발행
2022. 3. 2. 초 판 7쇄 발행

지은이 | 오하마 쇼지(大浜 庄司)
감역 | 손진근
옮긴이 | 김성훈
펴낸이 | 이종춘
펴낸곳 | BM ㈜도서출판 성안당
주소 | 04032 서울시 마포구 양화로 127 첨단빌딩 3층(출판기획 R&D 센터)
10881 경기도 파주시 문발로 112 파주 출판 문화도시(제작 및 물류)
전화 | 02) 3142-0036
031) 950-6300
팩스 | 031) 955-0510
등록 | 1973. 2. 1. 제406-2005-000046호
출판사 홈페이지 | **www.cyber.co.kr**
ISBN | 978-89-315-2622-6 (13560)
정가 | 23,000원

이 책을 만든 사람들
기획 | 최옥현
진행 | 박경희
교정 · 교열 | 이태원
전산편집 | 김인환
표지 디자인 | 박원석
홍보 | 김계향, 이보람, 유미나, 서세원
국제부 | 이선민, 조혜란, 권수경
마케팅 | 구본철, 차정욱, 나진호, 이동후, 강호묵
마케팅 지원 | 장상범, 박지연
제작 | 김유석

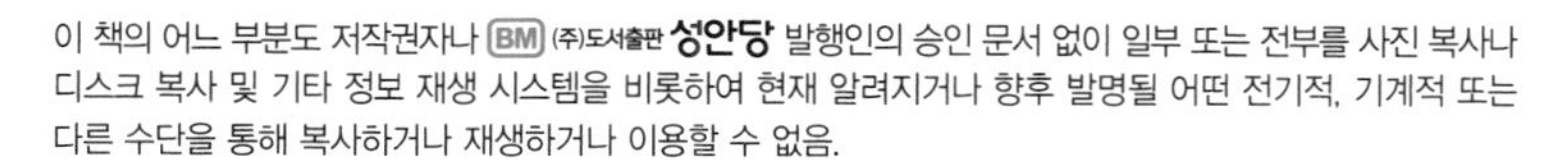

■ 도서 A/S 안내

성안당에서 발행하는 모든 도서는 저자와 출판사, 그리고 독자가 함께 만들어 나갑니다.
좋은 책을 펴내기 위해 많은 노력을 기울이고 있습니다. 혹시라도 내용상의 오류나 오탈자 등이 발견되면 "좋은 책은 나라의 보배"로서 우리 모두가 함께 만들어 간다는 마음으로 연락주시기 바랍니다. 수정 보완하여 더 나은 책이 되도록 최선을 다하겠습니다.
성안당은 늘 독자 여러분들의 소중한 의견을 기다리고 있습니다. 좋은 의견을 보내주시는 분께는 성안당 쇼핑몰의 포인트(3,000포인트)를 적립해 드립니다.
잘못 만들어진 책이나 부록 등이 파손된 경우에는 교환해 드립니다.